网站建设与管理

陈学平　陈冰倩　编　著

電子工業出版社
Publishing House of Electronics Industry
北京・BEIJING

内 容 简 介

本书根据教育部颁发的《中等职业学校专业教学标准（试行）信息技术类（第一辑）》中的相关教学内容和要求编写而成。本书的编写从满足经济发展对高素质劳动者和技能型人才的需求出发，在课程结构、教学内容、教学方法等方面进行了新的探索与改革创新，以利于学生更好地掌握本课程的内容，利于学生理论知识的掌握和实际操作技能的提高。

本书主要讲述网站建设的全过程及网站后期的管理，内容包含网站建设前期策划，网站目录结构及链接的规划，网站页面规划及页面设计，网站后台数据库的设计及管理，网上空间及域名的申请，网站发布、宣传及网站安全。本书以“酒店管理系统”网站建设的全过程为实例进行讲解，案例中涉及静态、动态网站的大部分知识，可操作性强。

本书可作为网站建设与管理专业核心课程的教材，也可作为各类计算机网络培训中心的教材，还可以供网站建设与管理人员参考学习。

本书配有教学指南、电子教案和案例素材，详见前言。

未经许可，不得以任何方式复制或抄袭本书之部分或全部内容。
版权所有，侵权必究。

图书在版编目（CIP）数据

网站建设与管理 / 陈学平，陈冰倩编著. —北京：电子工业出版社，2019.3

ISBN 978-7-121-24898-6

Ⅰ. ①网… Ⅱ. ①陈… ②陈… Ⅲ. ①网站—建设—中等专业学校—教材 Ⅳ. ①TP393.092

中国版本图书馆 CIP 数据核字（2014）第 274909 号

策划编辑：关雅莉
责任编辑：裴　杰
印　　刷：三河市鑫金马印装有限公司
装　　订：三河市鑫金马印装有限公司
出版发行：电子工业出版社
　　　　　北京市海淀区万寿路 173 信箱　邮编　100036
开　　本：787×1 092　1/16　印张：16.5　字数：443.5 千字
版　　次：2019 年 3 月第 1 版
印　　次：2025 年 1 月第 15 次印刷
定　　价：39.00 元

凡所购买电子工业出版社图书有缺损问题，请向购买书店调换。若书店售缺，请与本社发行部联系，联系及邮购电话：（010）88254888，88258888。

质量投诉请发邮件至 zlts@phei.com.cn，盗版侵权举报请发邮件至 dbqq@phei.com.cn。

本书咨询联系方式：（010）88254617，luomn@phei.com.cn。

前言 | PREFACE

本书根据党的二十大报告中提出的“实施科教兴国战略，强化现代化建设人才支撑”以及“推进国家安全体系和能力现代化，坚决维护国家安全和社会稳定”的会议精神，为落实“立德树人”根本任务，把握好教材建设这个人才培养的重要载体，本书旨在培养能胜任网站建设与维护相关岗位的、德智体美劳全面发展的、符合社会主义建设者和接班人要求的高素质实用型人才。在本书网站建设全流程的学习中，提高政治站位，充分融入素养教育，提高学生的国家安全观和网络安全意识，自觉抵制违法行为。

本书特色

本书根据教育部颁发的《中等职业学校专业教学标准（试行）信息技术类（第一辑）》中的相关教学内容和要求编写而成。

本书讲述网站开发与部署的全过程，书中以一个完整的企业网站“酒店管理系统”的建设与管理的全过程为例来进行介绍。全书按照企业订单式的培养目标，按照项目驱动和案例结合的方式由浅入深地讲述了案例网站的设计过程，使学生积累从业经验，能够从事网站建设与管理工作。全书各章以案例网站实例进行讲解，配有上机练习，使读者掌握网站建设与管理技术，掌握网站建设管理技巧，能够承担网站建设与管理的工程项目。

本书主要特色如下。

第一，企业网站实际建设项目，根据建设网站的流程来进行开发，应用了动态网站开发的主流技术。为了学习方便，主要采用 Dreamweaver 平台进行网站开发。

第二，重点突出，实用性强。本书讲述了整个网站从无到有的制作流程，从概念、规划，一直到制作成品，有一个完整观念，给读者以感性和理性的认识。本书前面章节介绍的是动态网站开发的通用性技术，并且每章都介绍网站建设的一个步骤，理论和实践相结合。把每章的实例合在一起，就构成一个网站——“酒店管理系统”网站。

第三，叙述图文并茂，可读性强。本书以真实上机操作的全过程来截图说明，可操作性极强，读者按照截图的步骤完全能够上机操作完成书中任务。

第四，可操作性强。根据本书所述内容能够设计出一个完整的商业网站，同时，学生能够通过本书的学习达到举一反三的效果，掌握一技之长，积累从业经验。

第五，全书第 2 章～第 7 章配以完整的教学和网站制作视频，每个视频与教材的相关章节完全配套，教师和学生可以下载使用，方便教师的教学和学生的上机实习。

本书作者

本书由重庆电子工程职业学院陈学平和陈冰倩担任主编。在编写本书过程中，编者得到了任光辉、饶国裕同学的支持，他们帮编者整理了录制的视频资料。同时，编者在此感谢家人的支持和电子工业出版社编辑的辛苦劳动。

教学资源

为了提高学习效率和教学效果，方便教师教学，编者为本书配备了包括电子教案、教学指南、素材文件、微课，以及习题参考答案等在内的配套的教学资源。请有此需要的读者登录华信教育资源网（http://www.hxedu.com.cn）注册后进行免费下载，有问题时请在网站留言板留言或与电子工业出版社联系（E-mail:hxedu@phei.com.cn）。

由于编者水平有限，书中难免有错误和不妥之处，恳请广大师生和读者批评指正。

编　者

CONTENTS | 目录

扫一扫 学一学

中小型网站创建概述

本章主要讲述网站创建的一些整体性的知识，主要介绍了网站建设前期的准备工作，即网站建设技术的选用、网站建设的常用术语及技术等，重点要掌握网站创建的流程、网站建设的注意事项及相关术语。本章为读者建设一个网站提供了整体思路，使读者掌握网站建设的全过程。

 **学习目标**

【知识能力目标】

1. 了解网站建设的常用技术。
2. 了解网站运行的基本原理。
3. 掌握网站创建的流程。
4. 掌握网站策划的技巧。

【素养目标】

通过学习网站建设的思路，树立正确的网站建设观念，把握正确的政治方向。

1.1 网站建设的目的

企业的首页是企业在 Internet 上展示形象的门户，是企业开展电子交易的基地，是企业网上的"家"，设计制作一个优秀的网站是建站企业成功迈向互联网的重要步骤。

在当今互联网时代，一个企业没有自己的网站就像一个人没有住址、一个商店没有门脸一样。随着经济全球化和电子商务经济的到来，企业如果还固守于传统模式则必定不能再适应经济全球化的趋势，企业联网和开展电子商务是一个不可回避的现实。

网站建设的主要目的包含以下几方面。

1. 塑造企业形象

一个企业的形象是怎样产生的呢？企业形象是可以通过网站建设塑造起来的，网站起到的是宣传企业和品牌的作用。企业可以将想让客户知道的内容放在网站上，便于客户及时了解企业动态。与此同时，可以塑造出色的企业形象，给客户留下深刻而美好的印象。更重要的是，企业还可以省下大笔的宣传费用，可谓一举多得！

2. 全面介绍公司及公司产品

当企业有新产品出现，需要让客户了解时，运用网站就是有用的途径。企业可以随时更新网站的产品和资讯动态，让广大新老客户方便快捷地了解企业产品的详细情况。

3. 增加与目标客户的互动性

一个好的网站不仅仅要起到展示的作用，更多的是起到互动的作用，让目标客户与企业人员无缝沟通。网站上面的留言、客服、电话等，可以让目标用户快速与企业人员进行联络，增加双方的互动，促进生意的达成。

4. 与潜在客户建立商业联络

企业网站最重要的功能之一，就是挖掘潜在客户。现在，世界各国大的采购商，主要是运用互联网来寻觅新的产品和新的供货商，因为这样做费用最低，且效率最高。原则上，全世界任何地方的人，只需知道公司的网址就可以看到公司的产品。网站可以使潜在的客户容易地找到公司和产品，快速实现成交。

5. 及时得到客户的反馈信息

一般来说，大多数客户是不会积极主动地向公司反馈信息的。但是，企业可以在设计网站时，加入专门用于客户与公司联络的电子邮件和电子表格，如此，公司可以得到很多的客户意见和建议，及时应对市场需求。

6. 建立信息数据库，实施电子商务

建立公司的信息数据库，一个对内，一个对外。对内，在公司内最大限度地达到对信息资源的运用和共享，进行对信息的保存、搜索、查看、再运用等操作；对外，让客户尽可能多地了解公司性质和业务特征，对信息进行分类，便于客户查找和查看。此外，访问者通过网站了解公司的资料，如果有订阅的意向，可以在线提交资料订单，办理者可以依据条件查看、检索、管理订单，并反馈到营销部门，及时与制定订单的客户取得联络，实现简略的电子商务。

7. 直接实现网络销售

好的企业网站不但对企业的形象是一个良好的宣传，也可以辅佐企业进行产品销售。

1.2 有效的网站规划

要规划与设计一个有效的网站，至少应该遵循以下几个基本原则。

1. 明确网站设计目标与用户需求

Web 站点的设计目标是展现企业形象、介绍产品和服务、体现企业发展战略。因此，必须明确设计站点的目的和用户需求，从而做出切实可行的计划。有些网站的效果不如预想的好，其主要原因是对用户的需求理解有偏差，缺少用户对网站的检验。设计者常常将企业的市场营销和商业目标放在首位，而对用户和潜在用户的真正需求了解不多。所以，必须根据消费者的需求、市场的状况、企业自身的情况等进行综合分析，明确建设网站的目的、企业提供的产品和服务、网站的受众的基本特点等，做到有的放矢。

2. 总体设计方案主题鲜明

在目标明确的基础上，完成网站的构思创意，即总体设计方案。对网站的整体风格和特色进行定位，规划网站结构。Web 站点应根据所服务对象（机构或人）的不同而具有不同的形式。

有些站点只提供简洁的文本信息；有些则采用多媒体表现手法，提供华丽的图像、闪烁的灯光、复杂的页面布置，甚至可以下载声音和录像片段，最好将图像表现手法和有效的组织与通信结合起来：主题鲜明突出，要点明确，以简单朴实的语言和画面体现站点的主题，调动一切手段充分表现网站的个性和情趣，体现网站的特色。

3．网页形式与内容相统一

将丰富的、多样的形式组织成统一的页面结构，形式语言必须符合页面的内容，体现丰富的内涵。运用对比与调和、对称与平衡、节奏与韵律以及留白等手段，通过文字、空间、图形相互之间的关系建立整体的均衡状态，产生和谐的美感。

4．安全快速访问

因特网运行的最大瓶颈不是通常人们所认为的信息显示能力，而是网页的传送速度。足够的带宽是快速访问的保证。有稳定的、全天 24h、全年 365 天都可以连续工作的服务器也至关重要。

5．多媒体技术的合理利用

网站资源的优势之一是多媒体功能。要吸引浏览者的注意力，页面的内容可以用三维动画来表现。但要由于网络带宽的限制，在使用多媒体的形式表现网页的内容时应考虑到客户端的传输速度。要时刻记住因特网的用户掌握着主动权，是他们在进行一切选择，让用户方便快捷地得到所需要的信息是最重要的。

6．网站信息的及时更新

网站信息必须经常更新。在网站建设的初期，很多人错误地认为，要想让网站吸引住浏览者，就一定要把主页设计得尽量漂亮。但随着网站建设的发展，人们越来越清楚地认识到，这种看法有极大的片面性。主页设计得好，自然能吸引人们的注意，但这种吸引是暂时的，要想长期吸引住浏览者，最终还是要靠网站内容的不断更新。站点信息的不断更新，能让浏览者了解企业的发展动态和服务等，也能帮助企业建立良好的形象。

7．网站的信息交互能力

如果一个网站只是为访问者提供浏览，而不能引导浏览者参与到网站内容的部分建设中，那么它的吸引力是有限的。只有当浏览者能够很方便地和信息发布者相互交流时，该网站的魅力才能充分体现出来。

1.3　网站建设的方案

1.3.1　公司自己建设

一般而言，非网站建设公司想要建设一套可发挥网络行销效果的网站，其成本是相当高的。

若想建设网站，至少需要程序设计师和美术人员各一名，还要购买相应的各项软硬件，对一般中小企业来说开销颇大。

1.3.2　购买套餐软件建设

1．套装的优点

其能使企业轻易获得专业网站，无需程序设计和美术人员，对企业的技术能力没有太高要求，具有强大的后端管理接口，支持产品服务推荐、线上交易等功能，提升了企业的优势与竞争力。

2．特色

（1）操作简单：操作界面简单易懂，可轻松建立网站。

（2）使用便利：无论在何处，只要能够联网，可随时随地架设网站。

（3）实时更新：线上更新网站资料信息，能保证资料的实时性与正确性。

（4）目标导向：完整的客户与会员管理功能，针对特定目标做服务与设定。

（5）成本低廉：轻松建立数据库网站，不仅降低了前置制作成本，还节省了日后维护费用。

3．选购套装数据库软件

如果使用套装数据库软件，则需要注意以下问题。

① 是否可以量身定做画面或自制画面？

② 是否可以有独立网域名称？

③ 是否可以架设自有主机？

④ 数据库是否可以导出？

⑤ 是否可以真的简单上手？

⑥ 是否每年都要负担庞大费用？

⑦ 是否符合公司本身需求？

⑧ 是否具有公信力或知名度？

以上每点都非常重要，但大部分客户无法辨识。

1.3.3 外包专业网络公司建设

一般的网站公司设计团队将根据企业的主营业务特点与网站建设目的，为企业提供网站建设规划：各种高级服务的一体化、建设费用的大众化、系统的定期完善升级、专家季度建议等。同时，将给部分网站内容较多，需要有较复杂的结构设计、较高的艺术表现和整体电子政务或电子商务策划要求的客户出具一套完整的网站建设方案。

根据企业对网站建设及信息需求的不同，把网络服务项目融合成一个个完整的网络产品，设置成不同款、经济实惠的网站建设套餐，让企业建网站就如同买电脑一样简单、轻松，只要选择适合项目计划，即可得到网络一体化的服务。

1.4 关于动态网页和静态网页的区别

静态网页与动态网页的区别可以分别从两者的概念、特点来介绍。

所谓静态网页，就是指没有后台数据库、不含程序和不可交互的网页。静态网页更新起来比较麻烦，适用于更新较少的展示型网站。不符合静态网页概念的就属于动态网页。

静态网页使用的语言是超文本标记语言。在网站设计中，一般的静态网页网址都是以.htm、.html、.shtml、.xml 等为扩展名的。这并不是说静态网页就没有动态的效果，有的静态网页也会有动态效果，如 GIF 格式的动画、Flash、滚动字母等。动态网页使用的语言是 HTML+ASP 或 HTML+PHP 或 HTML+JSP 等。

区分静态网页与动态网页最重要的一点是程序是否在服务器端运行。这是最重要标志。

在服务器端运行的程序、网页、组件等，属于动态网页，它们会根据不同客户、不同时间，返回不同的网页，如 ASP、PHP、JSP、ASP.NET、CGI 等。运行于客户端的程序、网页、插件、组件等，属于静态网页，如 HTML 网页、Flash、JavaScript、VBScript 等，它们是永远不变的。

静态网页和动态网页的特点分别如下。

1．动态网页的特点

（1）动态网页以数据库技术为基础，可以大大降低网站维护的工作量。

（2）采用动态网页技术的网站可以实现更多的功能，如用户注册、用户登录、在线调查、用户管理、订单管理等。

（3）动态网页实际上并不是独立存在于服务器中的网页文件，只有当用户请求时，服务器才会返回一个完整的网页。

（4）动态网页中的“?”对搜索引擎检索存在一定的问题，搜索引擎一般不可能从一个网站的数据库中访问全部网页，或者出于技术方面的考虑，搜索蜘蛛不去抓取网址中“?”后面的内容，因此，采用动态网页的网站在进行搜索引擎推广时，需要做一定的技术处理才能适应搜索引擎的要求。

2．静态网页的特点

（1）静态网页的每个网页都有一个固定的 URL，且网页 URL 以.htm、.html、.shtml 等常见形式为扩展名，而不含“?”。

（2）网页内容一旦发布到网站服务器上，无论是否有用户访问，每个静态网页的内容都是保存在网站服务器上的，也就是说，静态网页是实实在在保存在服务器上的文件，每个网页都是一个独立的文件。

（3）静态网页的内容相对稳定，因此容易被搜索引擎检索。

（4）静态网页没有数据库的支持，在网站制作和维护方面的工作量较大，因此，不适用于信息量很大的网站。

1.5　网站策划书的编写

根据每个网站的情况不同，网站策划书也是不同的，但是最终都离不开主框架，在网站建设前期，要进行市场分析，并在总结后形成书面报告，对网站建设和运营进行有计划的指导和阶段性总结会有很好的效果。

网站策划一般可以按照下面的思路来进行整理，这里按照门户网站、企业网站、个人网站的建设来分别进行框架定位。

1.5.1　网站建设市场分析及网站的定位

我们把市场分析和网站的定位联系起来放在此处，是因为它们之间有所联系，要根据市场分析得来的情况对网站进行定位和目标调整。与此同时，还要进行网站服务对象分析。

1．市场分析

门户网站：门户网站包括综合性门户网站、电子商务类门户网站、行业类门户网站、信息服务类门户网站（这里将 BBS 归类为综合性门户网站；将博客归类为信息服务类门户网站）。以编者曾做过的一个汽配行业门户网站为例，建站初期先进行市场调研，找到同行业的汽配网站有哪些，它们的主要栏目有什么，特色服务有什么，发展情况怎样等。再对它们的栏目进行取舍，根据自身特点创办栏目。确定自己网站的栏目之后，要对同行业内网站进行筛选，找出内容上互补的网站，以便日后推广时做链接与合作。对同行业的网站发展情况做大致的了解后，根据实际情况检查自己有什么样的优势，有什么不利因素，之后才能对网站进行定位。

企业网站：企业网站的市场分析比较容易，因为企业建站的目的无非是想对企业自身进行更好的宣传，想要在互联网营销中占有一席之地，想要提供产品的技术支持和在线互动，以便更好地为客户服务的同时提高企业利润。企业网站的建设思路可以参照同行业做得比较好的网站，但同时要根据自身的发展进行调整，切不可盲目跟从。企业网站同样可以找一些同行业的互补网站来进行链接。

个人网站：个人网站建设在内容上往往是大同小异的，但是也有一些个人网站别出心裁，采用了独特的网站类型，这样的建站效果通常非常好。一般来说，个人网站对市场分析有所忽略，但是大中型的个人网站应该进行市场调研，和门户网站所做的一样。

2. 网站定位

市场分析做完后，通常要有一个总结，并对自己将要做的网站有一个明确的认识，做出目标和定位。

网站目标：网站目标包括短期目标和长期目标。有目标的网站才能在网站建设和运营过程中了解网站的发展情况，根据具体情况制定具体措施。目标可以用多种形式来划分，如用 Alexa 排名来划分：一个月后排多少名；半年后排多少名；一年后排多少名等。也可以用赢利的形式来划分：一个月后赢利多少；半年后赢利多少；一年后赢利多少等。同样，可以用会员数、信息数量、网站流量、PV 值等来划分。但要注意的是，一定要根据实际情况和有效的参考资料来制定目标，不能盲目。

网站定位：网站的定位也可以说是目标。它是为自己的网站制定一个最终的目标，即网站定位除了包含网站要达到的目标之外，还包括网站的发展方向、网站的文化等因素。

1.5.2 网站服务对象分析

网站建设中不能忽略的就是“这个网站究竟在为什么人提供服务？”对于这个问题，所有网站建设者都要注意。在网站建设中，通常对网站的服务对象做一个比较，划分出第一梯队服务对象、第二梯队服务对象以及其他梯队服务对象。

第一梯队服务对象：对网站具有很高的依赖性，或者是网站服务主要面向的对象。例如，汽车配件网站的第一梯队服务对象就是汽车配件供应商、汽车配件采购商以及汽车配件贸易公司等。

第二梯队服务对象：对网站有兴趣，或者是第一梯队服务对象的替补（所谓第一梯队服务对象替补，就是一些本来应该是第一梯队服务对象的，但对网站不了解，对互联网不认同的一些企业或个人。它们随时都有可能成为第一梯队服务对象），或者是和本行业互补的一些企业和个人。

其他梯队服务对象：包括行业的研究者、学者、新闻媒体等。

1.5.3　网站的内容建设

在对网站进行市场分析、调研和定位之后，接下来要做的就是网站的基础设施建设了。它包括网站的前台页面设计制作和网站的后台编程，在网站全部做完之后还要进行网站测试和上传等工作。

1．网站设计

网站设计主要是对网站前台页面进行制作。所谓前台设计，就是浏览者能够看到的那一部分，是网页。对于不同类型的网站，前台设计情况可能略有不同。

门户网站：门户网站设计主要要求是简单、界面友好，追求网页打开速度。门户网站的首页通常是简单中具有一点独特的风格，在不影响网页速度的前提下保留个性与独特。

企业网站：企业网站的设计通常有三种情况。第一种就是基于网站制作软件生成的静态的或者半静态的模板。这样的网站通常没有什么独特的地方，一般不会被浏览者轻易地记住。第二种就是一些互联网服务类公司为企业建立的所谓“标准首页”的网站首页，采用了大量的图片元素和动画效果，但会使网站的打开速度受到影响，这样的网站和一些个人网站一样，追求的是华丽的表现形式。第三种企业网站拥有和门户型网站界面类似的首页，这样有利于网站的打开速度，缺点是图片较少，设计上如果没有很好的创意，则很难让人记住。

个人网站：个人网站通常有两种形式，一种是爱好型的非营利网站，这种网站通常采用大量的图片来追求炫目的感觉；另一种是个人站长由于资金问题建立的个人门户型网站，和门户型网站的设计属于一类。

2．网站编程

网站编程是网站安全的基础，一个好的程序可以使网站受到攻击而产生不良后果的问题大大减少，网站编程需要专业的编程技术。一般来说，网站流行的编程语言有以下几种：JSP、ASP、.NET、PHP 等。

网站建设编程语言是一个选择，要用所选的语言编写具有哪些功能的程序才是网站基本。通常情况下，网站具有这些基本系统：新闻发布系统（信息发布系统）、产品发布系统、会员管理系统、广告管理系统、流量统计分析系统等。

1.5.4　网站测试和上传

网站的设计和编程全部做完之后，要对网站进行测试和上传。应该先将网站上传到网站空间，再对网站进行测试，也是对网站空间进行测试。一般来说，网站测试需要测试的就是网站页面的完整程度、网站编程代码的繁简程度和完整性、网站空间的链接速度、网站空间的加压测试承受度。

1.5.5　网站内容添加

网站制作和测试完毕后，就可以进行推广了吗？答案当然是否定的，刚刚制作完成的网站，没有内容，怎么进行推广，又有谁会看呢？所以，测试的下一步就是对网站进行数据库填充。用自己原创的文章，或者从网上和书上摘录的文章填充数据库，至少要让浏览者感觉网站不是刚刚上线的。同时，数据库填充的内容越多，在搜索引擎上被收录的页面也就越多，对下一步的推广也是大有好处的。

1.5.6 网站的推广

网站的推广可以说是网站建设中尤为重要的一部分，那么怎样进行推广呢？推广的方式有哪些呢？

1．免费推广方式

友情链接：和其他网站做友情链接，最好找比自己 PR 值高的网站来做链接。

登录免费搜索引擎：让搜索引擎收录网站，这样网站就可以在互联网上被其他企业或者个人查找到了。

论坛广告：到各个论坛发广告宣传网站。

群发推广：用 QQ 群发软件或者邮件群发软件来进行推广。

加入导航网站：加入导航网站对推广很有好处，但一些比较有名的导航网站需要费用。

2．付费推广方式

搜索引擎关键词：在比较著名的搜索引擎上做关键词推广。

活动宣传：如果做的是一些比较大的门户网站，那么可以选择做一些活动进行宣传推广，如免费会员月等。

网络广告：在流量比较大的网站上做广告宣传。

广告联盟：加入一些比较大的广告联盟，做付费广告，效果更好。

传统宣传方式：虽然互联网发展越来越快，但是传统的宣传方式现在仍占主导地位，所以利用电视、广播、宣传册等进行宣传，对网站的推广效果很明显。

制造事件推广：越来越多的人发现，互联网时代最快最有效的其实是炒作，有意制造和自己网站相关联的事件（特别是爆发性事件），对网站的宣传非常有利。

网吧首页：如果有能力，则这种推广方式完全可以是免费的。在网吧设置首页会为网站带来巨大而稳定的流量。

1.6 网页设计的基本原则

任何事物都有其原则性，如果不遵循其原则性，那么就会在发展的过程中逐渐失去其初衷，网页设计亦然。网页设计的核心是传达信息，基于此，网页设计原则如下。

1．明确建立网站的目标和用户需求

根据消费者的需求、市场的状况、企业自身的情况等进行综合分析，以“消费者”为中心，而不是以“美术”为中心，进行设计规划。明确设计站点的目的和用户需求，从而做出切实可行的设计计划。

2．网页设计主题鲜明

在目标明确的基础上，完成网站的构思创意，即完成总体设计方案。对网站的整体风格和特色做出定位，规划网站的组织结构。

3．版式设计的整体性

整体性指设计作品各组成部分在内容上的内在联系和表现形式上的相互呼应，并注意整个页面设计风格统一、色彩统一、布局统一。即形成网站高度的形象统一，使整个页面设计的各个部分融洽。

4．版式设计的分割性

分割性指即按照内容、主题和信息的分类要求，将页面分成若干板块、栏目，使浏览者一目了然，吸引浏览者的眼球，还能通过网页达到信息宣传的目的，显示出鲜明的信息传达效果。

5．版式设计的对比性

在设计过程中，通过多与少、主与次、黑与白、动与静、聚与散等对比手法的运用，使网页主题更加突出、鲜明而富有生气。

6．网页设计的和谐性

网页布局应该符合人类审美的基本原则，浑然一体。如果仅仅是色彩、形状、线条等的随意混合，那么设计出来的作品不但没有生气、灵感，甚至连最基本的视觉设计和信息传达功能也无法实现。如果选择了与首页内容不和谐的色调，就会传递错误的信息，造成混乱。

7．导向清晰

网页设计中的导航使用超文本链接或图片链接，使人们能够在网站上自由前进或后退，而不是让他们使用浏览器上的前进或后退功能。在所有的图片上使用“ALT”标识符注明图片名称或解释，以便那些不愿意自动加载图片的观众了解图片的含义。

8．非图形的内容

由于在互联网浏览的大多是一些寻找信息的人们，因此建议网站为网民提供的是有价值的内容，而不是过度的装饰。

1.7　网站页面色彩的规划

网页中色彩的应用是网页设计中极为极为重要的一环，赏心悦目的网页，色彩的搭配都是和谐优美的。在确定网站的主题后，就要了解哪些颜色适合站点使用，哪些不适合使用，这主要根据人们的审美习惯和站点的风格来定。一般情况下，要注意以下几点：忌讳使用强烈对比的颜色搭配做主色；配色简洁，主色要尽量控制在三种以内；背景和内容的对比要明显，少用花纹复杂的背景图片，以便突出显示文字内容。

如果对颜色的搭配没有经验，可以使用 Dreamweaver 的配色方案来学习简单的配色，开启 Dreamweaver，选择“命令→设定配色方案”选项，打开配色选择窗口，其中提供了多种背景、文本和链接的颜色，可以根据自己的需要来选择搭配。当然，也可以使用一些专门的网页配色软件来辅助搭配网站的色彩。

1.8　合理的网站栏目结构布局

网站的结构决定了一个网站的方向和前途，决定了一个网站面向的市场到底有多大，结构是战略层面上的，靠技术来表达。

合理的网站栏目结构，无非是能正确表达网站的基本内容及其内容之间的层次关系，站在用户的角度考虑，使得用户在网站中浏览时可以方便地获取信息并不难，关键在于对网站结构的重要性有充分的认识。归纳起来，合理的网站栏目结构主要表现在以下几个方面。

（1）通过首页可以到达任何一个一级栏目首页、二级栏目首页以及最终内容页面。

（2）通过任何一个网页可以返回上一级栏目页面并逐级返回首页。

（3）主栏目清晰并且全站统一。

（4）通过任何一个网页可以进入任何一个一级栏目首页。

不同主题的网站对网页内容的安排会有所不同，但大多数网站首页的页面结构会包括页面标题、网站 Logo、导航栏、登录区、搜索区、热点推荐区、主内容区和页脚区，其他页面不需要设置得如此复杂，一般由页面标题、网站 Logo、导航栏、主内容区和页脚区等构成。

网站设计不是把所有内容放置到网页中就可以了，还需要对网页内容进行合理的排版布局，以给浏览者赏心悦目的感觉，增强网站的吸引力。在设计布局的时候，要注意使文字、图片在网页空间上均匀分布并且不同形状、色彩的网页元素要相互对比，以形成鲜明的视觉效果。

1.8.1 网页布局的基本概念

作为网页设计的初学者，最好要明白网页布局的基本概念。下面进行具体讲解。

1. 页面尺寸

页面尺寸和显示器大小及分辨率有关系，网页的局限性就在于无法突破显示器的范围，而且因为浏览器会占去不少空间，留下的页面范围就更小了。一般分辨率在 800×600 像素的情况下，页面的显示尺寸为 780×428 像素；分辨率在 640×480 像素的情况下，页面的显示尺寸为 620×311 像素；分辨率在 1024×768 像素的情况下，页面的显示尺寸为 1007×600 像素。从以上数据可以看出，分辨率越高，页面尺寸越大。

浏览器的工具栏也是影响页面尺寸的原因。目前的浏览器的工具栏可以取消或者增加，当显示全部的工具栏和关闭全部的工具栏时，页面的尺寸是不一样的。

在网页设计过程中，向下拖动页面是唯一给网页增加更多内容（尺寸）的方法。但除非肯定站点的内容能吸引访问者拖动，否则不要让访问者拖动页面超过三屏。如果需要在同一页面显示超过三屏的内容，那么最好做页面内部链接，以方便访问者浏览。

2. 整体造型

什么是造型？造型就是创造出来的物体形象。这里是指页面的整体形象，这种形象应该是一个整体，图形与文本的接合应该是层叠有序的。虽然显示器和浏览器都是矩形的，但对于页面的造型，可以充分运用自然界中的其他形状以及它们的组合，如矩形、圆形、三角形、菱形等。

对于不同的形状，它们所代表的意义是不同的。例如，矩形代表着正式、规则，很多政府网页都是以矩形为整体造型的；圆形代表着柔和、团结、温暖、安全等，许多时尚站点喜欢以圆形为页面整体造型；三角形代表着力量、权威、牢固、侵略等，许多大型的商业站点为显示其权威性而常以三角形为页面整体造型；菱形代表着平衡、协调、公平，一些交友站点常运用菱形作为页面整体造型。虽然不同形状代表着不同意义，但目前的网页制作多数是结合多个图形加以设计的，其中某种图形的构图比例可能占的大一些。

3．页头

页头又可称之为页眉，页眉的作用是定义页面的主题。例如，一个站点的名称多数显示在页眉里。这样，访问者能很快知道这个站点主要介绍什么。页头是整个页面设计的关键，它将牵涉下面的更多设计和整个页面的协调性。页头常放置站点名称的图片、公司标志以及旗帜广告。

4．文本

文本在页面中是以行或者块（段落）的形成出现的，它们的摆放位置决定着整个页面布局的可视性。过去因为页面制作技术的局限，文本放置的位置的灵活性非常小，而随着 DHTML 的兴起，文本已经可以按照自己的要求放置到页面的任何位置。

5．页脚

页脚和页头相呼应。页头是放置站点主题的地方，而页脚是放置制作者或者公司信息的地方。许多制作信息是放置在页脚的。

6．图片

图片和文本是网页的两大构成元素，缺一不可。如何处理好图片和文本的位置成了整个页面布局的关键。

7．多媒体

除了文本和图片之外，还有声音、动画、视频等其他媒体。虽然它们不是经常能被利用到，但是随着动态网页的兴起，它们在网页布局上也将变得更重要。

1.8.2　网页布局的方法

网页布局的方法有两种：第一种为纸上布局；第二种为软件布局。下面分别加以介绍。

1．纸上布局法

许多网页制作者不喜欢先画出页面布局的草图，而是直接在网页设计器里边设计布局边加内容。这种不打草稿的方法无法设计出优秀的网页。所以，在开始制作网页时，要先在纸上画出页面的布局草图。

准备若干张白纸和一支铅笔，这里假设要设计一个时尚站点。

1）尺寸选择

目前 800×600 像素的分辨率为约定俗成的浏览模式。为了照顾大多数访问者，页面的尺寸应以 800×600 像素的分辨率为准。

2）造型的选择

先在白纸上画出象征浏览器窗口的矩形，这个矩形就是布局的范围。选择一个形状作为整个页面的主题造型，这里选择圆形，因为它代表柔和，和时尚流行比较相称，在矩形框架里随意画出来，可以试着再增加一些圆形或者其他形状。这样画下来，会发现页面很乱。其实，如果一开始就想设计出一个完美的布局是比较困难的，要在看似很乱的图形中找出隐藏在其中的特别的造型。还要注意一点，不要担心设计的布局是否能够实现。事实上，只要设计者能想到的布局都能用现今的 HTML 技术实现。图 1-1 所示为手画的页面布局。

考虑到左边向左凹的弧线，为了取得平衡，在页面右边增加了一个矩形（也可以是一条线段），如图 1-2 所示。

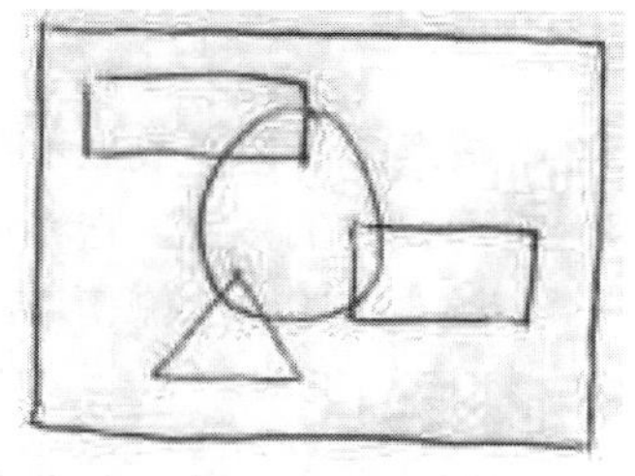
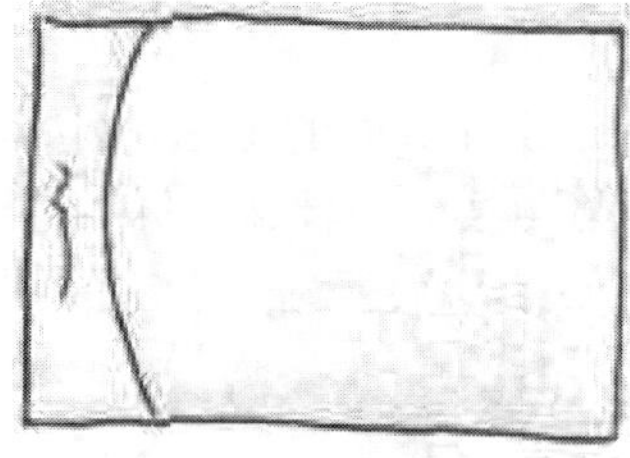

图 1-1　手画的布局

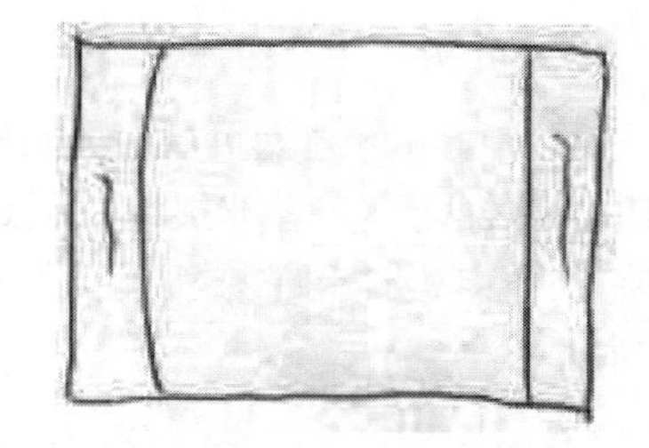

图 1-2　改动布局

3）增加页头

图 1-2 是从图 1-1 得到的布局造型，现在开始增加页头。一般而言，页头位于页面顶部，所以为图 1-2 增加了一个页头，为了与左边的弧线和右边的矩形取得平衡，这里增加了一个矩形页头并让页头相交于左边的弧线，如图 1-3 所示。

4）增加文本

为页面的空白部分分别加入文本和图形。因为在页面右边有矩形作为陪衬，所以文本放置在空白部分不会因为左边的弧线而显得不协调，如图 1-4 所示。

5）增加图片

图片是美化页面和说明内容必需的媒体。在这里把图片加入到适当的地方，如图 1-5 所示。

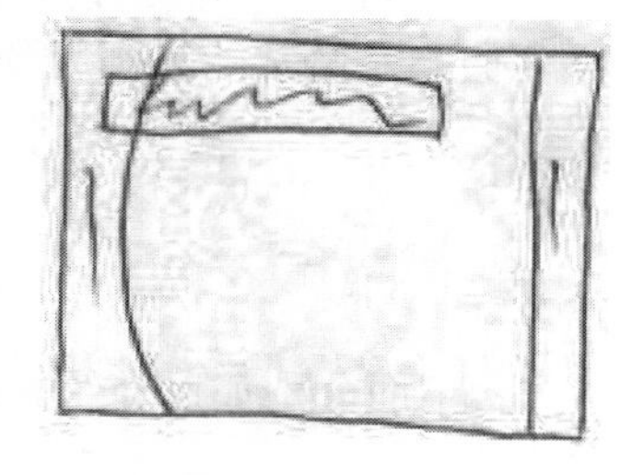

图 1-3　增加页头

图 1-4　增加文本

图 1-5　加入图片

经过以上几个步骤，一个时尚页面的大概布局就出现了。当然，它不是最后的结果，而是以后制作时的重要参考依据。

2．软件布局法

如果不喜欢用纸来画出布局意图，那么可以利用软件来完成这些工作。这个软件就是 Photoshop。Photoshop 所具有的对图像的编辑功能用在设计网页布局上更显得得心应手。不像用纸来设计布局那样，利用 Photoshop 可以方便地使用颜色、使用图形，并且可以利用图层的功能设计出用纸张无法实现的布局意念。

1.8.3　网页布局的技术

1．层叠样式表的应用

在 HTML 4.0 标准中，CSS（层叠样式表）被提出来，它能完全精确地定位文本和图片。CSS 对于初学者来说显得有点复杂，但它的确是一个好的布局方法。曾经无法实现的想法利用 CSS 都能实现。目前，在许多站点上，层叠样式表的运用是一个站点优秀的体现。可以在网上找到许多关于 CSS 的介绍和使用方法。

2．表格布局

表格布局好像已经成为一个标准，随便浏览一个站点，它们一定是用表格布局的。表格布局的优势在于它能对不同对象加以处理，而又不用担心不同对象之间的影响。此外，表格在定位图片和文本上比用 CSS 更加方便。表格布局唯一的缺点是，当使用了过多表格时，页面下载速度会受到影响。对于表格布局，可以随便找一个站点的首页，然后保存为 HTML 文件，利用网页编辑工具打开它（要使用所见即所得的软件），将会看到这个页面是如何利用表格的。

3．框架布局

不知道什么原因，框架结构的页面开始被许多人不喜欢，可能是因为它的兼容性不太好。但从布局上考虑，框架结构不失为一个好的布局方法。它如同表格布局一样，能把不同对象放置到不同页面中加以处理，因为框架可以取消边框，所以一般来说不影响整体美观。

这里介绍的布局指南并不是全部的网页布局技术，从某种意义上来说，只想引导设计者在制作网页的时候，知道怎样把图片和文本放置的恰到好处，知道如何拥有跳跃的设计思维。

1.8.4　网页布局的基本类型

网页的布局不可能像平面设计那么简单，除了上文提到过的可操作性外，技术问题也是制约网页布局的一个重要因素。虽然网页制作已经摆脱了 HTML 时代，但是还没有完全做到挥洒自如，这就决定了网页的布局是有一定规则的，这种规则使得网页布局只能在左右对称结构布局、“同”字形结构布局、“回”字形结构布局、“匡”字形结构布局、“厂”字形结构布局、自由式结构布局、“另类”结构布局等几种布局的基本结构中选择。

1．左右对称结构布局

左右对称结构是网页布局中最为简单的一种。“左右对称”所指的只是在视觉上的相对对称，而非几何意义上的对称，这种结构将网页分割为左右两部分。一般使用这种结构的网站均把导航区设置在左半部，而右半部用做主体内容的区域。左右对称结构便于浏览者直观地读取主体内容，但是不利于发布大量的信息，所以这种结构对于内容较多的大型网站来说并不合适，如图 1-6 所示。

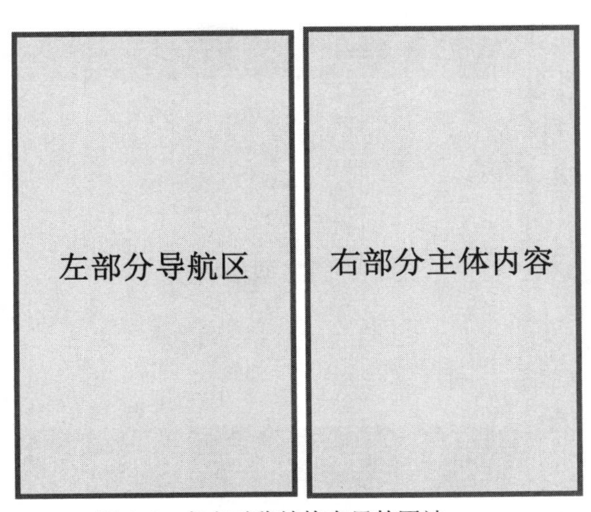

图 1-6　左右对称结构布局的网站

2．“同”字形结构布局

“同”字结构名副其实，采用这种结构的网页，往往将导航区置于页面顶端，广告条、友情链接、搜索引擎、注册按钮、登录面板、栏目条等内容置于页面两侧，中间为主体内容，这种结构比左右对称结构复杂一点，不但有条理，而且直观，有视觉上的平衡感，但是这种结构也比较僵化。在使用这种结构时，高超的用色技巧会规避其缺陷，如图 1-7 所示。

图 1-7 “同”字形结构布局的网站

3．“回”字形结构布局

“回”字形结构实际上是对“同”字形结构的一种变形，即在“同”字形结构的下面增加了一个横向通栏，这种变形将“同”字形结构不是很重视的页脚利用了起来，这样增大了主体内容，合理地使用了页面有限的面积，但是这样往往会使页面充斥着各种内容，显得拥挤不堪，如图 1-8 所示。

图 1-8 “回”字形结构布局的网站

4. “匡”字形结构布局

和“回”字形结构一样，“匡”字形结构其实也是“同”字形结构的一种变形，也可以认为是将“回”字形结构的右侧栏目条去掉得出的新结构，这种结构是“同”字形结构和“回”字形结构的一种折中，这种结构承载的信息量与“同”字形结构相同，且改善了“回”字形结构的封闭性，如图 1-9 所示。

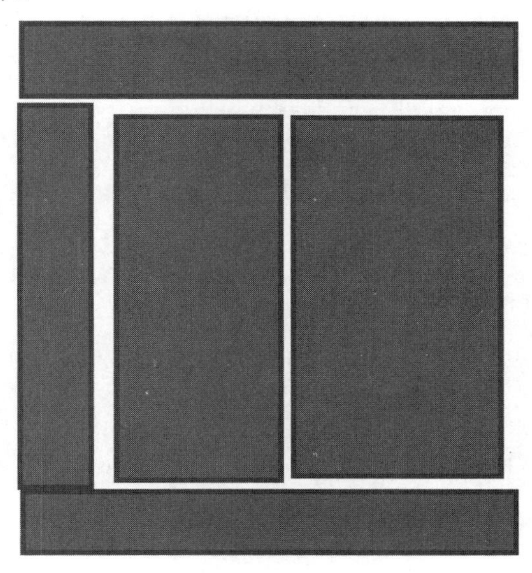

图 1-9　“匡”字形结构布局的网站

5. 自由式结构布局

以上 4 种结构是传统意义上的结构布局。自由式结构布局相对而言没有那么“安分守己”，这种结构的随意性特别大，颠覆了从前以图文为主的表现形式，将图像、Flash 动画或者视频作为主体内容，其他的文字说明及栏目条均被分布到不显眼的位置，起装饰作用。这种结构在时尚类网站中使用得非常多，尤其是在时装、化妆用品的网站中。这种结构富有美感，可以吸引大量的浏览者，但是因为文字过少，而难以让浏览者长时间驻足，且起指引作用的导航条不明显，不便于操作，如图 1-10 所示。

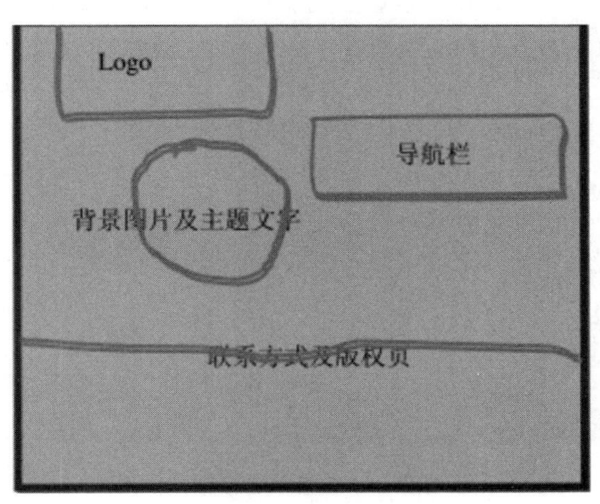

图 1-10　自由式结构布局的网站

6. “另类”结构布局

如果说自由式结构布局是现代主义的结构布局，那么“另类”结构布局就可以被称为后现代的代表了。在“另类”结构布局中，传统意义上的所有网页元素全部被颠覆，被打散后融入一个模拟的场景中。在这个场景中，网页元素化身为某一种实物。采用这种结构布局的网站多为设计类网站，以显示站长的前卫的设计理念。这种结构要求设计者有非常丰富的想象力和非常强的图像处理技巧，因为这种结构稍有不慎就会因为页面内容太多而拖慢浏览速度，如图 1-11 所示。

图 1-11 “另类”结构布局的网站

7. 分栏型布局结构

分栏型布局结构的网站如图 1-12 所示。

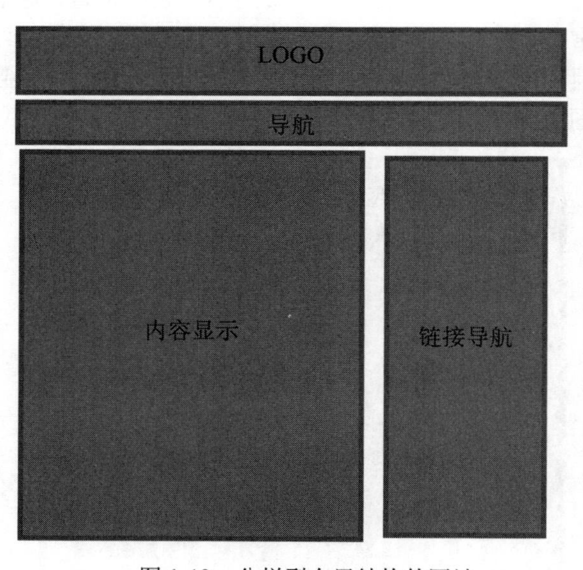

图 1-12 分栏型布局结构的网站

8. 封面型布局结构

封面型布局结构的网站如图 1-13 所示。

图 1-13　封面型布局结构的网站

1.8.5　网站首页布局设计

网站首页是网站给用户的第一印象，首页页面布局需从主题、导航、内容等方面入手。

1. 首页主题

首页是网站的核心页面，首页的主题也就是网站的主要核心。首页主题需让用户很容易地了解网站是做什么的。首页主题体现在网站的标题、关键词、描述上，其中最重要的是标题，用户在搜索引擎上看到的搜索结果就是网站的标题和描述内容。

在首页页面上，首页主题还体现在 Logo 及网站标题上。准确概括的首页主题可以很好地帮助用户选择自己有确切需求的网站。

2. 首页导航

网站导航可以看做对网站内容的分类，把网站的内容进行细分，方便用户根据个人需求选择浏览相应栏目页面。网站首页导航要做到分类清晰，导航栏目间不重复。

3. 首页内容

布置好网站首页导航后就可以进行网站首页的内容布局设计了。页面的内容布局需先对网站的用户群体进行需求分析，把用户关注最多的内容放置在首页的最重要位置。按照用户的浏览方式，页面内容布局按照内容重要程度由左上到右下进行布置。也就是说，最重要的内容要放置在首页左上位置，而广告或最不重要的内容可放置在页面的右下位置。

网站首页布局除了做好主题、导航和内容之外，还需注意页面的尺寸、网站打开速度及友情链接布置等。

1.8.6　内页与首页风格保持一致

在网页设计与网页制作时，对内页往往把握不是很到位，下面就风格一致性做出总结，希望对读者有所帮助。

1. 内页与首页的结构要一致

网页结构是网页风格统一的重要手段，包括页面布局、文字排版、装饰性元素出现的位置、导航的统一、图片的位置等，在结构的一致性上，要强调网页标志性元素的一致性，即网页或公司名称、网页或企业标志、导航及辅助导航的形式和位置、公司联系信息等。

2．内页与首页色彩要一致

这就是说内页与首页主体色彩的一致，只改变局部色块，在色彩的一致性上，强调的是如果企业有自身的CI形象，则最好在互联网中沿袭这个形象，给观众留出网上网下一致的感觉，更有利于企业形象的树立。

3．内页与首页导航的统一性

导航是网站的一项重要组成部分，一个出色的富有企业特性的导航将会给人留下深刻的印象。

4．个别具有特色的元素贯穿全部网页

在网站设计中，个别具有特色的元素重复出现，也会给访问者留下深刻印象，如企业的Logo。

5．内页与首页背景要统一

从技术上而言，网页背景包括背景色和背景图像，一般来说，并不提倡使用背景图像，建议使用背景色或色块，但背景色或色块要在全网页内统一，起视觉流程统一性的作用。

1.8.7　网站内页如何布局

新的网站，在设计之初就要考虑布局的重要性，不管是首页布局、栏目页布局（列表页布局）还是内页布局，这些都要考虑到，合理的网站布局能给网站带来一定的优势，所以，只要网站布局合理了，就能在相同的条件下，比竞争对手有更大的优势。

网站的内页布局，主要看设计者是如何考虑的，因为在一个内页中，正文占去了70%以上的板块，所以剩下的板块要合理地布局好，就需要动动心思了。

关于网站内页布局合理的方法，这里给出以下建议。

1．内页的头部

网站的内页的头部应该一致，而且要独立写出来，并采取调用的方法，这样就精简了网站的代码，对网站有很大的好处。

2．网站的内页导航

网站的内页导航有两部分：一部分是栏目导航，主要通过栏目导航到其他栏目，浏览其他栏目的内容，增加网站的流量，从而提高网站的权重；另一部分是面包屑导航，其对搜索引擎的网页爬虫友好，同时对于用户的体验也非常好，能显示用户的当前位置，不会使用户在网站中迷失方向。

3．网站内页链接的布局

（1）网站内页链接的布局是整个内页布局的关键。网站内页内链有三大块，而且出现的位置要合理，要符合用户体验，否则就是“方法不对、努力白费”。

（2）链接布局，主要放在正文的右边和正文的下面，这样最利于用户体验，原因如下。

① 用户如果通过链接进入文章，看见文章不合其兴趣，而在正文的右边有链接，则可能留住用户，减少了用户的流失，增加了网站的浏览量。

② 如果用户对这篇文章感兴趣，在看完过后，浏览到文章的最底部时，用户可以通过这样的链接进入别的页面，节省了用户的时间，也增加了网站的浏览量，减少了跳出率。

③ 上一页和下一页的布局

总之，一定要注重用户体验，只有做到了用户体验的页面布局，网站才有用户，才有权重，才有排名。

1.9 网站的风格设计

网站的设计必须形成自己的风格特色，特色就是优势。

所谓网站风格是指，网站页面设计上的视觉元素组合在一起的整体形象，展现给人的直观感受。这个整体形象包括网站的配色、字体、页面布局、页面内容、交互性、海报、宣传语等因素。网站风格一般与企业的整体形象相一致，如企业的整体色调、企业的行业性质、企业文化、提供的相关产品或服务特点等都应该能在网站的风格中得到体现。网站风格最能传递企业文化信息，所以好的网站风格不仅能帮助客户认识和了解网站背后的企业，也能帮助企业树立别具一格的形象。通过网站风格的独特性，直接为自身网站和所处行业的其他网站之间营造出一种清晰的辨识度。随着互联网的影响力不断提升，网站成了企业让客户了解自身的最直接的一个途径，通过自身网站的辨识度在众多网站中脱颖而出，迅速帮助企业树立品牌，提升企业形象。

可以从颜色、线条和形状、版式等方面来进行设计。

1. 协调运用颜色

不同的色彩影响着人们对网站的第一感觉，红色系象征着激烈、兴奋，灰色系象征着平淡和低调。旅游和园林类型的网站使用绿色系比较多，很多企业和政府机关偏爱使用沉稳而大方的蓝色。另外，也有几种颜色在网页设计中是很少被大面积使用的，如紫色。

一个网站不可能单一地运用一种颜色，这会让人感觉单调、乏味；但也不可能将所有的颜色都运用到网站中，给人轻浮、花哨的感觉。一个网站必须有一种或两种主题色，既不会让客户迷失方向，也不会单调、乏味。所以，确定网站的主题色也是设计者必须考虑的问题之一。

通常情况下，一个页面内尽量不要使用超过 4 种色彩，太多的色彩容易让人感觉没有方向、没有侧重。当主题色确定好以后，考虑其他配色时，一定要考虑其他配色与主题色的关系，要体现什么样的效果；还要考虑哪种因素可能占主要地位，如是明度、纯度还是色相。

2. 适当选择线条和形状

文字、标题、图片等的组合，会在页面上形成各种各样的线条和形状。这些线条与形状的组合，构成了首页的总体艺术效果。必须注意艺术地搭配好这些线条和形状，才能增强页面的艺术魅力。下面来探讨几种不同线条和形状的使用方法。

（1）直线（矩形）的应用。直线条的艺术效果是流畅、挺拔、规矩、整齐，即所谓的有轮有廓。直线和矩形在页面上的重复组合可以呈现井井有条、泾渭分明的视觉效果。其一般应用于比较庄重、严肃的首页中。

（2）曲线（弧形）的应用。曲线的效果是流动、活跃，具有动感，曲线和弧形在页面上的重复组合可以呈现流畅、轻快、富有活力的视觉效果。其一般应用于青春、活泼的首页题材中。

（3）曲、直线（矩形、弧形）的综合应用。把以上两种线条和形状结合起来运用，可以大大丰富首页的表现力，使页面呈现更加丰富多彩的艺术效果。这种形式的首页，适用的范围更大，各种主题的首页都可以应用。但是，在页面的编排处理上，难度也会相应大一些，处理不好会产生凌乱的效果。最简单的途径是，在一个页面上以一种线条（形状）为主，只在局部的范围内适当使用一些其他线条（形状）。

3．均衡的分割版式

在网页设计中，页面因为内容元素的需要而被分割成很多区块，区块之间的均衡就是版式设计上需要着重考虑的问题。均衡并非简单理性的等量不等形的计算，一个好的、均衡的网页版面设计，是布局、重心、对比等多种形式原理创造性全面应用的结果，是对设计师的艺术修养、艺术感受力的一种检验。在面积对比强烈（不等形）而又均衡（等量）的设计中，可以看到对比法则的成功参与；而在一些对比不十分强烈、典雅的不对称设计中，可感受到设计者儒雅的学者风范。

需要注意的是，传统网页设计的版式控制都是在不超越大众显示器分辨率宽度的前提下，依照内容多少纵向延展设计的。而如今流行的产品型网站，更倾向于在一屏内表达最主要的东西，尤其是首页，尽量不出现滚动条。

4．强调 UI 统筹

除了宏观的色彩版面设计之外，页面设计中还有一个很重要的环节——UI 元素的设计。在设计人员的理解层面上，所有界面上可视范围内的东西都可以并入 UI，但是 UI 设计更侧重于 Tab 标签、小图标、按钮、控件等。这些细节的优化，可通过使用元素来影响整站风格，制造整体性及连续性，能统一整个站点的形象，并在精致中表达网站的整体格调。

5．适当美化，去除冗余

在必要的元素都设计完成之后，回顾整个页面，根据整站的风格需要，也许会觉得设计得过于复杂了，或者是设计得不够完美，不能突出想要的风格。此时就需要适当调整对页面的美化控制。

简洁的往往是美的，而美的东西不一定简洁。尤其在网页设计上，对于内容很多的门户网站，任何多余的修饰都会加重浏览者眼睛的负担，所以门户网站的设计往往特别简单；而某些专业型网站，就首页来说确实没有什么东西可以展示，需要刻意增加一些点缀使其不显得空洞。当然，这也不是定理，针对行业不同或者突发性事件，适当地对设计进行调整也能够起到很好的效果。

1.10 网站建设的基本条件

网站设计的基本条件如下。

1．硬件条件

（1）域名：域名是指网站在 Internet 上的网址，浏览者访问网站时就是通过域名来访问的。当然，世界上没有两个一样的域名，域名可以说是一个网站的世界身份标志，如 https://www.phei.com.cn。

例如，http://www.hxedu.com.cn，域名通常分为 3 部分：www 代表是 Web 网页，hxedu 代

表网站所在空间（也就是服务器名称），com 是后缀，代表是哪一类型的网站，商业型的后缀为 com、免费资源的后缀为 net、政府网站的后缀为 gov、中国网站的后缀为 cn 等，做网站前要先有自己的域名，这样别人才能访问网站，域名的申请可以请网站建设商完成，并完成域名的指向等，也可以直接到其他的域名服务商去申请域名。

（2）网站空间：网站除了域名以外还要有空间，空间是用来存放网页文件的，如果把域名比做地图，那么网站空间就是仓库，要找到仓库里的货物（网页文件），就要通过地图找到仓库，然后到仓库中取货（网页文件）。

2．软件条件

（1）网站资料的准备：网站的目的是把你所要展示的东西放在网上，网站资料可以为文档，如 Word 文档、记事本文档、也可以为图片、多媒体、程序等。

（2）网站的结构安排：网站也像盖房子一样先得安排模块和结构，这样网站内容会比较分明，对于查看者来说比较容易找到所要的东西。合理的布局不但能给网站带来美感，而且会给网站带来流量。

（3）网页设计的工具：网页设计软件有 FrontPage、Dreamweaver、Flash、Firework、Photoshop 等。如果要编写服务器脚本的网站，则需安装 IIS。

（4）网站上传：网站做好以后即可上传。上传网站可以使用 CutFTP、FTP 等工具，现在很多的网页编辑器也有上传功能，有的是很好用的。

1.11　网站建设的常用方法

网站设计的方法很多，但常用的一般有以下几种。

1．静态网页组成的网站

这种网页是静态的，不能进行交互，也就是说，设计时是什么样就是什么样，没有后台，更新必须重新改动原页面，而不能通过后台进行修改，不能发布产品、新闻等交互性的信息。

2．动态网页组成的网站

动态网页现在流行的有很多，如 ASP、PHP、JSP 等，最常用的是这三种，ASP 应用于 Windows 平台上；PHP 是应用于 UNIX 或 Linux 的动态网页技术；JSP 可应用于以上三种系统（Windows、UNIX、Linux），但 JSP 设计的难度高一些。这几种环境通常和相对应的数据库进行联系。

（1）ASP+Access，ASP+SQL Server。

（2）PHP+MySQL，PHP+Oracle。

（3）JSP+SQL Server，JSP+Oracle。

3．动态网页数据库

动态网页之所以能进行交互是因为有数据库的支持，数据库就是一种结构化的存储数据的仓库，目前流行的有 Access、MySQL、SQL Server、Oracle 等，它们都能实现数据存储的功能，只是性能和使用环境不太一样。

4．Web 应用程序组成的动态网站

这种文件有些特别，其可以直接运行，文件格式为 EXE、DLL，采用的数据库同样为以上

几种，这种文件执行效率高，一般应用于一些要求比较高的系统中，同样能实现三层架构。

1.12　网站建设的常用技术

目前流行的建站技术多种多样，本节将介绍几种常见的建站技术。读者可以根据自己的喜好和建站的软件、硬件资源，选择其中的一种或者几种来建设自己的网站。这里介绍的是 ASP 技术，在此基础上再学习 ASP.NET、PHP、JSP 技术。

1．超文本标记语言

超文本标记语言（Hyper Text Markup Language，HTML）是 WWW 的描述语言，利用它可以生成超文本文件。

设计 HTML 的目的是把存放在一台电脑中的文本或图形，与另一台电脑中的文本或图形方便地联系在一起，形成有机的整体，从而使人们不用考虑具体信息是在当前电脑上还是在网络的其他电脑上。这样，用户只要使用鼠标左键在某一文档中单击一个图标，Internet 会马上转到与此图标相关的内容上，而这些信息可能存放在网络的另一台电脑中。

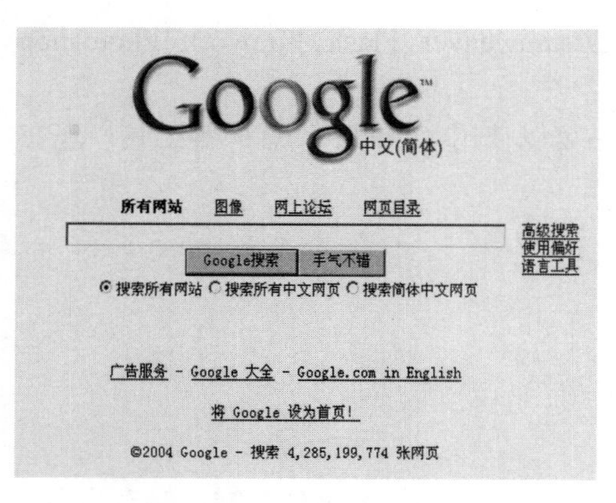

图 1-14　Google 网站首页

HTML 文本是由 HTML 命令组成的描述性文本；HTML 命令可以说明文字、图形、动画、声音、表格、链接等。HTML 文档的结构包括头部（Head）、主体（Body）两大部分，头部描述浏览器所需要的信息；主体包含所要说明的具体内容。

著名的搜索引擎网站谷歌的首页如图 1-14 所示。

将 Google 网站首页切换到源代码窗口，可以查看 HTML 页面的源代码，网站的源代码如下：

```
<html>
<head><meta http-equiv="content-type" content="text/html; charset=UTF-8">
<title>Google</title><style>
<!--
body,td,a,p,.h{font-family:arial,sans-serif;}
.h{font-size: 20px;}
.q{color:#0000cc;}
//-->
</style>
</head>
<body bgcolor=#ffffff text=#000000 link=#0000cc vlink=#551a8b alink=#ff0000 onLoad=sf()> <center><table border=0 cellspacing=0 cellpadding=0>
……
</body>
</html>
```

可以看出，HTML 源代码是由一些尖括号“< >”标志标记的文本内容。有关 HTML 的知识将会在后面的有关章节中详细介绍。

2．动态 HTML

动态 HTML（Dynamic HTML，DHTML）是建立在传统 HTML 基础上的客户端动态技术。DHTML 实现了当网页从 Web 服务器下载后不需要再经过服务器的处理，而在浏览器中直接动态地更新网页的内容、排版样式和动画等。例如，当鼠标指针移至文章段落中时，段落能够变成蓝色，或者当鼠标指针移至一个超链接上时，会自动生成一个下拉式的子链接目录等。DHTML 是近年来网络飞速发展进程中最振奋人心、最具有实用性的技术之一。

DHTML 是一种通过各种技术的综合发展而得以实现的概念，这些技术包括 JavaScript、VBScript、文件目标模块（Document Object Model）、Layers 和层叠样式表（Cascading Style Sheets，CSS）等。

IE 4.0 以上的大多数浏览器加入了对 DHTML 的支持，主要包括以下内容。

（1）动态内容（Dynamic Content）：动态地更新网页的内容，可“动态”地随时插入、修改或删除网页的组件，如文字、标记等。

（2）动态排版样式（Dynamic Styles Sheets）：通过 W3C 的 CSS，提供了设定 HIML 标记的字体大小、字形、粗细、样式、行高度、文字颜色、加底线或加中间横线、与边缘距离、靠左右或置中、缩排、背景图片或颜色等排版功能，而“动态排版样式”可以“动态”地随时改变排版样式。

（3）动态定位（Dynamic Positioning）：通过 CSS，提供 HTML 组件在 X 轴、Y 轴、Z 轴的定位功能，让设计者可以将影像、控件、文字等放置在网页的任何位置上。如果放置在不同的 Z 轴上，设计者可以设计出重叠的效果。

（4）内置数据处理：无需复杂的程序，无需花费服务器太多资源，即可让网页设计者即时处理文档。

（5）内置多媒体支持：结合 CSS 与内置的 ActiveX Controls 技术提供多媒体支持的功能，包括转换特效、滤镜特效、路径控制、顺序控制、动画、制图、播放声音和影像等多媒体功能。

3．Java 与 JavaApplet

Java 是新一代的编程语言，它具有很多优点；而 JavaApplet 则是目前颇受网页爱好者以及编程者欢迎的一项应用技术。

Java 语言是 Sun 公司开发的新一代面向对象的跨平台程序设计语言。它最初的设计宗旨是开发用于家用电器的编程环境。自从其在 Sun World 大会上发布后，很快成为伴随 Internet 发展而流行的程序设计语言，并以其强大的生命力吸引了大量的软件开发人员。

Java 最大的特色就是其面向 Internet 设计，为开发 Web 应用程序提供了应用简便而功能强大的编程接口。

Java 学习简单、完全面向对象而且跨平台、可移植。它支持分布性、多线程、数据库等操作，还具有动态特性的支持，因而特别适合 Internet 上的应用程序开发。

JavaApplet 是一种特殊的 Java 程序，它嵌入在 HTML 中，随页面一起发布到 Web 上。利用它，用户可以通过非常简单地实现 Web 程序的编写，来实现多媒体的用户界面和动态交换功能。

JavaApplet 的结构简单，代码少，节省了下载时间。

4．ActiveX

ActiveX 控件是网页编制中的又一动态交互技术。

ActiveX 是 Microsoft 提出的一组使用构件对象模型（Component Object Model，COM）使

软件部件在网络环境中进行交互的技术，它与具体的编程语言无关。作为针对 Internet 应用开发的技术，ActiveX 被广泛应用于 Web 服务器及客户端的各个方面；同时，ActiveX 技术也被用于方便地创建普通的桌面应用程序。用户可以像使用 JavaApplet 一样，把写好的 ActiveX 控件组件直接放到网页中实现动态交互功能。

在 JavaApplet 中也可以使用 ActiveX 技术，可以直接嵌入 ActiveX 控件，或者以 ActiveX 技术为桥梁，将其他开发商提供的多种语言的程序对象集成到 Java 中。与 Java 的字节码技术相比，ActiveX 提供了"代码签名"技术来保证其安全性。

随着 ASP 动态网页技术的迅速发展，为了避免源代码泄露造成的损失，ActiveX DLL 技术实现的代码封装也在 Web 开发中得到应用。目前只有 IE 浏览器支持 ActiveX。

5．公共网关接口

公共网关接口（Common Gateway Interface，CGI）可以称之为一种机制，主要是让 WWW 服务器调用外部程序来执行相关指令。在 ASP、PHP、JSP 等技术出现以前，要处理浏览器输入的窗体数据或者访问数据库，就必须使用 CGI。

用户可以使用不同的编程语言编写适合的 CGI 程序，这些程序语言包括 Visual Basic、Delphi 或 C/C++等。工作时将已经写好的可运行程序放在 Web 服务器中，用户通过浏览器调用，再将其运行结果通过 Web 服务器传输到客户端的浏览器上。事实上，这样的编制方式比较困难且效率较低，因为每一次修改程序都必须重新将 CGI 程序编译成可执行文件。

目前，CGI 是 WWW 上各种计数器较为常用的技术，但是由于它开发困难，将逐渐被 ASP、PHP、JSP 等技术取代。

6．动态服务器页面

动态服务器页面（Active Server Page，ASP）是 Microsoft 开发的动态网页技术标准，它类似于 HTML、Script、CGI 的结合体，但是其运行效率比 CGI 更高，程序编制也比 HTML 更方便、灵活，程序安全及保密性也比 Script 好。

ASP 的原理如下：在原来的 HTML 页面中加入 JavaScript 或 VBScript 代码，服务器在送出网页之前首先执行这些代码，完成如查询数据库之类的任务，再将执行结果以 HTML 的形式返回浏览器。

ASP 不需要重新编译成可执行文件就可以直接运行，而且 ASP 内置的 ADO 组件允许用户通过客户端浏览器访问各种各样的数据库。此外，ASP 与 CGI 最大的不同在于对象向导和组件重用，ASP 除了内置的 Request、Response、Server、Session、Application、ObjectContext 等基本对象之外，还允许用户以外挂的方式使用 ActiveX 控件。

有关 ASP 的基本知识，将在后面章节中详细介绍。

7．ASP.NET

由于 ASP 程序和网页的 HTML 混合在一起，这就使得程序看上去相当杂乱。在现在的网站设计过程中，通常是由程序开发人员做后台的程序开发，前面有专业的美工设计页面，这样，在相互配合的过程中就会产生各种各样的问题。同时，ASP 页面是由脚本语言解释执行的，使得其速度受到影响。受到脚本语言自身条件的限制，在编写 ASP 程序的时候不得不调用 COM 组件来完成一些功能。由于以上种种限制，微软推出了 ASP.NET。

ASP.NET 为用户提供了一个全新而强大的服务器控件结构。从外观上看，ASP.NET 和 ASP 是相近的，但是其在本质上是完全不同的。ASP.NET 几乎全是基于组件和模块化的，每一个页、对象和 HTML 元素都是一个运行的组件对象。在开发语言上，ASP.NET 抛弃了 VBScript 和 Java

Script，而使用.NET Framework 所支持的 VB.NET、C#.NET 等语言作为其开发语言，这些语言生成的网页在后台被转换成了类并编译成了一个 DLL。由于 ASP.NET 是编译执行的，所以它比 ASP 拥有了更高的效率。

8. PHP

虽然 ASP 的功能强大，但是只能在微软的服务器上运行，而大量使用 UNIX/ Linux 的用户要制作动态网站则首选 PHP 技术。

PHP 是一种跨平台服务器解释执行的脚本语言。与 ASP 类似，它也是基于服务器端用于产生动态网页且可嵌入 HTML 的脚本程序语言。PHP 用 C 语言编写，可运行于 UNIX/Linux 和 Windows 7/8/10。

在 HTML 文件中，PHP 脚本程序可以使用特别的 PHP 标签进行引用，这样网页制作者不必完全依赖 HTML 生成网页。由于 PHP 在服务器端执行，客户端是看不到 PHP 代码的。PHP 可以完成任何 CGI 脚本可以完成的任务，但功能的发挥取决于它和各种数据库的兼容性。PHP 除了可以使用 HTTP 进行通信之外，也可以使用 IMAP、SNMP、NNTP、POP3 协议。

随着 Linux 操作系统的快速发展，到 1998 年，已经出现了大量商业化的 PHP 产品。据估计，世界上约有 150 000 个站点采用了 PHP 技术，如 RedHat 公司、搜狐网站的聊天室等都是使用 PHP3 制作的。

9. JSP

同 Java 一样，JSP 也是由 Sun 公司开发的。它是一种新的 Web 应用程序开发技术，是 ASP 技术强劲的竞争者。

JSP 是由 Java 语言的创造者 Sun 公司提出、多家公司参与制定的动态网页技术标准。它通过在传统的 HTML 网页（扩展名为.html）中加入 Java 代码和 JSP 标记，最后生成扩展名为.jsp 的 JSP 网页文件。

Web 服务器在遇到访问 JSP 页面的请求时，首先执行其中的程序代码片断，然后将执行结果以普通 HTML 方式返回给客户端浏览器。JSP 页面中的程序代码在客户端是看不到的，这些内嵌的 Java 程序可以完成数据库操作、文件上传、网页重新定向、发送电子邮件等功能，所有的操作均在服务器端执行，客户端得到的仅仅是运行结果。因此，JSP 对客户浏览器的要求较低。

JSP 也是一种很容易学习和使用、在服务器端编译执行的 Web 设计语言。其脚本语言采用 Java，完全继承了 Java 的所有优点。自从 Sun 公司正式发布 JSP 之后，这种新的 Web 应用程序开发技术很快成为市场瞩目的对象，它以其强大的功能、稳定的性能、高可靠安全性和平台可移植性成为 Microsoft ASP 技术的强劲竞争者。JSP 为 Web 应用提供了独特的开发支持，它能够适应目前市场上绝大多数服务器产品，包括 Apache Web Server、IIS 5.0、Tomcat 等。JSP 能实现 ASP 可以实现的全部功能。从发展趋势看，JSP 大有取代 ASP 之势。

JSP 和 ASP 的不同之处在于以下两方面。

（1）JSP 技术基于平台和服务器的互相独立，采用 Java 语言开发。

（2）ASP 技术主要依赖于 Microsoft 的平台支持，采用 VBScript 和 JavaScript 语言开发。

JSP 作为当今流行的动态网页制作技术，得到了许多商业网站的支持。

10. Flash

Flash 是目前颇受欢迎的一款优秀的网页设计软件，因而各种 Flash 作品在网上也极为流行。

Flash 是 Macromedia 公司推出的优秀网页动画设计软件，它可以让许多动画专业知识较少的人简单方便地制作出动画和互动的网页。为了适应网络传输的特点，使用 Flash 制作的动画和网页文件特别小，从而可以让网络上的其他用户轻松地打开、浏览和下载。

11．数据库

数据库是按一定的结构和规则组织起来的相关数据的集合，是综合各用户数据形成的数据集合，是存放数据的仓库，它的根本作用是存储数据和共享数据。

数据库的作用就是用户利用浏览器作为输入接口，浏览器将这些数据传送给网站，网站再对这些数据进行处理，例如，将数据存入数据库，或者对数据库进行查询操作等，网站将操作结果传回给浏览器，通过浏览器将结果告知用户。

目前，虚拟主机上常用的数据库有三种，分别是 Access 数据库、SQL Server 数据库和 MySQL 数据库。

1.13 常用网站模块功能及说明

1.13.1 信息发布系统功能说明

信息发布系统功能说明如表 1-1 所示。

表 1-1 信息发布系统功能说明

网站信息发布系统又称为内容发布系统，是将网页上的某些需要经常变动的信息，类似新闻和业界动态等更新信息集中管理，并通过信息的某些共性进行分类，最后系统化、标准化发布到网站上的一种网站应用程序。网站信息通过一个操作简单的界面加入数据库，然后通过已有的网页模板格式与审核流程发布到网站上。它的出现大大减轻了网站更新维护的工作量，通过网络数据库的引用，将网站的更新维护工作简化到只需录入文字和上传图片，从而使网站的更新速度大大缩短，在某些专门的新闻站点上，如新浪的新闻中心等，新闻的更新速度已经是即时更新的，从而大大加快了信息的传播速度，也吸引了更多的长期用户群，时时保持网站的活动力和影响力
功能说明
信息管理：实现网站内容的更新与维护，提供在后台输入、查询、修改、删除各新闻类别中的具体信息的功能，包含增添、修改、删除各栏目信息（包括文字与图片）的功能
功能模块
（1）客户端功能：新闻浏览、新闻列表自动分页、新闻标题搜索、访问量统计。 （2）管理端功能：新闻发布、上传图片、在线编辑、在线删除、支持 HTML、统计数管理、信息位置推荐、热点新闻、按时间排序。 （3）新闻层级：动态二级分类、无限分类。 （4）新闻类别：专题新闻、图片新闻、视频新闻。 （5）标题字体格式设置：重点信息标题会加粗、以特殊样式显示，或加 HOT 和 NEW 图标，以突出显示。 （6）标题排序：自定义顺序、推荐置顶。 （7）新闻检索：高级检索、复合检索。 （8）新闻属性：相关新闻。 （9）管理功能：单用户管理、多用户管理。 （10）新闻审核。 （11）定时发布、定时删除。 （12）设定新闻访问权限。 （13）新闻评论。 （14）内容页面分页（手动 & 自动）。 （15）栏目访问统计。 （16）新闻附件下载。 （17）批量移动：支持信息在信息分类间的批量移动

1.13.2 产品发布系统功能说明

产品发布系统功能说明如表 1-2 所示。

表 1-2 产品发布系统功能说明

企业的产品数据会经常变化，以静态网页形式发布产品已经不适应变化需求，产品发布系统是一套基于数据库的即时发布系统，可用于各类产品的实时发布，并可以灵活多样地对产品进行分类和上架、下架的管理，使企业展示最新的产品信息给用户。网站管理人员可以在后台管理产品的价格、简介、样图等多类信息，前台用户则可以通过页面浏览查询到图文并茂的产品信息
功能说明
产品管理：实现网站内产品信息的动态更新与维护，提供在后台输入、查询、修改、删除各产品类别中的具体信息的功能，包括增添、修改、删除各栏目信息（包括文字与图片）的功能
功能模块
（1）产品编辑支持所见即所得的可视化编辑方式。 （2）产品发布系统的操作界面简单、风格统一。 （3）支持在产品编辑时插入多种类型的元素，如图片、表格、链接、图形、Excel 及 Word 文档、Flash、音频及视频、特殊字符、动态时间等。 （4）支持 HTML。 （5）支持上传产品缩略图和产品大图功能。 （6）支持订制产品属性，如首页显示、其他页显示、是否通过审核等。 （7）支持对产品内容的颜色、字体、背景、内容组织方式和风格的设定。 （8）支持代码、设计、文本和预览四种编辑方式的转换。 （9）支持产品的单击率统计、支持静态分类。 （10）支持产品的模糊检索和指定属性的高级检索。 （11）支持多种产品管理权限，如：添加、修改、删除、审核、发布等。 （12）支持多种信息状态，如：已发布/未发布、已审核/未审核、回收站、彻底删除等。 （13）产品层级：动态二级分类、无限分类。 （14）标题字体格式设置：重点信息标题会加粗、以特殊样式显示，或加 HOT 和 NEW 图标，以突出显示。 （15）标题排序：自定义排名顺序、标题置顶、推荐产品、热点产品。 （16）产品图片展示：用多张图片对同一产品进行不同方位的展示、后台管理，如添加、修改、删除图片等。 （17）产品检索：高级检索、复合检索

1.13.3 会员管理系统功能说明

会员管理系统功能说明如表 1-3 所示。

表 1-3 会员管理系统功能说明

在网站运营的过程中，有一批稳定的用户群体是很重要的，因此，为了将用户群体的信息进行保存，也为了能够给用户群体提供更好的服务，会员管理系统就成为了网站不可缺少的组成部分。会员管理系统允许浏览者在线填写注册表，经系统审核后实时成为网站会员，页面添加了登录验证功能，前台会员可自行维护个人注册信息，后台设置会员管理界面，管理员可对会员信息进行分类查询和相关操作。网站内容可以针对会员进行个性化设置，可针对会员级别进行显示限制。后台管理人员可对会员依据一定规则（如性别、年龄段、所在地区、购物累计等）进行分类统计，可设定会员级别，支持会员级别依据规则自动升级。对某些信息加密后，设置会员等级查看的权限

续表

功能说明
会员管理：用户可以在网站上登记注册，选择会员的类别、查看的权限范围并成为预备会员，并提交到用户管理数据库中。待网站审核通过后成为正式会员，享有网站提供的相应服务
功能模块
（1）支持会员登录或注册，MD5 加密。 （2）支持会员在登录成功后，随时修改自己的信息。 （3）支持“忘记密码”功能，会员可通过此功能查找忘记的密码。 （4）支持对会员的审核功能。 （5）支持管理员手动更改会员状态或删除会员，支持会员按注册日期排序。 （6）支持管理员按照不同条件检索会员。 （7）支持不同的会员组。 （8）支持自动升级。 （9）支持手动升级或降级。 （10）支持对会员的批量操作。 （11）支持管理员通过后台查看或修改会员信息。 （12）会员检索：高级检索、复合检索。 （13）管理功能：会员审核

1.13.4　论坛管理系统功能说明

论坛管理系统功能说明如表 1-4 所示。

表 1-4　论坛管理系统功能说明

论坛管理系统是互联网上的交流社区，它为互联网站提供了一种极为常见的互动交流服务。近年来，很多企业也通过论坛进行市场调查、市场反馈、在线服务、在线讨论、在线问卷、技术支持等活动，有效地增加了对市场的了解程度，也提高了对客户的服务水平
功能说明
论坛管理：论坛系统服务已经是互联网上一种极为常见的互动交流服务。论坛可以向网友提供开放性的分类专题讨论区服务，网友们可以在此发表自己的某些观感，交流某些技术、经验乃至人生的感悟与忧欢，亦可以作为用户与商家交流的渠道，商家亦可在此回答用户提出的问题或发布某些消息
功能模块
（1）支持论坛设置和主题分类。 （2）支持多用户组和管理员组。 （3）支持用户管理，如屏蔽用户、删除用户、移动用户、更改用户属性。 （4）支持积分设置和奖惩设置。 （5）支持审核管理。 （6）支持批量帖子管理。 （7）支持自定义论坛公告。 （8）支持广告管理。 （9）支持自定义论坛名称、网站名称、Logo 等相关网站信息。 （10）支持论坛开关。 （11）支持用户注册和修改个人信息。 （12）支持可视化编辑。 （13）支持管理员设置。 （14）支持数据备份和恢复。 （15）支持相关扩展功能

1.13.5　在线招聘管理系统功能说明

在线招聘管理系统功能说明如表 1-5 所示。

表 1-5　在线招聘管理系统功能说明

此系统可以使客户在其网站上增加在线招聘的功能，通过后台管理界面将企业招聘信息加入数据库，再通过可定制的网页模板将招聘信息发布出来，管理员可以对招聘信息进行管理、统计、检索、分析等。网站动态提供企业招聘信息，管理员可进行更新维护，应聘者将简历提交后存入简历数据库，并可依据职位、时间、学历等进行检索。求职者可发布自己的工作经历、培训经历等，并自动生成简历，供招聘企业参考，求职者还可管理自己的简历等
功能说明
在线招聘管理：对发布招聘信息的企业进行管理，对填写个人简历的求职者进行管理，还可在后台对各类信息进行检索
功能模块
（1）支持职位分类。 （2）支持添加、修改和删除招聘职位。 （3）支持职位的模糊查询和精确查询。 （4）支持职位的批量删除和审核操作。 （5）支持职位的多种状态，如已发布/未发布、已审核/未审核、回收站、彻底删除等。 （6）支持按照条件检索应聘者简历。 （7）支持对应聘者简历的查看和删除。 （8）支持对应聘者简历的批量操作。 （9）可屏蔽应聘者对同一职位的多次提交。 （10）可根据客户需要回复应聘者的邮件。 （11）可根据客户需要实现简历的多状态，如已查阅、已面试等。 （12）行业分层：无限分层。 （13）重点企业标题重点突出：重点信息标题会加粗、以特殊样式显示，或加 HOT 和 NEW 图标，以突出显示。 （14）职位排序：时间倒序、自定义位置、标题置顶、推荐职位、热点职位。 （15）职位检索：高级检索或复合检索

1.13.6　网上购物系统功能说明

网上购物系统功能说明如表 1-6 所示。

表 1-6　网上购物系统功能说明

网上购物系统是在互联网上建立的一个购物平台，使客户的购物过程变得轻松、快捷、方便，很适合现代人快节奏的生活；同时能有效地控制成本，开辟了一个新的销售渠道
功能说明
用户前台购物功能：产品浏览、搜索，提供简单搜索和详细搜索、多种方式排序、多个产品比较、购物车功能。 网上购物管理系统：订单统计、管理，产品发布、管理
功能模块
（1）产品浏览、搜索，快速找到用户需要的产品。 （2）多种排序、产品对比，让用户直观地挑选产品。 （3）用户浏览产品历史信息，记录用户最近浏览的产品，方便用户查找。 （4）收藏产品，以便下次购物时对商品进行快速定位。 （5）购物车，用户选中的产品放入购物车，统一结账。 （6）产生订单，会员选择包装方式、送货时间、送货地址、联系人电话、送货方式、付款方式，并产生订单。 （7）订单管理，审核订单、通过订单、通知用户修改不合格订单、删除订单。 （8）统计功能，对订单涉及的商品、金额等信息进行统计、分析，辅助商城经营人员进行决策。

1.13.7 博客系统功能说明

博客系统功能说明如表 1-7 所示。

表 1-7 博客系统功能说明

博客就是以网络作为载体，简易、迅速、便捷地发布自己的心得，及时、有效、轻松地与他人进行交流，并集丰富多彩的个性化展示于一体的综合性平台
功能说明
注册用户发表文章、对文章发表评论、创建圈子、加入圈子、管理圈子、管理博客的风格
功能模块
（1）注册会员上传文章和图片。 （2）文章发布、管理，支持文章、评论、分类等多种形式的输出，提供链接的添加、归类功能。 （3）管理评论，发表评论，可以自定义电子邮件通知，提供高效防垃圾功能。 （4）用户自定义风格，模板可选。 （5）安全可靠的插件，可以通过激活插件，对各种参数进行设置，可提供多种特殊的功能。 （6）数据备份功能。 （7）圈子创建、加入、管理

1.13.8 网上拍卖系统功能说明

网上拍卖系统功能说明如表 1-8 所示。

表 1-8 网上拍卖系统功能说明

网上拍卖系统是在互联网上建立的一个虚拟拍卖场，在一定的周期内对物品进行网上竞价拍卖，避免了传统拍卖商品的烦琐过程，使拍卖过程变得轻松、快捷、方便，很适合现代人快节奏的生活，让普通人之间的交易变得简单而有趣，既能享受竞拍的乐趣，又能有效地控制“拍卖”运营的成本
功能说明
网上拍卖系统：对生成的拍卖商品进行数据统计及管理，并统计出总价，管理拍卖物品所处状态，如“拍卖进行中”、“拍卖锁定”、“拍卖结束”等各种状态，可批量删除、锁定所拍商品，可设置拍卖截止时间，到此时间自动转换为“拍卖结束”状态
功能模块
（1）会员可按规定出价，只能出比前一次高的价，后台可设置每次出价的规则。会员可随时查看所拍商品的所处状态，如果在即将结束前五分钟有人出价，则系统会自动延长后台设置的拍卖时间。 （2）最高价竞拍模式中加入一口价购买的功能。 （3）后台管理员的分权限管理（管理、添加、查看）。 （4）注册用户可参与竞拍，或者拍卖自己的商品，开设自己的店铺，管理员后台审核开通等。 （5）后台商品首页推荐、店铺首页推荐功能。 （7）商品可实现多级分类处理。 （8）增加店铺分类功能。 （9）图片上传、缓存更新、MD5 加密等后台管理功能。 （10）首页商品和店铺的自助推荐功能。 可选功能： （1）积分管理：拍卖所得商品后增加相应的积分，积分规则可在后台设置。 （2）三种拍卖模式共存（包括最高价拍卖模式、一口价拍卖模式、唯一最低价拍卖模式）。 （3）在线支付管理：生成订单后直接通过网上银行进行网上交易。

续表

（4）用户店铺的自主管理，包括店铺基本信息、公告、新闻、链接、推荐商品等。 （5）拥有用户注册邮件、账户激活邮件、交易提醒邮件、商品成交提醒等邮件发送功能。 （6）拥有信用积分制度，交易双方做信用评价的功能。 （7）拥有安全稳定的用户虚拟币平台，可以实现商品登录收费、商品成交付费和求购信息登录费用，以及完成唯一最低价拍卖模式的出价扣点。 （8）拥有强大的后台管理功能（包括商品、分类、用户、新闻、求购信息、留言、评价、广告、友情链接、系统管理等）。 （9）信息字符脏话过滤功能。 （10）商品首页推荐、掌柜推荐和店铺的首页推荐功能。 （11）用户 IP 地址限制功能。 （12）首页信息 Java Script 调用功能。 （13）商品信息自动更新和自动清理过期商品的功能

1.13.9 网上留言系统功能说明

网上留言系统功能说明如表 1-9 所示。

表 1-9 网上留言系统功能说明

后台在线管理、删除留言内容；留言内容搜索；留言自动分页，并可以设定分页页数；网站客户可以通过留言板系统向公司提出问题和自己的建议；留言通过管理员审核后可发布到前台
功能说明
可在前台管理留言，如修改、删除、锁定、隐藏等，并可锁定某会员的留言权限
功能模块
（1）支持多用户在线申请即时生效。 （2）版主可以在线删除和回复留言。 （3）版主可以在线修改留言板资料。 （4）强大的留言板自动排行功能。 （5）强大的后台管理功能。 （6）高级管理员管理功能。 （7）用户不能恶意重复发言。 （8）美化留言板用户的头像。 （9）留言板在线帮助功能。 （10）版主可锁定某会员的留言权限。 （11）版主在线回复功能。 （12）增加了 UBB 代码。 （13）敏感字词过滤功能

1.13.10 在线调查管理系统功能说明

在线调查管理系统功能说明如表 1-10 所示。

表 1-10　在线调查管理系统功能说明

客户调查是企业实施市场策略的重要手段之一。在线调查是基于 Web 的调查问卷生成系统，操作方便，并可以根据企业需求设计调查问卷的风格。在线调查能够在最短的时间里以最低的成本收集更有效的市场信息，可以根据客户的需要设计新颖活泼的个性化调查方式，在调查的同时也起到了良好的推广效果。通过开展行业问卷调查，可以迅速了解社会不同层次、不同行业的人员需求，客观地收集需求信息，调整修正产品策略营销策略，满足不同的需求，促进公司产品销售，同时吸引了更多的长期用户群。此系统应运行稳定、操作简单、调查的问题不受限制，可以在一个网站上同时进行两个以上的调查
功能说明
（1）用户可以选择调查答案并提交。 （2）用户可以自己填写答案。 （3）避免同一用户多次提交
功能模块
（1）增加新的调查题目。 （2）设定每个调查问题的属性，包括是否自填答案、是否需要多行填写、此问题是否允许。 （3）用户多选、查看调查结果时是否需要汇总、用户在填写调查表时是否必答。 （4）可设置调查表的表头及背景颜色等信息。 （5）可以查询、统计调查结果，可以删除废弃的调查表，节省可用的空间

1.13.11　网站广告管理系统功能说明

网站广告管理系统功能说明如表 1-11 所示。

表 1-11　网站广告管理系统功能说明

对网站不同的页面或地区发布不同的广告内容，相同的页面根据地区的不同，展示的广告也不一样，实现广告的精确定位，并可对广告进行单击率的统计，后台可发布任意形式的广告，如浮动广告、对联广告等
功能说明
对广告进行管理，包括位置推荐以及修改、删除、增加、锁定广告等操作
功能模块
（1）增加广告类别或增加广告关键词或地区。 （2）按不同的地区显示不同的广告内容。 （3）统计广告被访问的次数。 （4）定制广告发布的形式，如浮动广告、对联广告等。 （5）推荐广告在首页显示的位置。 （6）同一位置添加的多个广告，可选择其中任一个广告进行显示

1.13.12　邮件订阅管理系统功能说明

邮件订阅管理系统功能说明如表 1-12 所示。

表 1-12　邮件订阅管理系统功能说明

此系统通过对用户邮件的收集和整理，可以迅速将企业的最新产品和服务信息发送给目标客户，极大地节约了人力和时间，浏览者可以自主申请和退订邮件功能

续表

功能说明
对用户的邮箱进行管理，包括修改、删除、增加、锁定等操作。而用户可对邮箱设置订阅本站信息或退订本站信息
功能模块
（1）邮件订阅功能。 （2）邮件退订功能。 （3）生成邮件列表功能。 （4）浏览者可在网上实时登记索取由网站提供的各类邮件，登记注册者可随时关闭邮件的订阅，可随时更换订阅邮箱，可更改登记信息。 （5）后台管理员可分类查询邮件订阅者的信息，并可加以删除，可定义邮件发送时间，可动态增加邮件类别、动态观察邮件发送进程。 （6）邮箱数据导出为 Excel

1.13.13　站内短信息管理系统功能说明

站内短信息管理系统功能说明如表 1-13 所示。

表 1-13　站内短信息管理系统功能说明

此系统包括用户之间的短消息管理和系统短消息管理，用户之间可在站内进行有效沟通，能及时掌握网站发布的最新动态信息等。用户可对短消息进行批处理、批转移
功能说明
对短信息进行批量管理，包括修改、删除、增加、锁定等操作。而用户可设置接收或拒收某人的短信息
功能模块
（1）根据会员的等级不同，可使用短信息群发功能。 （2）用户可设置接收或拒收某人的短信息。 （3）生成所有短信息列表，供管理员审核。 （4）进行过滤设置。 （5）用户可定义短信息发送时间。 （6）转发。 （7）设置组，可以给该组的人群发短信

1.14　中小型网站建设的基本流程

中小型网站的建设流程如下。

1．联系网站建设公司并提交要求

（1）向网站建设公司提出网站建设基本要求。

（2）提供相关文本及图片资料。其中，包含公司介绍、项目描述、网站基本功能需求、基本设计要求。

2．制定网站建设方案

（1）双方就网站建设内容进行协商、修改、补充，以达成共识。

（2）网站建设方制定网站建设方案。

（3）双方确定建设方案具体细节及价格。

3．签署协议，并支付预付款

（1）双方签订网站建设协议。

（2）客户支付预付款。

（3）客户提供网站相关内容资料。

4．完成初稿，经客户确认后进行建设

（1）根据网站建设方案完成初稿设计，包含首页风格、频道首页风格、网站架构图。

（2）客户审核并确认初稿设计。

（3）网站建设方完成整体网站制作。

5．网站开通，客户浏览验收

（1）客户根据协议内容进行验收工作。

（2）验收合格，由客户签发“网站建设验收合格确认书”。

（3）客户支付余款，网站开通。

（4）为客户注册域名、开通网站空间、上传制作文件、设置电子邮箱。

6．网站交付使用

（1）验收通过后，网站正式交付使用。向客户移交所有的管理和登录权限，以便进行后续网站的更新和维护。

（2）网站建设公司提供免费的电话技术支持。

1.15 网站内容制作的流程

前面介绍了网站建设过程中双方的工作流程，本节将简述网站内容的创建流程。

网站创建流程如下。

（1）网站策划：包括主题策划、内容策划、风格策划、网站创意、目录设计、布局策划等。

（2）明确网站开放对象：当一个网站主题确定后，所要考虑的就是确定网站服务对象，即确定网站的真正浏览者是哪些群体。只有正确地定位了网站浏览群体后，才能真正体现网站的可观性。

（3）绘制网站草图：即把网页的平面效果图画在一张纸上，便于以后的设计和排版。这说起来很容易，但实际上较为复杂，往往是一个网站成功的关键因素。当用户浏览网站时，网页的精彩度是吸引浏览者的关键。

在做网站前，一定要先设计好平面效果图。把所有栏目摆放的具体位置和将要用到的一些图片计划好，这样便于收集和制作。

（4）建立网站文件夹。

（5）收集建站资源。

针对网站平面效果图及板块内容准备好所要用到的资源，然后存放在对应的文件夹中，以便在建站时调用。

（6）设计网站页面内容。

（7）网上安家及域名申请。

（8）网站发布。

（9）网站宣传维护及管理。

1.16 网站内容制作的详细步骤

1. 网站主题策划

设计一个站点，首先遇到的问题就是网站主题的策划。

所谓主题也就是网站的题材。网络上的网站题材多种多样，常见题材有以下 11 类。

第 1 类：网上求职。

第 2 类：网上聊天/即时通信/ICQ。

第 3 类：网上社区/讨论/邮件列表。

第 4 类：计算机技术。

第 5 类：网页/网站开发。

第 6 类：娱乐网站。

第 7 类：旅行。

第 8 类：参考/资讯。

第 9 类：家庭/教育。

第 10 类：生活/时尚。

第 11 类：网上交易类。

每个大类都可以继续细分，如娱乐类再分为体育/电影/音乐等类，还有许多专业的、另类的、独特的题材可以选择，如中医、天气预报等。同时，各个题材相联系和交叉结合可以产生新的题材，如旅游论坛（旅游+讨论）、经典入球播放（足球+影视），按照这种划分方法，题材可以有成千上万个。

选择题材时要注意以下事项。

（1）主题要小而精，即定位要小，内容要精。网络的最大特点就是新和快，目前最热门的个人首页都是天天更新甚至几小时更新一次的。最新的调查结果也显示，网络上的“主题站”比“万全站”更受人们喜爱，这就好比专卖店和百货商店一样。

（2）题材最好是自己擅长或者喜爱的。

（3）题材不要太泛滥或者目标太高。

如果网站题材已经确定，则可以给网站命名了。网站名称也是网站设计的一部分，而且是很关键的一个要素。例如，“电脑学习室”和“电脑之家”相比，显然后者更简练。

网站名称是否正气、响亮、易记，对网站的形象和宣传推广也有很大影响。

确定网站名称要注意以下事项。

（1）名称要正。网站名称要合法、合理、合情。

（2）名称要易记。根据中文网站浏览者的特点，除非特定的需要，网站名称最好用中文名称，不要使用英文或者中、英文混合型名称。例如，“beyond studio”和“超越工作室”相比，后者更亲切好记。另外，网站名称的字数应该控制在 6 个字以内（最好为 4 个字），如“重庆婚介网”、“中国西部汽车王”。

（3）名称要有特色。名称要能够体现一定的内涵，给浏览者更多的视觉冲击和空间想象力，如“音乐前卫”、“网页陶吧”、“天籁绝音”等。

总之，策划网站题材和名称是设计一个网站的第一步，也是很重要的一部分。

2. 网站风格和网站创意

网站的整体风格及其创意设计是网站设计者难以掌握的技术，难在没有一个固定的模式可以参照和模仿。给出一个主题，任何两个人不经商量都不可能设计出完全一样的网站。当人们说“这个站点很酷，很有个性！”时，是什么让人们觉得很酷呢？它到底和一般的网站有什么区别呢？这实际上就是网站的风格问题。

风格是抽象的，是指站点的整体形象给浏览者的综合感受。

网站“整体形象”包括站点的 CI（标志、色彩、字体、标语）、版面布局、浏览方式、交互性、文字、语气、内容价值、存在意义、站点荣誉等诸多因素。例如，人们觉得网易是平易近人的、迪士尼是生动活泼的、IBM 是专业严肃的，这些都是网站给人们留下的不同感受。

风格是独特的，是自己站点与其他网站不同的地方，或者是色彩，或者是技术，或者是交互方式，能让浏览者明确分辨出这是某个网站独有的。

风格是有人性的。通过网站的外表、内容、文字、交流可以概括出一个站点的个性与情绪，可以用人的性格来比喻站点。

有风格的网站与普通网站的区别在于：普通网站看到的只是堆砌在一起的信息，只能用理性的感受来描述，如信息量的大小、浏览速度的快慢。但浏览过有风格的网站后能有更深一层的感性认识，如站点有品位、和蔼可亲。

其实，风格就是与众不同！

创意是网站生存的关键。

这里说的创意是指站点的整体创意（因为创意而产生这个站点，或者相同内容的创意不同）。

创意到底是什么，如何产生创意呢？

创意是引人入胜，精彩万分，出其不意；

创意是捕捉出来的点子，是创作出来的奇招……

这些都说出了创意的一些特点，实质上，创意是传达信息的一种特别方式。创意并不是天才者的灵感，而是思考的结果。

创意的过程分为以下 5 个阶段。

（1）准备期：研究所搜集的资料，根据经验，启发新创意。

（2）孵化期：将资料消化，使意识自由发展，任意结合。

（3）启示期：意识发展并结合，产生创意。

（4）验证期：将产生的创意讨论、修正。

（5）形成期：设计制作网页，将创意具体化。

创意是将现有的要素重新组合，如网络与电话结合而产生 IP 电话。资料越丰富，越容易产生创意，就好比万花筒，筒内的玻璃片越多，所呈现的图案就越多。读者可以发现，网络上最多的创意来自与现实生活的结合（或者虚拟现实），如在线书店、电子社区、在线拍卖等。

3．网站内容规划

在确定了网站主题和网站风格后，还需要考虑规划网站的内容。

目前，全世界的网站在不断增加，搜索引擎对于那些在互联网上寻找信息的人们已经变得越来越重要了。如何使自己的网站脱颖而出，并取得成效，关键是提升网站的知名度和浏览率，而对网站内容进行详细规划则是提高网站浏览量的重要途径。

企业网站如同企业在网上的产品橱窗，一是要让网站很容易被找到，二是要让感兴趣的客户找到有用的资料和得到想要的服务。

从最新的网络统计分析报告中得知，80%的网站访问量来自于搜索引擎，而网站在搜索引擎中的排位与网站的内容有很大的关系。

（1）网站内容的组织原则。

网站内容的组织并不是现成的企业简介和产品目录的翻版。很多企业的网站并没有很好地组织网站的内容，这是造成网站访问量小的一个重要原因。

建站之初，网站建设者必须通过搜索引擎找出同类网站排名前 20 位的名单，逐个访问名单上的所有网站，然后做一个简单的表格，列出认为是竞争对手的企业名称、所在地、产品搜索、产品价格、网站特点等，从中找出自己产品优于或不同于其他竞争对手产品之外或特色；同时，也应该清楚地认识到自己产品的不足之处，思考如何改进能使产品更具有竞争力，并制定出改进的方案。这实际上也是一个企业找出如何与网络相结合的经营策略，以适应日益竞争的国际化市场。

在充分了解了网上竞争对手的情况并研究了其产品和网页的基础后，可以集众家之所长，参照以下组织原则，制定出更能体现产品特点的网页内容。

网站内容的组织原则如下。

①清晰性：网站内容必须简洁明了，直奔主题，非常有效地讲清楚所要宣传的内容。

②创造性：网站观点会使访问者产生认同、共鸣吗？这是访问者判断一个公司是否有实力，从而影响到购买动机的重要因素。

③突出 3 个重点：突出产品的优点和与众不同的特色；突出帮助访问者辨别与判断同类产品优劣方面的内容；突出内容的正确性。

（2）网站内容的组织方法——栏目设置。

网站内容的组织或取舍的方法是将网站想象成企业的产品陈列室，将自己当成推销员，向客户推销产品。

网站栏目的设置一定要突出重点、方便用户。

网站栏目实质上是一个网站内容的大纲索引，就好比一本书的目录，集中了各个章节的名称及页码，索引应该引导浏览者寻找网站内最主要、最有用的东西。

在设置栏目时，要仔细考虑内容的轻重缓急，合理安排，突出重点。

4．　网站设计的技术路线

网站设计采用什么技术路线是网站策划的一部分。在动手制作网页之前，应该先明确网站的定位，从而选择适当的技术路线。互联网上的网站，按照功能和性质大致可以分为个人网站、商业网站、学术机构和政府团体网站。

（1）个人网站。

如果只打算做个人首页，介绍自己、结交网友或者展示自己的爱好，没有交互的要求，则只需要简单的静态网页制作技术，如 HTML，使用网页制作工具 FrontPage 与 Dreamweaver 也可以方便地完成。

如果还需要文字滚动、显示时间和欢迎词等动态效果来吸引访客，则需要在页面中加入 JavaScript 代码来实现上述功能。在一些介绍 Java 的网站上有不少写好的 JavaScript 代码段，用它们可以实现丰富的动态效果，可以直接下载之后插入到 HTML 代码中。如果需要水中倒影、五彩礼花或者万年历的功能，还可以在 HTML 源码中加入 JavaApplet 小程序或者 ActiveX 控件来完成，也可以使用 Dreamweaver 来完成。

一般的免费个人首页空间出于安全考虑，不支持 ASP、JSP、PHP 等动态网页技术，也不提供数据库功能，但也有些免费空间提供这类服务，而相当多的拥有 PC 和 IP 地址的校园网用户则愿意自己架设服务器软件平台，使用 ASP、JSP、PHP 技术开发功能强大的个人网站，提供留言板、讨论区、校友录、网上购物等功能。从使用的操作系统、编程语言、Web 服务器软件和数据库组合来看，主要有如下 3 种技术路线。

①Microsoft Windows XP/2003/Windows 7/Windows 8+ASP-IIS+MS SQL Server/Access。

②Windows/Linux+JSP+Tomcat/Resin/JSWDK+MS SQL Server/Access/MySQL。

③Linux+PHP+Apache+MySQL。

（2）商业网站。

商业网站和个人网站使用的技术比较相似，所不同的是，商业网站能够更多地使用动态网页技术和数据库技术，使用较高配置的专业服务器硬件和软件平台，如 IBM 的 eServer+Websphere+Lotus+DB2。开发过程中需要仔细考虑用户的访问需求。另外，网络安全防护和电子商务认证也是必须考虑的。

商业网站中制作页面的人员分工细致，各负其责。网页设计师负责设计精美的页面，程序员负责编写和测试后台程序。大型的商务网站发布以后还需要投入更多的人力和资金来维护网页、更新系统。

（3）学术机构和政府团体网站。

学术机构和政府团体的网站从风格上来说，不需要像个人网站那样千变万化，也不需要像商业网站那样奢华绚丽，应该更多地体现出严谨、科学和庄重的气氛。它在技术上采用和个人网站相类似的路线。

这类网站的首页通常简洁明了、分类醒目，并提供丰富的学术资源和准确的信息。浏览著名大学、研究机构、政府团体网站的访客都有比较明确的目的，如了解机构设置、教学情况、科研动态、录取信息、行业规章、政策法规等，并且希望得到最新的实用信息，所以，这类网站最好由专人维护，并在网站上提供信息发布的区域。

5. 网站栏目规划及布局目录设计

（1）栏目与板块的划分。

网站建设者在对网站主题、内容、风格进行策划后，后续工作则需要对网站栏目进行规划，从而吸引网友浏览网站。

划分栏目和板块的实质是给网站编制大纲索引，将网站的主题明确地显示出来。在制定栏目的时候，要仔细考虑，合理安排。

规划网站栏目时要注意以下几方面内容。

①紧扣主题。一般的做法是将主题按一定的方法分类，并将它们作为网站的主栏目，如以一个动画网站为例，可以将栏目分为动物动画、标志动画、三维动画、卡通动画等，并在首页上标明最近更新的动画。一定要记住，主题栏目的个数在总栏目中要占绝对优势，这样的网站才显得专业、主题突出，且容易给人留下深刻的印象。

②设定更新或网站指南栏目。如果在首页上没有安排版面放置最近的更新信息，就有必要设立一个“最近更新”栏目。这样做是为了照顾常来的访客，让首页更具有人性化。

如果首页内容、层次较多，又没有站内的搜索引擎，则建议设置“本站”指南栏目，可以在其中绘制一个站点的结构图，用来帮助初访者快速找到想要的内容。

③设定可以双向交流的栏目。双向交流的栏目不需要很多，但一定要有，这样可以让浏览者留下信息，如设定一个论坛、留言本、聊天室或者 E-mail。

④设定下载或常见问题回答栏目。如果在首页上设置一个资料下载栏目，一定会得到大家的喜欢。设置下载栏目也需要和网站的整体风格和主题相协调，并需要网站空间比较大，才能存放较多的资源供网友下载。

另外，如果站点经常收到网友关于某方面问题的来信，则最好设立一个常见问题回答（FAQ）栏目，这样既方便网友，也可以节约自己的时间。

⑤至于其他的辅助内容，如“关于本站”、“版权信息”等可以不放在主栏目里，以免冲淡主题。

下面通过案例来分析如何划分网站的栏目，如图 1-15 所示为“酒店管理系统”的首页栏目设置。

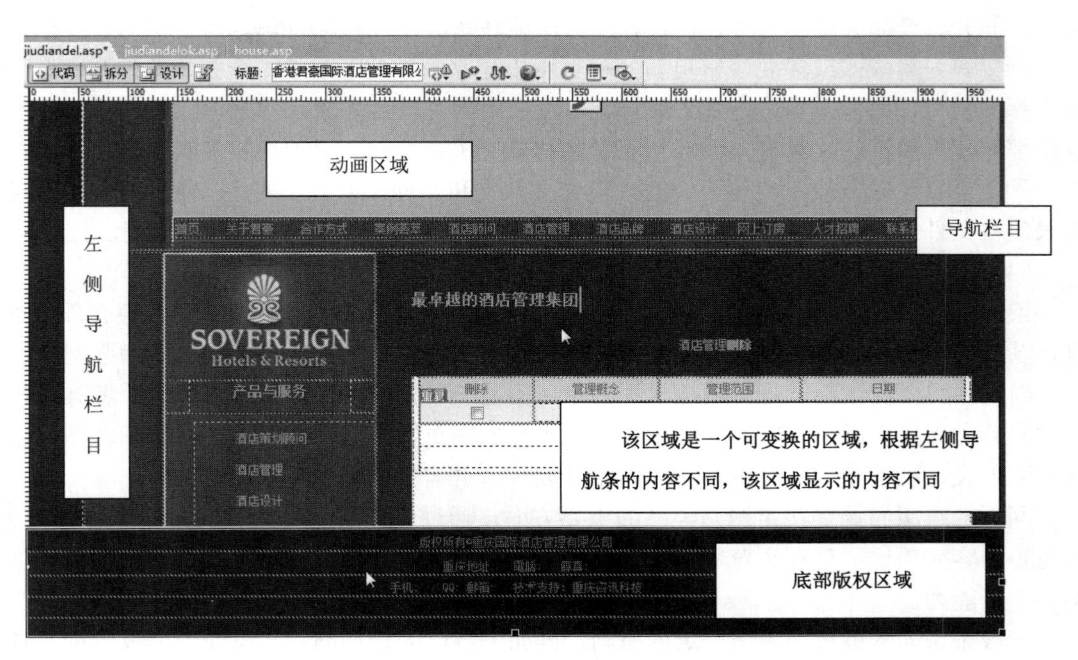

图 1-15　“酒店管理系统”栏目设置

简单分析如下。

网站 Logo 图标及 CI 宣传栏目：设计了 Logo 图标和 Flash 动画，作为此网站的宣传动画。

导航栏目：设计了首页、关于君豪、合作方式、案例荟萃、酒店顾问、酒店管理、酒店品牌、酒店设计、网上订房、人才招聘、联系我们。

主内容区的栏目规划：主内容区采用“左右”结构。

主内容左侧导航栏目：主要是一些导航条，通过单击这些导航条，在右侧主内容区域，展示不同的导航内容。

主内容区右侧栏目规划如下。

栏目名称：如酒店管理删除、招聘管理等。

栏目内容区域：通过一个表单区域加上一个表格，显示左侧导航栏目的具体内容。

版权区域：显示网站的版权信息，显示哪个公司制作或负责维护网站，联系方式等。

（2）网站的目录结构策划。

网站的目录是指在建立网站时所创建的目录。网站的目录设计与网站的栏目板块设计密切相联，网站的目录结构要根据网站的主题和内容来进行分类规划，不同的栏目对应不同的目录。

规划网站目录可以参照如下要点。

①尽量不要在网站本地根目录下存放文件。有的网页设计者喜好将网页所有文件存放在根目录下，这样容易造成文件管理混乱，常常不知道哪些文件需要编辑，若要编辑一个文件就需要浏览查找，比较麻烦，也不知道哪些文件需要删除，并影响服务器的工作效率。网站设计好后，需要上传文件到服务器主机，如果全部文件都存放在本地根目录下，将会耗费大量的上传时间。

②目录层次不要太深。一般来说，网站的目录层次不要超过 3 层。

③根据栏目内容建立子目录。子目录的建立应该按照主菜单的栏目建立，如企业站点可以按公司简介、产品介绍、价格、在线订单、反馈联系等建立相应目录；而其他的次要栏目，如友情链接等内容较多或需要经常更新的栏目可以建立独立的子目录；一些相关性强、不需要经常更新的栏目，如关于本站、关于站长、站点经历等可以合并放在一个统一的目录下。所有数据库都要建立单独的文件夹，CSS 用于存放样式文件、Media 用于存放多媒体文件。

④建立目录时一般不要使用中文来建立文件夹和文件。建立目录可以使用英文或者汉语拼音来建立文件夹或文件，使用中文目录可能会使浏览器无法识别文件而无法显示。

（3）网站页面的布局规划。

设计网页不仅仅是把相关的内容放到网页中，还要求设计者能够把这些内容合理组织、安排，以给浏览者赏心悦目的感觉。只有这样才能达到内容与形式的完美结合，增强网站的吸引力。因此，网页设计不但是一项技术性工作，还是一项艺术性工作。它要求设计者具有较高的艺术修养和审美情趣，否则不能够设计出高水平的网页。如今，大部分公司在招聘网页设计师时对网页设计师的要求是熟练使用网页设计软件，并有美工创意基础。

网页的排版布局是决定网站美感的重要方面。通过合理的、有创意的布局，可以把文字、图像等内容完美地展现在浏览者面前，而布局的好坏在很大程度上取决于设计者的艺术修养水平和创新能力。

一般来说，网页布局遵循一定的原则，再加上自己的奇特创意，设计一个吸引浏览者的网页布局是可以成功的。

6. 导航设计

导航是网页设计中的重要部分，也是整个网站设计中的一个独立部分。一般来说，网站导航在案例网站中各个页面出现的位置是固定的，风格较为统一。导航的位置对于网站的结构以及各个页面的布局起着举足轻重的作用。

导航的位置一般有 4 种，分别在页面的左侧、右侧、顶部、底部。有的可在一个页面中使用多种导航，如有的在顶部设置主导航菜单、在页面的左侧设置折叠菜单，以增强网站的可访问性。

当然，导航在页面中的出现并不是越多越好的，要合理运用网页，达到协调和一致。如果页面较长，可在页面底部也设置一个导航，这样，浏览者浏览到页面底部时不用拖动滚动条即可选择页面顶部的导航条。

子页面的导航设计是较为重要的。子页面一定要有上一级目录的链接，一直链接到首页，这样浏览者访问起来才比较方便，不用单击“后退”按钮回到首页或上一级页面。对于子页面，如果页面比较长，则可在页面上部设置一个简单的目录，并设置几个页面的跳转链接，这样方便浏览。常见的导航设计如图 1-16 所示。

首页	科技	通信	亚洲杯	房产	娱乐	时尚	健康
论坛	财经	IT	体育	租房	视听	星座	商城
邮箱	军事	手机	重庆	汽车	江湖	女性	建站

图 1-16　导航设计

7.　链接设计

网站的链接设计是指网站页面之间相互链接的拓扑结构，建立在目录结构的基础上。网站的链接结构有两种：树状结构和星状结构。这两种基本结构都只是理想方式，在实际的网站设计中，这两种结构是混合使用的。比较好的方案是，首页和一级页面之间用星状链接结构，一级页面和以下各级页面之间用树状结构。

树状链接结构如图 1-17 所示，星状链接结构如图 1-18 所示。

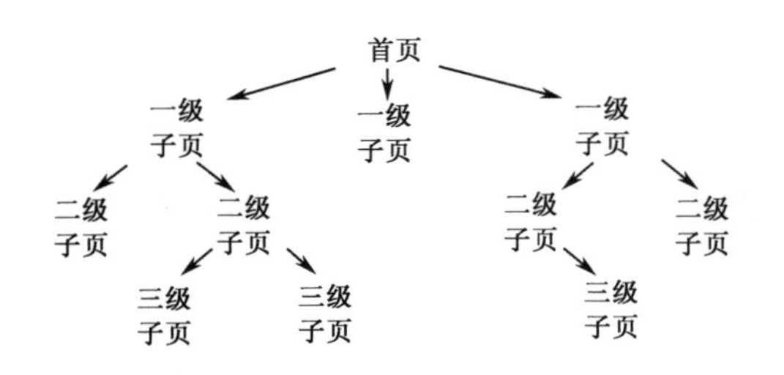

图 1-17　树状链接结构

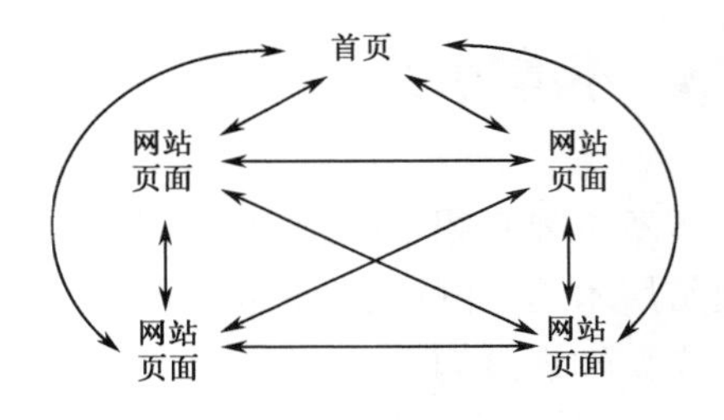

图 1-18　星状链接结构

8.　网站资料搜集

网站制作在目录、导航、链接策划后，需要搜索准备网站资料，为动手进行网站设计做准备。

个人网站的大多数内容除了自己的独创之外，还需要依赖于资料搜集。搜集不完整，可能设计中途就会停下来。同时，在搜集资料时主要是搜集其他经典网站的页面布局技巧、导航设计技巧、链接设计技巧、网站色彩处理技巧及网站具体内容。

商业网站虽然不像个人网站那样从网上搜集内容，但是可以吸取其他同类网站的设计风格、布局风格、导航技巧、色彩处理及同类产品的宣传技巧等，有比较才有鉴别。在搜集时不能照搬其他网站的风格，应该有自己的独创。

9. 网页设计

在网站规划工作完成后，即可开始网页设计。网页设计首先需要进行首页设计。首页是网站的“灵魂”，一定要在首页设计上多下功夫，再设计一级页面、二级页面，将一级页面、二级页面做成模板或者库进行保存，并能在设计其他一级、二级页面时从模板新建网页或者插入库项目，这样维护起来较为方便，设计网页的速度也较快。

设计网页时要注意版面的规划。版面规划主要指如何突出主题内容、如何提高网页下载及打开的速度。

10. 网上安家

网站在本地计算机上建成以后，需要为网站找一个“家”，即空间。

关于空间的概念及申请空间的方法可参见本书第 7 章相关内容。

11. 域名申请

在申请网站空间后，要考虑的问题是选择域名。域名被视为企业的网上商标，其重要性不言而喻。

12. 网站发布

网站在空间申请及域名申请好以后，即可进行站点发布，将网站上传到服务器上。发布站点的方法很多，可以采用 Dreamweaver 8/CS3 /CS4/CS5/CS6 自带的发布站点功能或者采用专门的 FTP 发布工具进行网站发布。以上两种发布网站的方法将在网站项目工程建设过程中进行详细讲解。

13. 网站宣传维护管理

网站上传到服务器后，如果在本地测试正确，远程服务器正常，则可以正常浏览网页。

网站做好上传了，不等于网站设计工作已经完成了，还需要进行宣传、更新、维护及管理。

本章小结

本章主要介绍了网站建设的目的、网站建设的规划及网站建设的方案、网站的常用建设技术及常用术语、网站创建的流程、企业网站的设计原则及方法等。

主要知识点如下。

（1）网站大体包括个人网站、企业网站、学术机构及政府团体网站等。不同网站的建站目的不完全相同。

（2）网页包括静态网页和动态网页。静态网页可以采用软件来设计，也可以用 HTML 来实现。静态网页只是网站页面的静态发布，用户基本上不能参与交互。动态网页技术根据程序运行的地点不同，分为客户端动态技术和服务器端动态技术。常见的客户端动态技术包括 JavaScript、JavaApplet、DHTML、ActiveX、Flash、VRML 等；典型的服务器端动态技术包括 ASP、PHP、JSP、CGI 等。

（3）常用的建站技术有 HTML、DHTML、Java 与 JavaApplet、ActiveX、CGI、ASP、PHP、JSP、Flash。本书推荐采用 ASP 技术。

（4）网站策划包括网站主题、内容、风格等。策划不仅包括内容组织，还包括页面的目录结构、链接设计、导航设计、布局设计等。小型企业网站的规划与设计包括建站目的分析、调查分析，确定网站的内容结构、表现形式等。

（5）中小型网站创建流程包括：网站策划、明确网站开放对象、绘制网站草图、建立网站文件夹、搜集建站资源、设计网站页面内容、网上安家及域名申请、网站发布、网站宣传维护及管理。

（6）设计站点时，首先遇到的问题就是定位网站的主题。所谓主题也就是网站的题材。网站题材多种多样，只要设计者想得到，就可以把它制作出来。

（7）网站的整体风格及其创意设计是最难学习的技术。风格是抽象的，它是指站点的整体形象给浏览者的综合感受。创意思考的过程分为 5 个阶段：准备期、孵化期、启示期、验证期和形成期。

（8）网站内容的组织原则：清晰性、创造性。其突出 3 个重点，网站内容的组织方法通过栏目设置来实现。

（9）网站建设主要有如下 3 种技术路线。

Microsoft Windows XP/Windows 2003/Windows 7/Windows 8+ASP-IIS+MS SQL Server/Access。

Windows/Linux+JSP+Tomcat/Resin/JSWDK+MS SQL Server/Access/MySQL。

Linux+PHP+Apache+MySQL。

（10）划分栏目和板块的实质是给网站建设一个大纲索引。索引应该将网站的主题明确突出。

（11）网页的排版布局是决定网站美感的重要方面。

（12）导航是网页设计中重要而独立的部分。导航在案例网站中各个页面出现的位置是固定的，风格较为统一。导航的位置对于网站的结构及各个页面的布局起着举足轻重的作用。导航的位置一般有 4 种，分别在页面的左侧、右侧、顶部、底部。

（13）网站的链接结构有两种：树状结构和星状结构。

习　题

1. 网站建设的常见技术有哪些？
2. 静态网站和动态网站的区别是什么？
3. 网站的创建流程是什么？
4. 如何有效地进行网站策划？
5. 网站的常用建设技术有哪些？
6. 什么是虚拟主机？什么是空间、域名、脚本、流量？
7. 设计企业网站的原则有哪些？
8. 如何选择虚拟主机？

上机实习 1

1．学生上网比较静态网站和动态网站的页面，并对页面实现技术进行总结。

2．学生完成以下主题的内容、风格、栏目、布局设计。

（1）招聘求职网站系统。

（2）网上百货公司。

（3）保健品市场。

（4）房产信息网站的策划。

（5）酒店管理系统网站的策划。

（6）婚庆公司网站的策划。

扫一扫 学一学

HTML 基础

本章主要介绍 HTML 的基本概念、文件结构、文字样式标签、表格设置标签、标识标签、链接、图片、音频标签、跑马灯标签等，读者通过学习本项目后，能够用 HTML 编写静态网页。

学习目标

【知识能力目标】

1. 掌握 HTML 的基本文件结构。
2 掌握 HTML 的文字标签的使用。
3 掌握 HTML 的表格标签的使用。
4 掌握项目编号和段落标签的使用。
5. 掌握 HTML 的链接标签的使用。
6 掌握 HTML 的图片和音频标签的使用。
7 掌握 HTML 的跑马灯标签的使用。

【素养目标】

万丈高楼平地起，知识也需要一点一滴的积累。HTML 语言的学习，是网站编程的基础。

2.1 HTML 语言的概念

用 HTML 编写的文件（文档）的扩展名是.html 或.htm，它们是可供浏览器解释浏览的文件格式。用户可以使用记事本、写字板或 FrontPage Editor 等编辑工具来编写 HTML 文件。HTML 使用标志对的方法编写文件，既简单又方便，它通常使用<标志名></标志名>来表示标志的开始和结束（如<html></html>标志对），因此，在 HTML 文档中，这样的标志都必须是成对使用的。

通过标记式的指令（Tag），将影像、声音、图片、文字等连接并显示出来。

HTML 标记是由 < 和 > 所括住的指令，主要分为单标记指令、双标记指令（由<起始标记>、</结束标记>构成）。HTML 网页文件可由任何文本编辑器或网页专用编辑器编辑，完成后将 HTML 网页文件由浏览器打开显示，若测试没有问题，则可以放到服务器上，对外发布信息。

2.2 HTML 文件基本架构

```
<HTML> 文件开始
<HEAD> 标头区开始
<TITLE>...</TITLE> 标题区
</HEAD> 标头区结束
<BODY> 本文区开始

本文区内容
</BODY> 本文区结束
</HTML> 文件结束
```

<HTML>：网页文件格式。

<HEAD>：标头区，记录文件基本资料，如作者、编写时间。

<TITLE>：标题区，文件标题须使用在标头区内，可以在浏览器最上面看到标题。

<BODY>：本文区，文件资料，即在浏览器上看到的网站内容。

通常一个 HTML 网页文件包含两部分: <HEAD>...</HEAD> 标头区、<BODY>...</BODY> 本文区。而 <HTML> 和 </HTML> 代表网页文件格式。

习惯上，一个网站的首页名称通常定为 index.htm 或 index.html，这样，只要浏览网站，浏览器便会自动找出 index.htm 文件。

2.3 文字样式设置的基本标签

设置字体样式的基本标签是<font></font>，被其包含的文本为样式作用区。

2.3.1 设置文字的颜色

color 是<font></font>标签的属性之一，用于设置文字颜色。在 D:\web\目录下创建网页文件，命名为 font_color.htm，编写代码如代码 2.1 所示。

代码 2.1 字体颜色的设置：font_color.htm。

```
<html>
<head>
  <title>字体颜色的设置</title>
</head>
<body>
  浅红色文字：<font color="#dd0000">HTML学习的本质就是该是什么就用什么</font><br />
  深红色文字：<font color="#660000">HTML学习的本质就是该是什么就用什么</font><br />
  浅绿色文字：<font color="#00dd00">HTML学习的本质就是该是什么就用什么</font><br />
  深绿色文字：<font color="#006600">HTML学习的本质就是该是什么就用什么</font><br />
  浅蓝色文字：<font color="#0000dd">HTML学习的本质就是该是什么就用什么</font><br />
  深蓝色文字：<font color="#000066">HTML学习的本质就是该是什么就用什么</font><br />
  浅黄色文字：<font color="#dddd00">HTML学习的本质就是该是什么就用什么</font><br />
  深黄色文字：<font color="#666600">HTML学习的本质就是该是什么就用什么</font><br />
  浅青色文字：<font color="#00dddd">HTML学习的本质就是该是什么就用什么</font><br />
  深青色文字：<font color="#006666">HTML学习的本质就是该是什么就用什么</font><br />
  浅紫色文字：<font color="#dd00dd">HTML学习的本质就是该是什么就用什么</font><br />
```

```
        深紫色文字：<font color="#660066">HTML学习的本质就是该是什么就用什么</font><br />
    </body>
    </html>
```

在浏览器地址栏中输入 http://localhost/font_color.htm，浏览效果如图 2-1 所示。

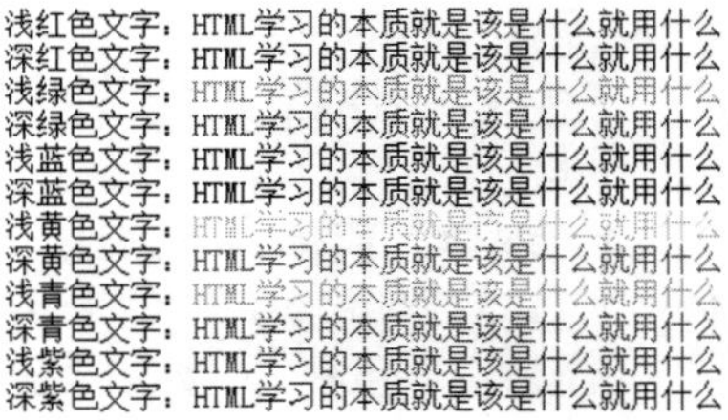

浅红色文字：HTML学习的本质就是该是什么就用什么
深红色文字：HTML学习的本质就是该是什么就用什么
浅绿色文字：HTML学习的本质就是该是什么就用什么
深绿色文字：HTML学习的本质就是该是什么就用什么
浅蓝色文字：HTML学习的本质就是该是什么就用什么
深蓝色文字：HTML学习的本质就是该是什么就用什么
浅黄色文字：HTML学习的本质就是该是什么就用什么
深黄色文字：HTML学习的本质就是该是什么就用什么
浅青色文字：HTML学习的本质就是该是什么就用什么
深青色文字：HTML学习的本质就是该是什么就用什么
浅紫色文字：HTML学习的本质就是该是什么就用什么
深紫色文字：HTML学习的本质就是该是什么就用什么

图 2-1　浏览效果

2.3.2　设置文字的尺寸

size 也是<font></font>标签的属性，用于设置文字大小。size 的值为 1～7，默认为 3。可以在 size 属性值之前加上“＋”、“－”字符，来指定相对于字号初始值的增量或减量。在 D:\web\目录下创建网页文件，命名为 font_size.htm，编写代码如代码 2.2 所示。

代码 2.2　文字尺寸的设置：font_size.htm。

```
<html>
<head>
  <title>文字尺寸的设置</title>
</head>
<body>
  size为1：<font size="1">HTML学习</font><br />
  size为2：<font size="2">HTML学习</font><br />
  size为3：<font size="3">HTML学习</font><br />
  size为4：<font size="4">HTML学习</font><br />
  size为5：<font size="5">HTML学习</font><br />
  size为6：<font size="6">HTML学习</font><br />
  size为7：<font size="7">HTML学习</font><br />
</body>
</html>
```

浏览效果如图 2-2 所示。

size为1：HTML学习
size为2：HTML学习
size为3：HTML学习
size为4：HTML学习
size为5：HTML学习
size为6：HTML学习
size为7：HTML学习

图 2-2　浏览效果（文字尺寸）

2.3.3　设置文字的字体

face 也是<font></font>标签的属性，用于设置文字字体（字形）。HTML 网页中显示的字形从浏览端的系统中调用，所以，为了保持字形一致，建议采用宋体，HTML 页面也默认采用宋体。在 D:\web\目录下创建网页文件，命名为 font_face.htm，编写代码如代码 2.3 所示。

代码 2.3　字体字形的设置：font_face.htm。

```
<html>
<head>
  <title>字体字形的设置</title>
</head>
<body>
  字形为宋体：<font face="宋体">沁园春・长沙-毛泽东</font><br />
  字形为楷体：<font face ="楷体">沁园春・长沙-毛泽东</font><br />
  字形为黑体：<font face ="黑体">沁园春・长沙-毛泽东</font><br />
 </body>
</html>
```

浏览效果如图 2-3 所示。

字型为宋体：沁园春?长沙-毛泽东
字型为楷体：沁园春?长沙-毛泽东
字型为黑体：沁园春?长沙-毛泽东

图 2-3　浏览效果（字体字型）

2.3.4　设置文字效果

1．斜体、粗体、下划线

```
<i>这是斜体文字</i>
<em>这也是斜体文字</em>
```

用双标签<b></b>可使被作用文字加粗，使文字更加醒目，如文章的标题部分。<strong></strong>被称为特别强调标签，也是文字加粗

用双标签<u></u>可添加下划线到被作用文字上，具体代码如代码 2.4 所示。

代码 2.4 文字效果的设置。

```
<html>
<head>
  <title>字体修饰的设置</title>
</head>
<body>
  <font size="5">斜体：<em>沁园春・长沙-毛泽东</em><br />
  加粗体：<strong>沁园春・长沙-毛泽东</strong><br />
  下划线：<u>沁园春・长沙-毛泽东</u><br />
  斜体+加粗体+下划线：<em><strong><u>沁园春・长沙-毛泽东
</u></strong></em></font>
</body>
</html>
```

浏览效果如图 2-4 所示。

斜体：*沁园春•长沙-毛泽东*
加粗体：**沁园春•长沙-毛泽东**
下划线：沁园春•长沙-毛泽东
斜体+加粗体+下划线：***沁园春•长沙-毛泽东***

图 2-4　浏览效果

2．其他文字效果

<hn>...</hn> 用于设定标题字体大小，n = 1（大）～6（小）会自动跳下一行。通常用在如章节、段落等标题上。

```
如 : <h2> 标题 </h2>
标题
如 : <h3 align = center> 标题 </h3> ( 标题置中 )
标题
<b>...</b> 粗体字
如 : <b> 粗体字 </b>
粗体字
<i>...</i> 斜体字
如 : <i> 斜体字 </i>
斜体字
<del>...</del> 横线 ( 表示删除 )
如 : <del> 横线 </del>

<tt>...</tt> 打字体 ( 固定宽度文字 )
如 : <tt> 打字体 </tt>
打字体
<sup>...</sup> 上标字
如 : 字体 <sup> 上标字 </sup>
```

```
字体上标字
<sub>...</sub> 下标字
如 : 字体 <sub> 下标字 </sub>
字体下标字
<!...> 注解 ( 不会显示在浏览器上 ), 可以多行
```

浏览效果如图 2-5 所示。

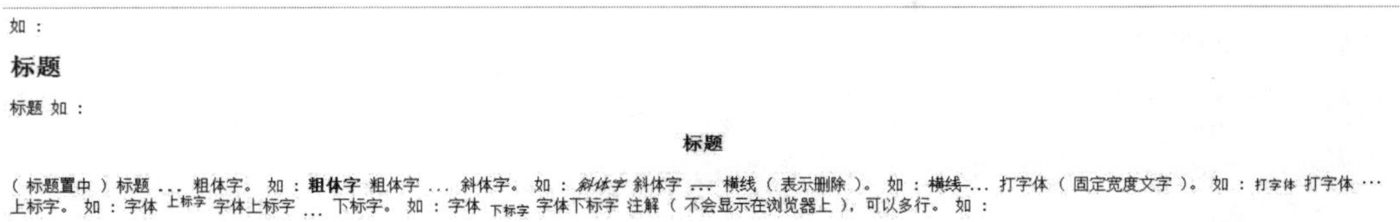

如 :

标题

标题 如 :

标题

(标题置中) 标题 ... 粗体字。 如 : **粗体字** 粗体字 ... 斜体字。 如 : *斜体字* 斜体字 ... 横线 (表示删除)。 如 : ~~横线~~... 打字体 (固定宽度文字)。 如 : 打字体 打字体 ···
上标字。 如 : 字体 上标字 字体上标字 ... 下标字。 如 : 字体 下标字 字体下标字 注解 (不会显示在浏览器上), 可以多行。 如 :

图 2-5　浏览效果（其他文字效果）

2.4 HTML 表格

表格是 HTML 的一项非常重要功能，利用其多种属性能够设计出多样化的表格。使用表格可以使页面有很多意想不到的效果，使页面更加整齐美观。

1．常用表格标记

<table>...</table>：表格指令。

其相关属性如下。

① align：调整。

② bgcolor：背景颜色。

③ border：边框。

④ height：高度。

⑤ width：宽度 。

<caption>...</caption>：表格标题。

其相关属性如下。

align：调整。

<tr>...</tr>：表格列（</tr>可省略）。

其相关属性如下。

align：调整。

<th>...</th>：表格栏标题（表头）粗体字（</th>可省略）。

其相关属性如下。

① align：调整。

② colspan：栏宽。

③ rowspan：栏高。

<td>...</td>：表格栏资料（存储格）（</td>可省略）。

其相关属性如下。

① align：调整。

② bgcolor：背景颜色。

③ height：高度。

④ width：宽度。

⑤ colspan：栏宽。

⑥ rowspan：栏高。

2．举例

例如：（基础型），结果如图 2-6 所示。

```
<table border=1 align=center>
<tr><td>太平洋网络学院<td>太平洋网络学院
<tr><td>太平洋网络学院<td>太平洋网络学院
</table>
```

太平洋网络学院	太平洋网络学院
太平洋网络学院	太平洋网络学院

图 2-6　基础型

又如：（加强型）增加背景颜色、表格标题、栏标题、跨栏宽、跨栏高。

```
<table border=1 align=center bgcolor=#ccccff>
<caption>表格标题</caption>
<tr>
<td>
<th colspan=2>行标题 1
<th colspan=2>行标题 2
<tr>
<th rowspan=2>列标题 1
<td>a <td>a <td>a <td>a
<tr><td>b <td>b <td>b <td>b
<tr>
<th rowspan=2>列标题 2
<td>c <td>c <td>c <td>c
<tr><td>d <td>d <td>d <td>d
</table>
```

浏览效果如图 2-7 所示。

<table>
<caption>表格标题</caption>
<tr><td></td><th colspan="2">行标题 1</th><th colspan="2">行标题 2</th></tr>
<tr><th rowspan="2">列标题 1</th><td>a</td><td>a</td><td>a</td><td>a</td></tr>
<tr><td>b</td><td>b</td><td>b</td><td>b</td></tr>
<tr><th rowspan="2">列标题 2</th><td>c</td><td>c</td><td>c</td><td>c</td></tr>
<tr><td>d</td><td>d</td><td>d</td><td>d</td></tr>
</table>

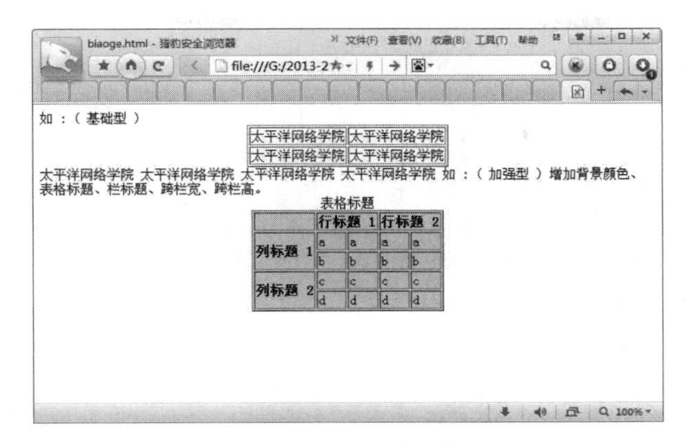

图 2-7 浏览表格效果

2.5 HTML 标示标记

HTML 了提供许多种类的标示标记，一般用作项目标示，而且可以作为巢状式标示！

1. 常用标示标记

（1）<li>：标示项目。

例如：

```
<ol>
<li>第一项
<li>第二项
</ol>
```

结果如下：

（2）<ol>...</ol>：编号标示，可标示数字或英文、罗马字母。

例如：

```
<ol type=i>
<li>第一项
<li>第二项
</ol>
```

结果如下：

（3）<ul>...</ul>：符号标示，可标示数字或英文、罗马字母。

例如：

```
<ul>
<li>第一项
<li>第二项
</ul>
```

结果如下：

（4）<dt>：定义项目。

（5）<dd>：定义资料。

（6）<dl>...</dl>：定义标示。

例如：

```
<dl>
<dt>十进制 :<dd>0、1、2、3、4、5、6、7、8、9
```

```
<dt>十六进制 :<dd>0、1、2、3、4、5、6、7、8、9、a、b、c、d、e、f
</dl>
```

结果如下：

```
十进制：
0、1、2、3、4、5、6、7、8、9
十六进制：
0、1、2、3、4、5、6、7、8、9、a、b、c、d、e、f
```

测试效果如图 2-8 所示。

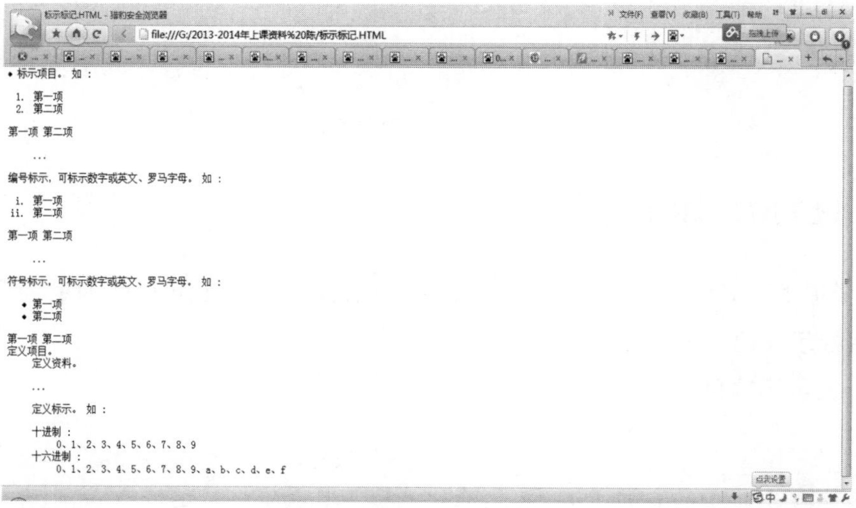

图 2-8　标示标记浏览

2．巢状式标示

例如：

```
<ol><li>第一章
        <ol type=i>
        <li>第一节
      <ul>
                <li>第一段
                <li>第二段
        </ul>
           <li>第二节
</ol><li>第二章
<li>第三章
</ol>
```

结果如下：

1. 第一章
    i. 第一节
        - 第一段
        - 第二段
    ii. 第二节
2. 第二章
3. 第三章

3．其他标示标记

（1）<dir>...</dir>：目录式标示（自动加圆点）。

例如：

```
网络学院 ：
<dir>
<li>新手上路
<li>软件教室
<li>设计教室
<li>开发教室
</dir>
```

显示结果如图 2-9 所示。

网络学院 ：

- 新手上路
- 软件教室
- 设计教室
- 开发教室

图 2-9　显示结果

注意

标示项目符号也可以用<font>...</font> 标记，以符号字符（○、◆、◎、★、■...等）标示。

例如：<font color =#ff0000> ● </font>

（2）特殊符号：在 HTML 文件中，有些符号是有特定的意义的。所以，当要使用这些特殊符号时，便要使用替代指令，如表 2-1 所示。

表 2-1　替代指令

符号	替代指令
"	" 或 "
&	& 或 &
<	< 或 <
>	> 或 >
不可分空格	

2.6 HTML 区段标记

一个网站不仅要内容丰富，还要有美观简洁的版面。HTML 所提供的区段标记功能如果可以好好利用，则会有相当不错的效果。

常用区段标记如下。

（1）<hr>：产生水平线。

例如：

```
<hr aling=certen width=90%>
```

（2）
：跳到下一行。

例如：

```
太平洋网络学院，<br>网上学电脑的好去处。
```

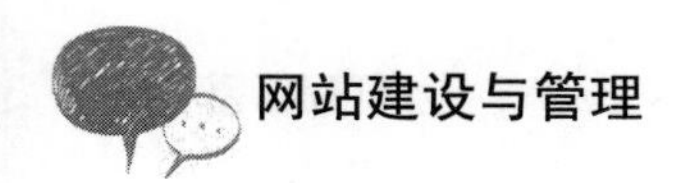

结果如下：

```
太平洋网络学院，
网上学电脑的好去处。
```

（3）<p>...</p>：段落，跳到下一行并加一行空白（</p>可省略）。

例如：

```
太平洋网络学院，<p>网上学电脑的好去处。
```

结果如下：

```
太平洋网络学院，

    网上学电脑的好去处。
```

（4）<center>...</center> 置中。

例如：

```
<center>置中</center>
```

结果如下：

```
置中
```

（5）<nobr>...</nobr>：不跳到下一行。

例如：

```
<nobr>太平洋网络学院，</nobr>网上学电脑的好去处。
```

结果如下：

```
太平洋网络学院，网上学电脑的好去处。
```

（6）<pre>...</pre>：以文件原始格式显示。

例如：

```
<pre>原始格式：文件</pre>
```

结果如下：

```
原始格式：    文件
```

2.7 HTML 链接

链接可以说是 HTML 中最重要的功能！因为 HTML 拥有链接的功能，使用户能享受多姿多彩的网络世界。

2.7.1 链接分类

外部链接——链接至网络的某个 URL 网址或文件，可参考网络链接方式。

内部链接——链接 HTML 文件的某个区段。

网络链接方式：//主机名称 / 路径 / 文件名称。

链接介绍如下：

（1）链接到外部网站。

在设置友情链接时，经常需要利用 HTTP 协议进行外部链接。

```
<a href="http://....">.....</a>
```

（2）链接到 E-mail。

语法：<a href="mailto:邮件地址">.....</a>

（3）链接到 FTP。

```
<a href="ftp://ftp 地址">.....</a>
```

（4）链接到 Telnet 。

Telnet 常常用来登录一些 BBS 网站，也是一种远程登录方式。

<a href="telnet://地址">....</a>

（5）下载文件。

<a href="文件地址">...</a>链接到下载文件。

2.7.2 常用链接标记

（1）<base>：设定基本 URL 位置或路径，以后只要设定文件名称即可自动加上位置或路径。

其相关属性如下。

href：链接的 URL 地址或文件。

target：指定链接到的 URL 地址或文件显示于哪一个视窗（可和 <frame> 视窗标记配合使用或打开新的视窗）。

例如：

```
<base href="http : //www.phei.com.cn/">
<a href="kk.htm">■</a>
<base href="http : //www.phei.com.cn/" target=frame1>
```

（2）<a>...</a>：链接指令。

其相关属性如下。

href：链接的 URL 地址或文件。

name：名称。

target：指定链接到的 URL 地址或文件显示于哪一个视窗（可和 <frame> 视窗标记配合使用或打开新的视窗）。

① 外部链接。

```
<a href="http : //www.phei.com.cn/">■</a>
<a href="http : //www.phei.com.cn/" target=frame1>■</a>
```

② 内部链接。

ch1.htm 文件：

```
<a href=#a>■</a> //欲链接至HTML文件的a点
<a name=a>■</a> //HTML文件的a点
```

ch2.htm 文件：

```
<a href=ch1.htm#a>■</a> //欲链接至ch1.htm文件的a点
```

"■"表示链接点，可以是文字或图案（即游标移动时，会变成手指形状的地方）。

（3）<link>：链接指令（用于 head 区，设定 CSS 文件）。

（4）<meta>：存储应用资讯，可设定时间载入网页（用于 head 区）。

其相关属性如下。

charset：设定。

content：回应表头资料内容 ，若是数字则表示秒数。

http-equiv：回应表头，若设定为 refresh，则载入 URL 设定。

url html：位置。

① 设定中文自动跳行。

```
<meta http-equiv="content-type" content="text/html;charset=gb2312">
```

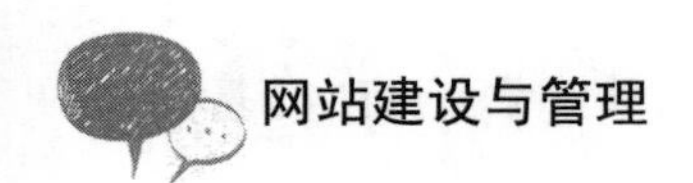

② 设定10s回到首页。（若不设定HTML文件位置，则再载入原HTML文件。）

```
<meta http-equiv="refresh" content=10 url=index.htm>
```

（5）设定链接、未链接部分的颜色，可用<body>...</body>标记。

其相关属性如下。

alink：按下链接部分未放开时颜色。

link：未看过的链接部分颜色。

vlink：已看过的链接部分颜色。

例如：

```
<body link=#0000ff alink=#ff0000 vlink=#00ff00>
```

2.8 HTML设置图片

图片增加了网站版面的美观度，但不要存放大量的图片，因为会拖慢网站传输的效率。

1. 设定图片的方法

（1）设定HTML文件背景图片、背景颜色，使用<body>...</body>标记。例如：

```
<body background=a.gif>...</body>
```

或者

```
<body bgcolor=#000000>...</body>
```

（2）设定图片，用<img>标记。

（3）设定地图，用<map>...</map>标记。

2. 常用图片标记

（1）<img>：指令。

其相关属性如下。

align：调整

alt：提示字

border：边框

height：高度

src 文件或URL地址

usemap 地图名称

width 宽度

例如：可插入图片（GIF、JPG格式）、AVI电影。

```
<center>
<img src="../../../images/pcedu_lo.gif" alt="太平洋网络学院" align=top
border=1>
</center>
```

（2）<map>...</map>：地图。

其相关属性如下。

Name：名称。

（3）<area>：设定地图动作区域。

其相关属性如下。

coords：设定动作区域坐标（左上角坐标为x1,y1；右下角坐标：x2,y2）。

href：动作区域连接点（可载入地址或文件）。

nohref：动作区域连接点不动作。

shape：外形

3. 举例

设定地图：在网站文件夹下放置一个地图文件 a.gif，并建立两个网页文件 1.htm、3.htm，输入以下代码进行地图设置。

```
<img border=0 src=a.gif usemap=#a>
<map name=a>
<area shape=rect coords=0,0,200,100 href=1.htm>
<area shape=rect coords=0,100,200,200 nohref>
<area shape=rect coords=0,200,200,300 href=3.htm>
</map>
```

2.9 加入声音

HTML 不仅能插入图片，也可以载入声音。

常用音乐标记如下。

<bgsound>：背景音乐、音效。

其相关属性如下。

loop：循环，背景音乐播放次数

src：文件或 URL 地址（可为 WAV、MIDI 格式）。

例如：

```
<bgsound src=m-1.mid loop=true>
```

<embed>...</embed>：内嵌插件。

其相关属性如下。

height：高度。

width：宽度（可设百分比）。

src：设定内嵌对象的 url 地址。

loop：循环，背景音乐播放次数。

autostart 自动播放。

例如：

```
<embed src=m-1.mid width=145 height=60 autostart=true loop=true></embed>
```

注意

m-1.mid 是一首 MID 格式的音乐，可将其放置在网站的文件夹中，再建立一个空白的网页输入以上代码，即可测试音乐文件。

2.10 滚动条

这里介绍的是由提供的滚动条，其属性众多，功能强大。

<marquee>...</marquee>：文字卷动（滚动条）。

其相关属性如下。

（1）behavior：设定卷动方式。

alternate：交替来回卷动。

scroll：卷动（预设）。

slide：滑动。

（2）bgcolor = color：背景颜色。

（3）direction：设定卷动方向。

（4）height：高度。

（5）loop：循环，卷动次数（预设循环）。

（6）scrollamount：设定卷动距离。

（7）scrolldelay = milliseconds：设定卷动时间。

（8）truespeed = milliseconds：设定卷动速度。

（9）width：宽度（可设百分）。

例如：

```
    <marquee bgcolor=red behavior=alternate direction=left scrollamout=10
scrolldelay=100> <font color=white>太平洋网络学院</font></marquee>
```

又如：

```
    <marquee bgcolor=green height=50 behavior=scroll direction=up
scrollamout=10 scrolldelay=300> <font color=white><center>太平洋网络学院
</center></font></marquee>
```

本章小结

本章主要介绍了 HTML，主要知识点如下。

1．HTML 的基本结构标记

<html></html>在文档的最外层，<head></head>是 HTML 文档的头部标签，<title>和</title>是嵌套在<head>头部标签中的，浏览时将会显示在标题栏中。

2．HTML 的主体标签

（1）<body>标签的属性见表 2-2。

表 2-2　<body>标签的属性

属　性	描　　述
link	设定页面默认的链接颜色
alink	设定鼠标正在单击时的链接颜色
vlink	设定访问后链接文字的颜色
background	设定页面背景图像
bgcolor	设定页面背景颜色
leftmargin	设定页面的左边距
topmargin	设定页面的上边距
bgproperties	设定页面背景图像为固定，不随页面的滚动而滚动
text	设定页面文字的颜色

（2）换行标签是单标签，也称空标签，不包含任何内容，在 HTML 文件中的任何位置只要使用了
标签，当文件显示在浏览器中时，该标签之后的内容将显示在下一行。

（3）换段落标签<p>及属性。

由<p>标签所标识的文字，代表同一个段落的文字。

格式：<p align= 参数>

其中，align 是<p>标签的属性，属性有 3 个参数，即 left、center、right。这 3 个参数设置段落文字的左、中、右位置的对齐方式.

（4）原样显示文字标签<pre>。

要保留原始文字排版的格式，可以通过<pre>标签来实现,方法是把制作好的文字排版内容前后分别加上始标签<pre>和尾标签</pre>。

（5）居中对齐标签<center>。

文本在页面中使用<center>标签进行居中显示，<center>是成对标签,在需要居中的内容部分开头处加<center>，结尾处加</center>。

（6）引文标签（缩排标签）<blockquote>。

<blockquote>标签可以用来建立一个引文，其特别适合较长文本的引用，引文显示时将会自动右移，左边会空出几格，以进行区分。

（7）水平分隔线标签<hr>。

<hr>标签是单独使用的标签，是水平线标签，用于段落与段落之间的分隔，使文档结构清晰明了，使文字的编排更整齐。

（8）署名标签<address>。

<address>标签一般用于说明这个网页是由谁或是由哪个公司编写的，以及其他相关信息。<address></address>标签之间的文字显示为斜体字。

3．字体属性标签

（1）标题文字标签<hn>。

<hn>标签用于设置网页中的标题文字，被设置的文字将以黑体或粗体的方式显示在网页中。

格式：<hn align=参数〉标题内容</hn>

（2）文字格式控制标签<font>。

<font>标签用于控制文字的字体、大小和颜色。控制方式是利用属性设置得以实现的。

<font>标签的属性如表 2-3 所示。

表 2-3 <font>标签的属性

属　性	使 用 功 能	默 认 值
face	设置文字使用的字体	宋体
size	设置文字的大小	3
color	设置文字的颜色	黑色

格式：<font face=值 1 size=值 2 color=值 3>文字 </font>

（3）特定文字样式标签。

在有关文字的显示中，常常会使用一些特殊的字型或字体来强调、突出、区分，以达到提示的效果。

（4）列表标签。

在 HTML 页面中，合理地使用列表标签可以起到提纲和格式排序文件的作用。

列表分为两类：一是无序列表，二是有序列表。无序列表就是项目各条列间并无顺序关系，纯粹只是利用条列来呈现资料而已，此种无序标签，在各条列前面均有一符号以示区别。而有序条列就是指各条列之间是有顺序的，如从 1、2、3 等一直延伸下去。

列表的主要标签如表 2-4 所示。

表 2-4　列表标签

标　签	描　述
<ul>	无序列表
<ol>	有序列表
<dir>	目录列表
<dl>	定义列表
<menu>	菜单列表

4．图像标签

图像可以使 HTML 页面美观生动且富有生机。

（1）背景图像的设定。

在网页中除了可以用单一的颜色做背景之外，还可用图像设置背景。

格式：<body background= "image-url">

其中，“image-url”指图像的位置。

（2）网页中插入图片标签<img>。

网页中插入图片要使用单标签<img>，当浏览器读取到<img>标签时，就会显示此标签所设定的图像。如果要对插入的图片进行修饰，则仅仅用这一个属性是不够的，还要配合其他属性来完成。

格式：<img src="图像文件地址">

（3）用<img>标签插入 AVI 文件。

格式：<img dynsrc="AVI 文件地址">

<img>标签插入 AVI 文件的属性如表 2-5 所示。

表 2-5　<img>标签插入 AVI 文件的属性

属　性	描　述
dynsrc	指定 AVI 文件所在路径
loop	设定 AVI 文件循环次数
loopdelay	设定 AVI 文件循环延迟
start	设定文件播放方式 fileopen/mouseover(网页打开时即播放/当鼠标滑到 AVI 文件时播放）

5．超链接标签

超链接是一个网站的“灵魂”，Web 上的网页是互相链接的，单击被称为超链接的文本或图形就可以链接到其他页面。超文本具有链接的能力，可层层链接相关文件，这种具有超级链接能力的操作，即称为超链接。超链接除了可链接文本之外，也可链接各种媒体，如声音、图像、动画，通过它们，人们可享受丰富多彩的多媒体世界。

建立超链接的标签为<a>和</a>

格式：<a　href="资源地址" target="窗口名称"　title="指向连接显示的文字">超链接名称</a>

6．表格标签

表格在网站中应用非常广泛，可以方便灵活的排版，很多动态大型网站也是借助表格排版的，表格可以对相互关联的信息元素集中定位，使浏览页面的人一目了然。所以，要制作好网页，就要学好表格。

（1）定义表格的基本语法。

在 HTML 文档中，表格是通过<table>、<th>、<tr>、<td>标签来完成的，如表 2-6 所示。

表 2-6 表格标记

标　　签	描　　述
<table>...</table>	用于定义一个表格的开始和结束
<th>...</th>	定义表头单元格。表格中的文字将以粗体显示，在表格中也可以不用此标签，<th>标签必须放在<tr>标签内
<tr>...</tr>	定义一行标签，一组行标签内可以建立多组由<td>或<th>标签所定义的单元格
<td>...</td>	定义单元格标签，一组<td>标签将建立一个单元格，<td>标签必须放在<tr>标签内

（2）表格标签的属性。

表格标签<table>有很多属性，最常用的属性如表 2-7 所示。

表 2-7 <table>标签的属性

属　　性	描　　述
width	表格的宽度
height	表格的高度
align	表格在页面的水平方向上的摆放位置
background	表格的背景图片
bgcolor	表格的背景颜色
border	表格边框的宽度（以像素为单位）
bordercolor	表格边框颜色
bordercolorlight	表格边框明亮部分的颜色
bordercolordark	表格边框昏暗部分的颜色
cellspacing	单元格之间的间距
cellpadding	单元格内容与单元格边界之间的空白距离的大小

（3）表格行的设定。

表格是按行和列（单元格）组成的，一个表格由几行组成就需要几个行标签<tr>，行标签用其属性值来修饰，属性都是可选的。

<tr>标签的属性如表 2-8 所示。

表 2-8 <tr>标签的属性

属　　性	描　　述
Align	行内容的水平对齐
Valign	行内容的垂直对齐
Bgcolor	行的背景颜色
Bordercolor	行的边框颜色
Bordercolorlight	行的亮边框颜色
Bordercolordark	行的暗边框颜色

（4）单元格的设定。

<th>和<td>都是插入单元格的标签，这两个标签必须嵌套在<tr>标签内，且是成对出现的。<th>用于表头标签，表头标签一般位于首行或首列，标签之间的内容就是位于该单元格内的标题内容，其中的文字以粗体居中显示。数据标签<td>就是该单元格中的具体数据内容，<th>和<td>标签的属性都是一样的，其属性设定如表 2-9 所示。

表 2-9 <th>和<td>的属性

属　性	描　述
width/height	单元格的宽和高，接受绝对值（如 80）及相对值（如 80%）。
colspan	单元格向右打通的栏数
rowspan	单元格向下打通的列数
align	单元格内字、图的摆放位置（水平），可选值为 left、center、right
valign	单元格内字、图等的摆放位置（垂直），可选值为 top、middle、bottom
bgcolor	单元格的底色
bordercolor	单元格边框颜色
bordercolorlight	单元格边框向光部分的颜色
bordercolordark	单元格边框背光部分的颜色
Background	单元格背景图片

7．网页的动态、多媒体标签

在网页的设计过程中，动态效果的插入，会使网页更加生动灵活、丰富多彩。

（1）滚动字幕<marquee>。

<marquee>标签可以实现元素在网页中移动的效果，以实现动感十足的视觉效果。<marquee>标签是一个成对的标签。

格式：<marquee>...</marquee>

<marquee>标签有很多属性，用来定义元素的移动方式。

<marquee>的属性如表 2-10 所示。

表 2-10 <marquee>的属性

属　性	描　述
align	指定对齐方式为 top、middle、bottom
scroll	单向运动
slide	如幻灯片，效果是文字一接触左侧框就停止
alternate	左右往返运动
bgcolor	设定文字卷动范围的背景颜色
loop	设定文字卷动次数，其值可以是正整数或 infinite（表示无限次），默认为无限循环
height	设定字幕高度
width	设定字幕宽度
scrollamount	指定每次移动的速度,数值越大速度就越快
scrolldelay	文字每一次滚动的停顿时间，单位是毫秒。时间越短滚动就越快
hspace	指定字幕左右空白区域的大小
vspace	指定字幕上下空白区域的大小
direction	设定文字的卷动方向，left 表示向左，right 表示向右，up 表示向上滚动
behavior	指定移动方式，scroll 表示滚动播出，slibe 表示滚动到一方后停止，alternate 表示滚动到一方后向相反方向滚动

（2）插入多媒体文件。

格式：<embed src="音乐文件地址">

<embed>标签常用属性如表 2-11 所示。

表 2-11 <embed>标签常用属性

属　性	描　述
src="filename"	设定音乐文件的路径
autostart=true/false	是否音乐文件传送完就自动播放，true 为是，false 为否默认为 false
loop= true/false	设定播放重复次数，loop=6 表示重复 6 次，true 表示无限次播放，false 播放一次即停止
starttime="分:秒"	设定乐曲的开始播放时间，如 20s 后播放应写为 starttime =00:20
volume=0-100	设定音量的大小。如果未设定，则使用系统的音量
Width、height	设定播放控件面板的大小
hidden=true	隐藏播放控件面板
controls=console/smallconsole	设定播放控件面板的样子

（3）嵌入多媒体文件。

除了可以使用上述方法插入多媒体文件之外，还可以在网页中嵌入多媒体文件，这种方式将不调用媒体播放器。

① 嵌入背景音乐：<bgsound>标签用来设置网页的背景音乐，但只适用于 IE，其参数设定不多。

格式：<bgsound src="your.mid" autostart=true loop=infinite>

src="your.mid" 设定 MIDI 档案及路径，可以是相对或绝对的。声音文件可以是 WAV、MIDI、MP3 等类型的文件

autostart=true 表示在音乐传完之后，就自动播放音乐。

loop=infinite 表示是否自动反复播放。loop=2 表示重复两次，infinite 表示重复多次，直到网页关闭为止。

② 点播音乐：将音乐做成一个链接，只需单击即可听到动人的音乐，这样做很简单。

格式：<a href="音乐地址">乐曲名</A>

8．学习 HTML 的方法

（1）对于难记的属性不必强行记忆，在用到的时候翻一下语法手册，多用几次即可熟练掌握。

（2）开始时，可以先选择几个不错的网页形式加以模仿，完成自己的首页。

（3）看到好的网页时，可以在浏览器的“编辑”菜单中选择“源文件”选项，此时可以看到源程序。

习　题

（1）阅读下列 HTML 文本和说明。在该 HTML 文本中存在 5 处错误，请指出错误所在的行号、错误原因以及改正的方法，把解答填入答题纸的对应栏内。

【说明】

这是一个简单的 HTML 文本，显示作者个人首页的登录界面。

【HTML 文本】

```
① <HTML>
② <BODY>
```

```
③ <HEAD>
④ <META NAME=“Author” CONTENT=“Brent Heslop, David Holzgang”>
⑤ </HEAD>
⑥ <TITLE TITLE=“Authors Home Page”>
⑦ <!—MAKE SURE BKGND COLOR IS WHITE →
⑧ <BGCOLOR=“white”>
⑨ <IMG ALT=“log.jpg” SRC=“Welcome to Authors Home page”>
⑩ <H2><A HREF=“http://WWW.au**ors.pub**c.com”>Authors Home Page </A><H2>
⑪ <P>Welcome to the authors Web Site. </P>
⑫ </BODY>
⑬ <HTML>
```

（2）HTML 源代码段如下。

```
<body>
  <table border = 1>
     <tr>
       <td>单元格1</td>
       <td>单元格2</td>
       <td>单元格3</td>
     </tr>
     <tr>
       <td>单元格4</td>
     </tr>
     <tr>
       <td>单元格5</td>
       <td>单元格6</td>
     </tr>
   </table>
</body>
```

请画出该段 HTML 代码的显示结果。

上机实习 2

（1）用记事本按照 HTML 的基本格式，编写一个包含<html></html>、<head></head>、<body></body>的网页文件，并保存为 HTML 文件，在浏览器中进行测试。

（2）设计一个带表格的网页，要求按照表 2-12，设计好其背景和边框颜色，并做好电子邮件的链接，同时注意文本标记的设计。

表 2-12　表格

手机、家电维修及等级考试		
招 生 专 业	开 设 课 程	收 费 标 准
家电维修	电子组件识别检测，黑白电视安装，中小屏幕、大屏幕彩电维修	1100 元
手机维修	电子组件识别，贴片组件拆焊、植锡、写码，手机电路分析及手机故障检修技巧	1580 元
等级考试（一级）	一级考试内容，考题分析，考试重难点讲解	450 元
等级考试（二级）	二级考试内容，考题分析，考试重难点讲解（VB、VF、C 语言）	580 元
网站业务联系：13108981102　yuanju01@163.com		
招生培训地点：重庆电子工程职业学院		
招生培训联系：13108981102　陈老师 QQ：41800543　欢迎垂询!!		

（3）用 HTML 设计网站“酒店管理系统”的用户注册页面。

扫一扫 学一学

网站开发环境

本章主要介绍网站开发环境的搭建，主要涉及数据库的设计、IIS 测试环境的安装与配置、ODBC 数据源的配置、Dreamweaver CS6 网站设计软件的安装，这几个内容需要读者上机操作。

 学习目标

【知识能力目标】

1. 掌握数据库的设计。
2. 掌握 IIS 测试环境的安装与配置。
3. 掌握 ODBC 数据源的配置。
4. 掌握 Dreamweaver CS6 网站设计软件的安装。

【素养目标】

通过学习网站开发环境的搭建方法，了解网站建设的基本流程。当出现问题时，要仔细耐心地检查错误。任何事情都不是一蹴而就的，需要付出加倍的耐心和不懈的努力。

3.1 数据库的设计

（1）打开 Microsoft Office 中的 Microsoft Office Access 2003，如图 3-1 所示。

（2）单击“文件”→“新建”按钮，如图 3-2 所示。

（3）在“新建文件”窗格中选择“空数据库”选项，如图 3-3 所示。

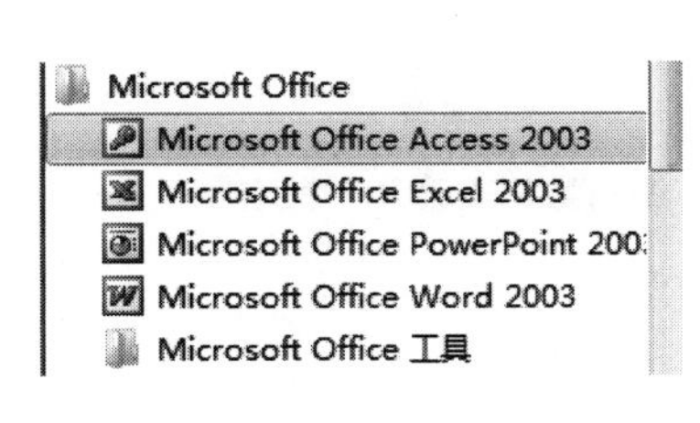

图 3-1 打开 Access

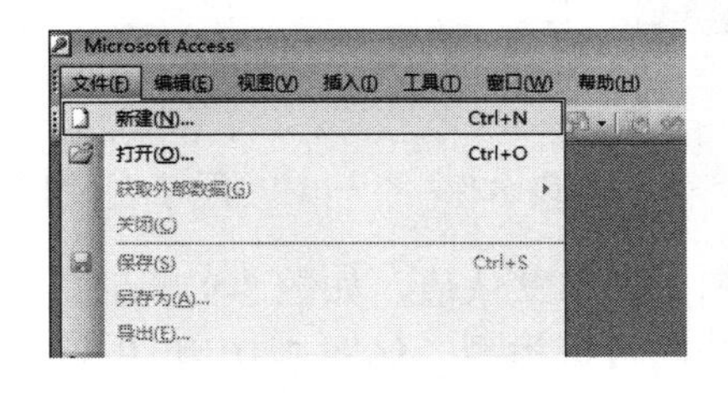

图 3-2 新建文件

图 3-3 新建空数据库

（4）建立一个名为 db1.mdb 的数据库，如图 3-4 所示。

（5）单击“表”图标，选择“使用设计器创建表”选项，如图 3-5 所示。

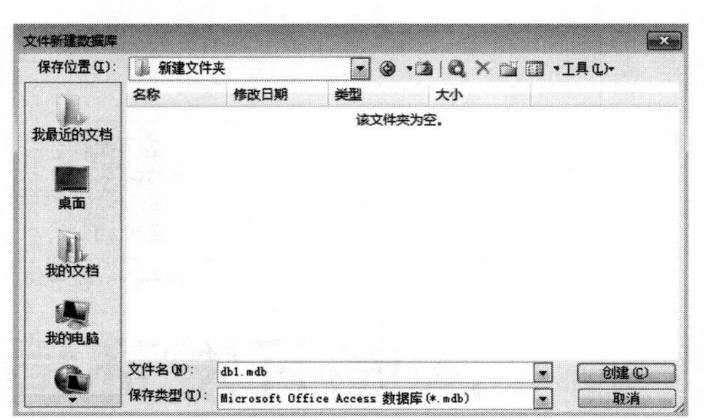

图 3-4　创建数据库

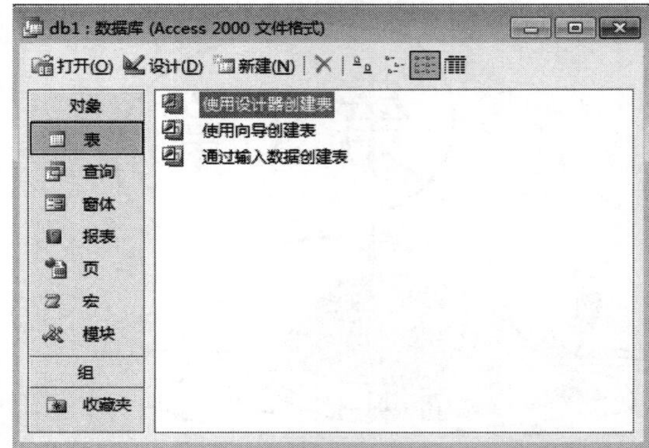

图 3-5　使用设计器创建表

（6）可以得到如图 3-6 所示的效果。

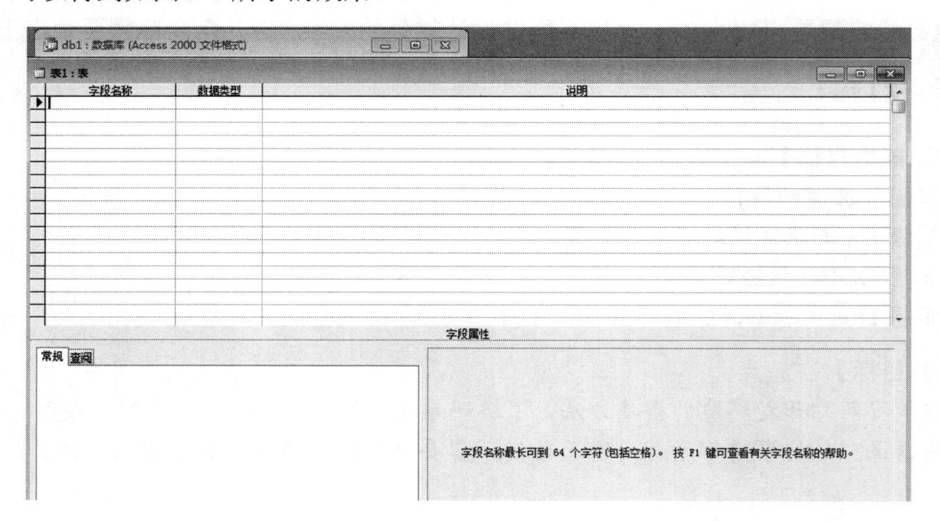

图 3-6　编辑表

（7）输入数据和编辑数据，具体可参考图 3-7 和图 3-8。

表1 : 表

字段名称	数据类型
id	自动编号

图 3-7　输入数据类型和字段名称

表1 : 表

字段名称	数据类型
id	自动编号
name	文本
pass	文本
tel	文本
qq	文本

图 3-8　编辑数据类型和字段名称

（8）设置 date 的数据类型和默认值，如图 3-9 所示。

（9）编辑 qx 和 email 的数据类型，如图 3-10 和图 3-11 所示。

（10）将表另存为 user，如图 3-12 所示。

（11）编辑 id 字段，如图 3-13 所示。

（12）在 Access 中单击“视图”→“数据表视图”按钮，如图 3-14 所示。

图 3-9　设置数据的默认值

图 3-10　编辑 qx 的数据类型

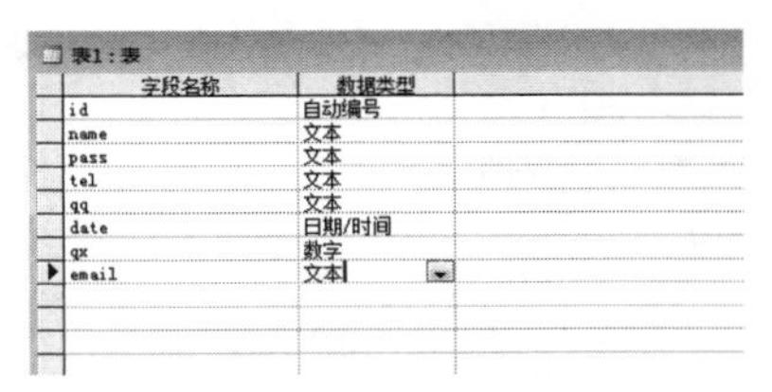

图 3-11　编辑 email 的数据类型

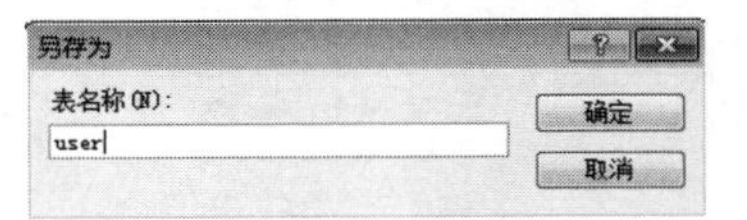

图 3-12　另存表

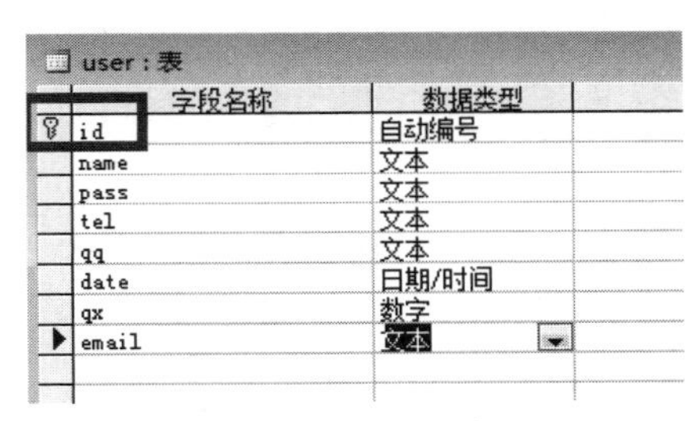

图 3-13　编辑 id 字段

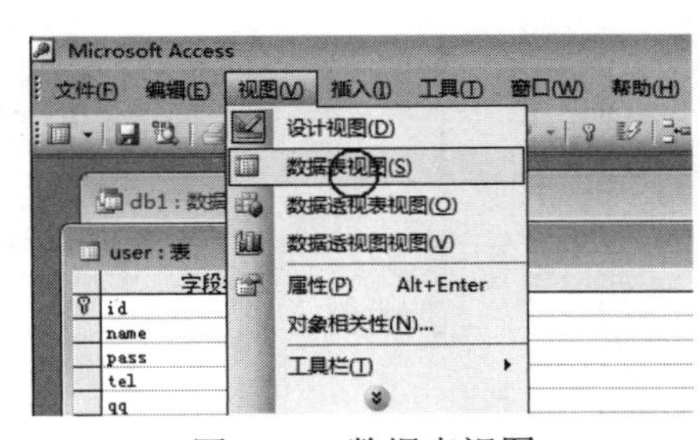

图 3-14　数据表视图

（13）单击按钮，再进行复制，如图 3-15 和图 3-16 所示。

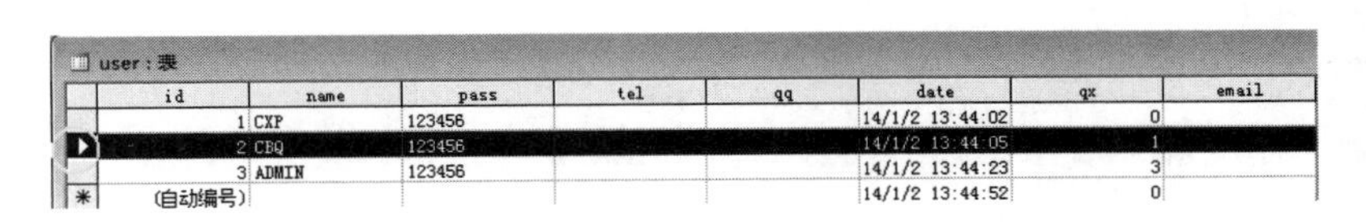

图 3-15　选择数据

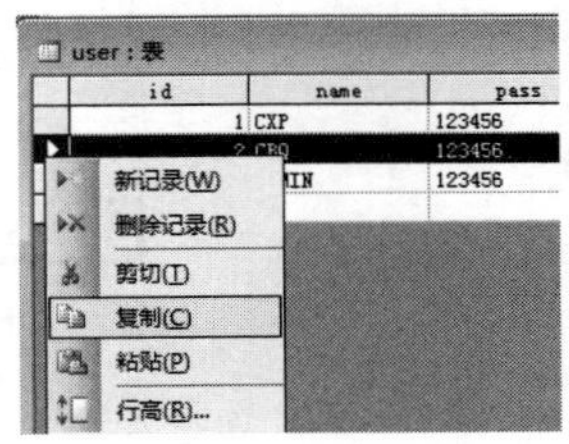

图 3-16　复制数据

（14）选择“删除记录”选项，如图 3-17 所示。

图 3-17　删除记录

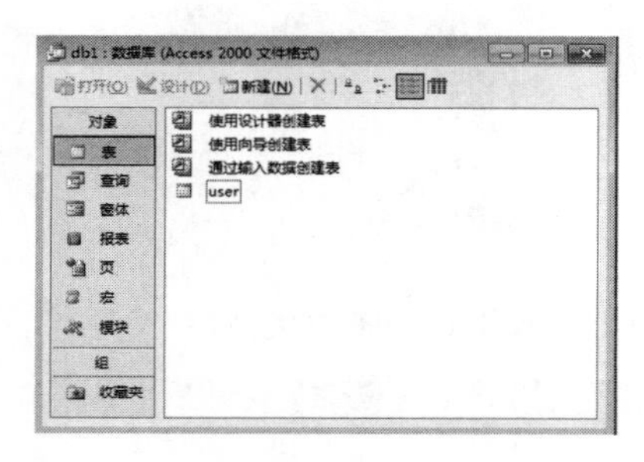

图 3-18　数据表 user

（15）此时，可发现已经有 user 表，如图 3-18 所示。

3.2　IIS 的配置与管理

（1）这里讲解的是在 Windows 7 下配置 IIS。

（2）打开控制面板，选择“程序和功能”选项，如图 3-19 所示。

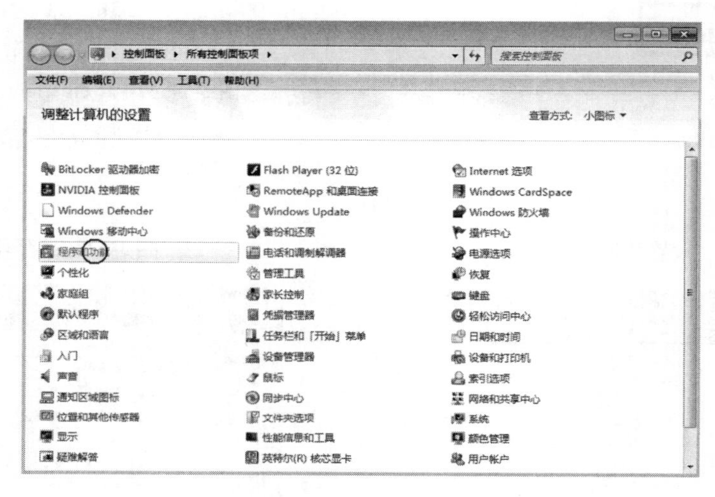

图 3-19　控制面板

（3）在“程序和功能”窗口中单击“打开或关闭 Windows 功能”超链接，如图 3-20 所示。

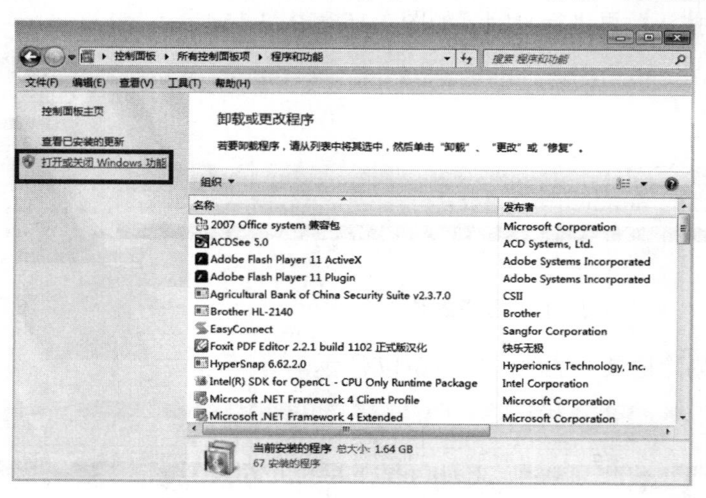

图 3-20　打开或关闭 Windows 功能

（4）在打开的窗口中稍等一会儿，如图 3-21 所示，勾选图 3-22 所示的复选框，选择要安装的服务和工具，单击“确定”按钮。

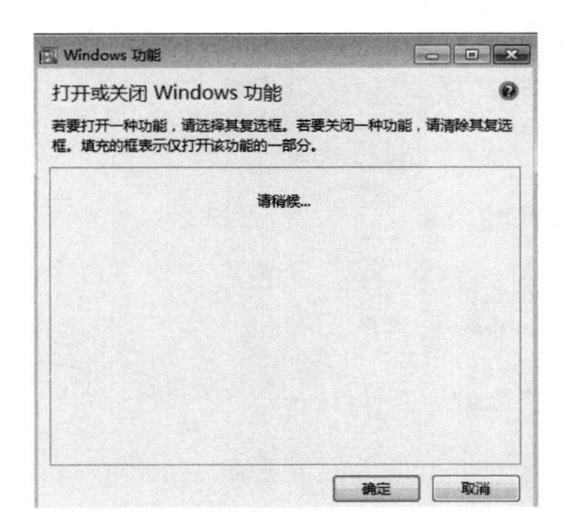

图 3-21　Windows 功能

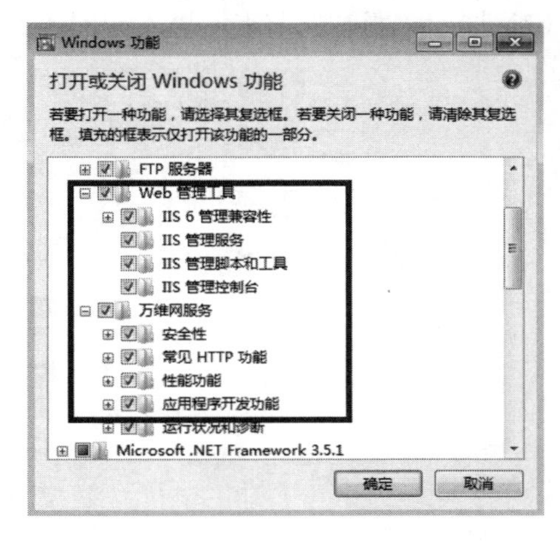

图 3-22　选择要安装的服务和工具

（5）在控制面板中，管理工具中会显示如图 3-23 所示的选项。

图 3-23　IIS 管理器

（6）打开 IIS 管理器，进入如图 3-24 所示的界面。

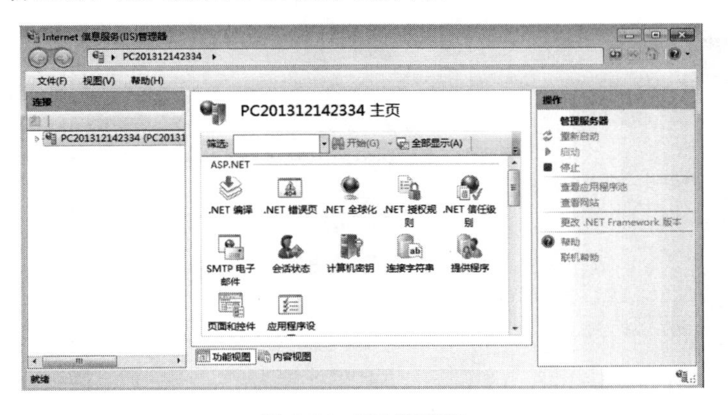

图 3-24　IIS 管理器

（7）展示“网站”节点，进入如图 3-25 所示的界面。

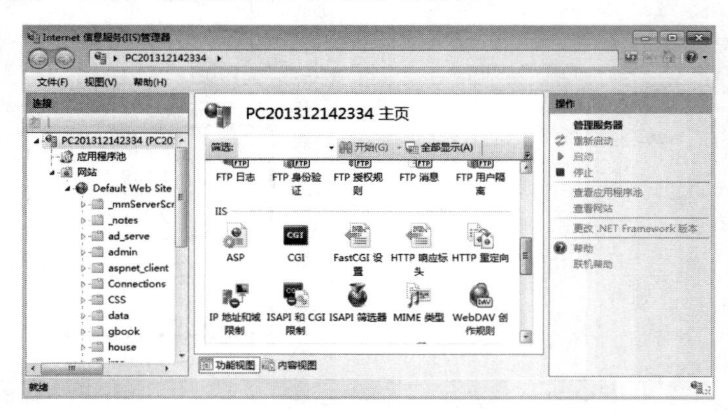

图 3-25　网站相关界面

（8）单击“操作”窗格中的“基本设置”超链接，如图 3-26 所示。

（9）在弹出的对话框中单击 按钮，选择“新建文件夹”，如图 3-27 和图 3-28 所示，得到如图 3-29 所示的效果。

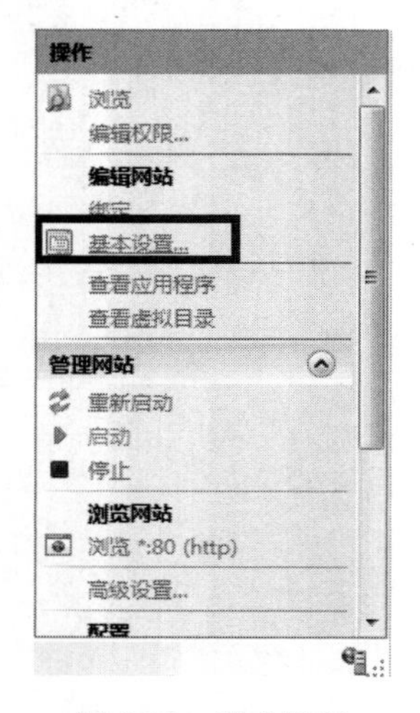

图 3-26　基本设置

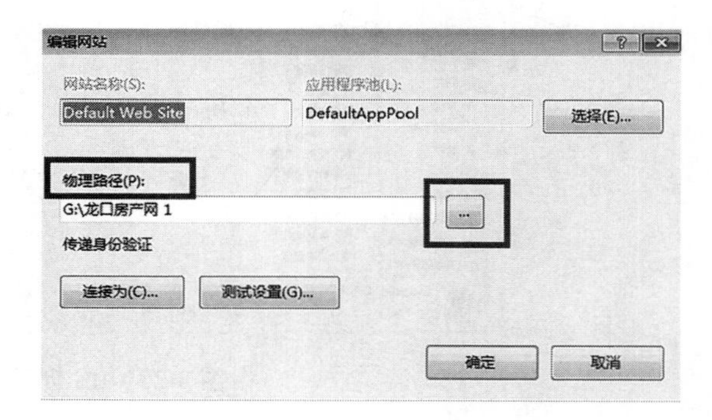

图 3-27　选择路径

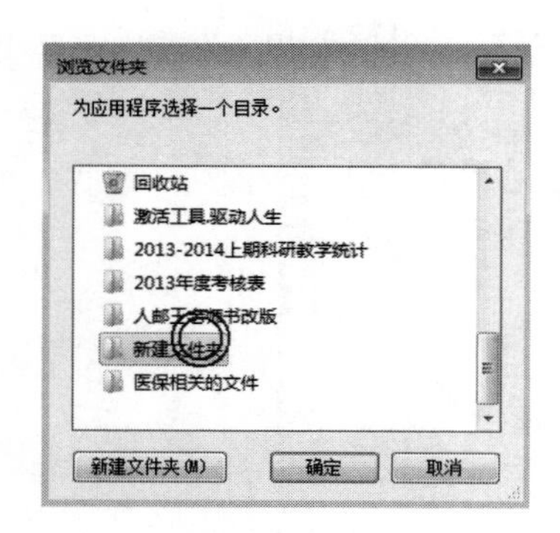

图 3-28　选择文件夹

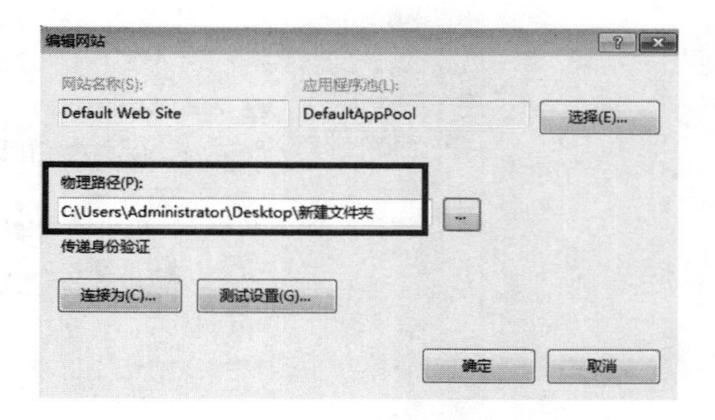

图 3-29　设置成功后的路径

（10）在“ASP”选项上右击，选择“打开功能”选项，如图 3-30 所示。

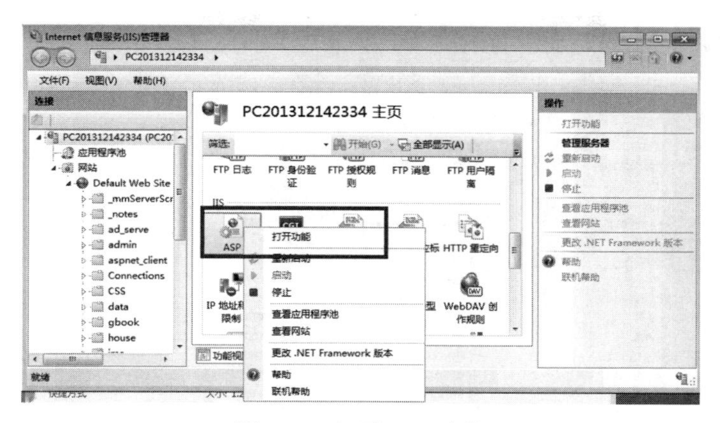

图 3-30 打开 ASP 功能

（11）“启用父路径”和“将错误发送到浏览器”都选择 True，如图 3-31 和图 3-32 所示。

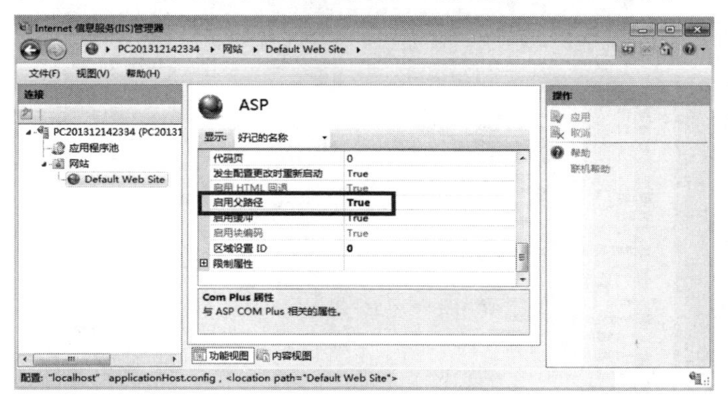

图 3-31 启用父路径

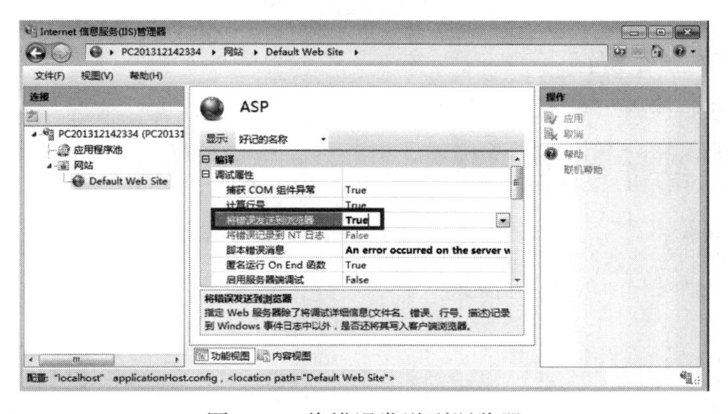

图 3-32 将错误发送到浏览器

3.3 ODBC 数据源

下面来学习开放数据库连接（Open Database Connectivity，ODBC）的配置。

（1）在计算机中打开控制面板窗口。

（2）选择“管理工具”选项并打开，如图 3-33 所示。

（3）在“管理工具”窗口中选择“数据源 ODBC”选项，如图 3-34 所示。

图 3-33　管理工具

图 3-34　选择“数据源 ODBC”选项

（4）进入如图 3-35 的界面。

（5）选择“系统 DSN”选项卡，如图 3-36 所示。

图 3-35　ODBC 数据源管理器

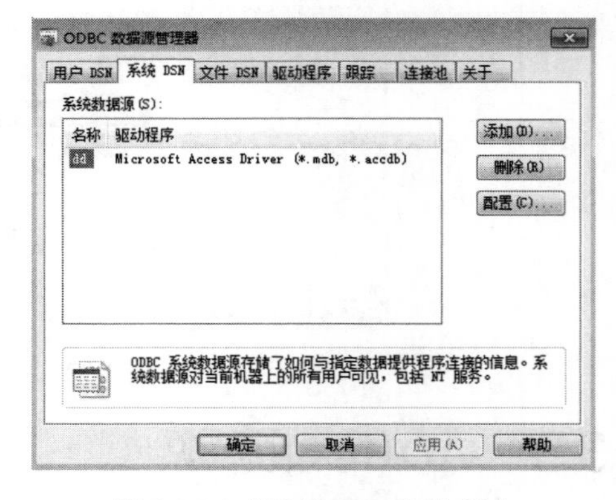

图 3-36　“系统 DSN”选项卡

（6）单击“添加”按钮，就会弹出如图 3-37 所示的对话框，选择如图 3-37 所示的选项，单击“完成”按钮。

（7）弹出如图 3-38 所示的“ODBC Microsoft Access 安装”对话框。

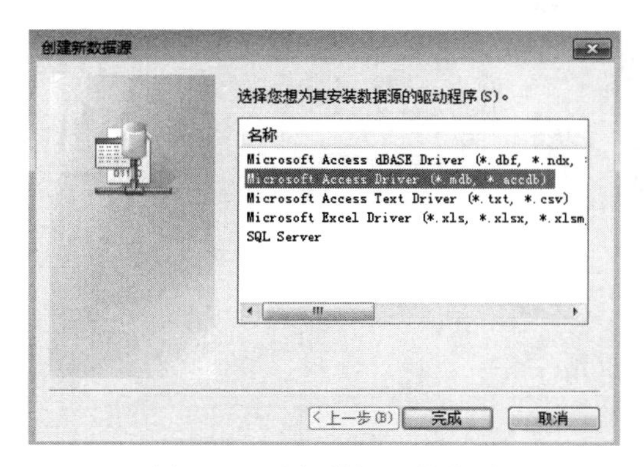

图 3-37　选择数据源的类型

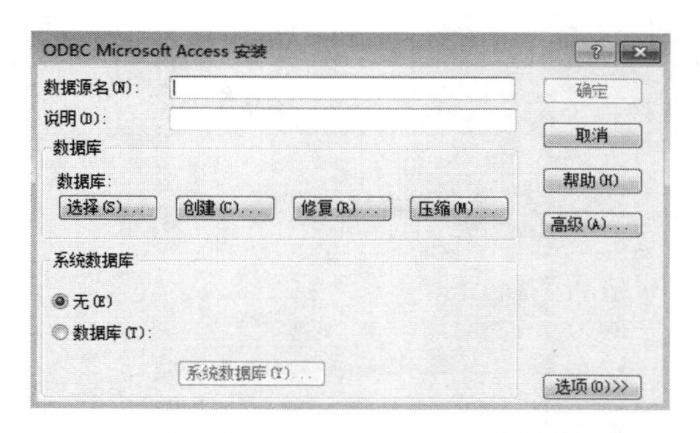

图 3-38　“ODBC Microsoft Access 安装”对话框

（8）在“数据源名”文本框中输入“db”，如图 3-39 所示。

（9）单击“选择”按钮，弹出如图 3-40 的“选择数据库”对话框。

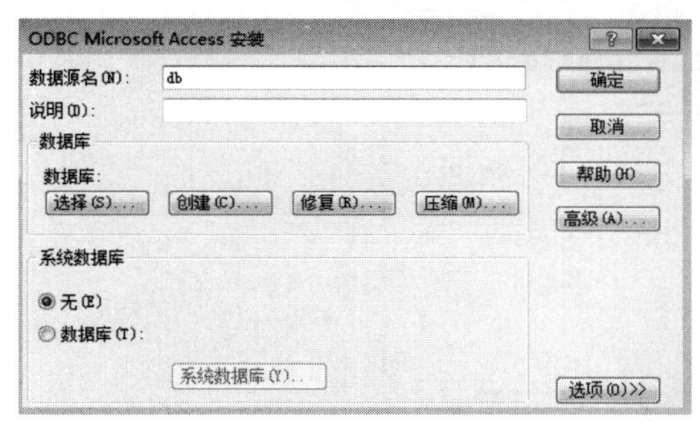

图 3-39　输入数据源名

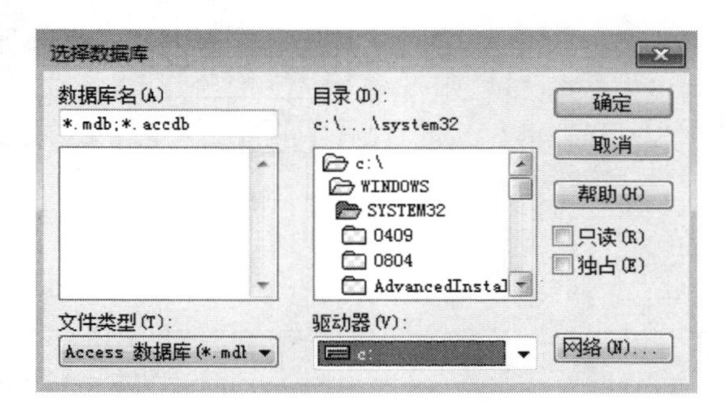

图 3-40　选择数据库

（10）找到数据库的位置，并选择这个数据库，如图 3-41 所示。

（11）选择成功后会进入如图 3-42 所示的界面。

图 3-41　选择数据库的路径

图 3-42　成功选择后的数据库路径

注意

如果弹出了如图 3-43 所示的对话框，则说明 Access 未关闭，按图 3-44 所示的方法关闭 Access 即可。

图 3-43　未关闭 Access 的结果

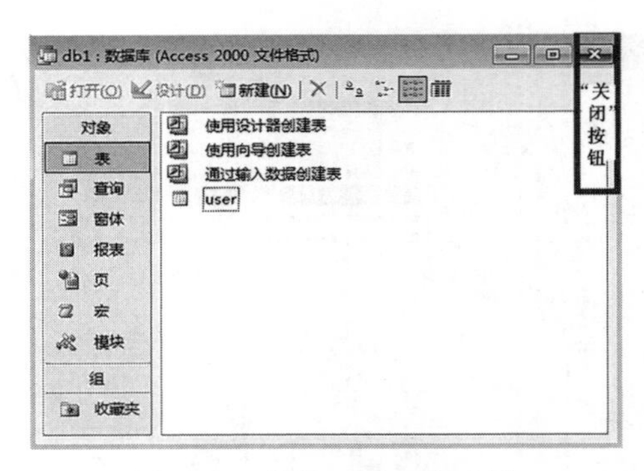

图 3-44　关闭 Access 的方法

（12）成功后会进入如图 3-45 所示的界面。

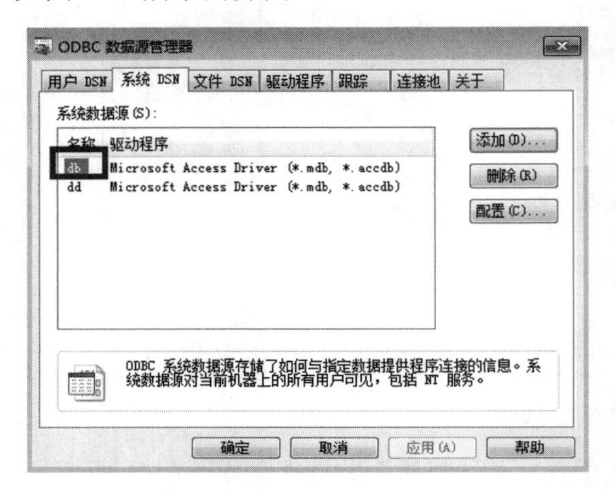

图 3-45　添加成功的系统数据源

3.4　Dreamweaver CS6 的安装

现在来学习 Dreamweaver 的安装，先提前准备好安装包。

（1）双击安装包进行安装，如图 3-46 所示。

图 3-46　选择安装包

（2）此时系统会询问是否运行，单击“运行”按钮，如图 3-47 所示。

（3）选择解压的路径，这里一般使用默认路径即可，如图 3-48 所示。

（4）等待解压完成，如图 3-49 所示。

（5）解压完成后会进入如图 3-50 所示的界面，表明安装成功。这里可以输入序列号，若无序列号，则可以选择“试用”选项。

图 3-47　确定进行文件

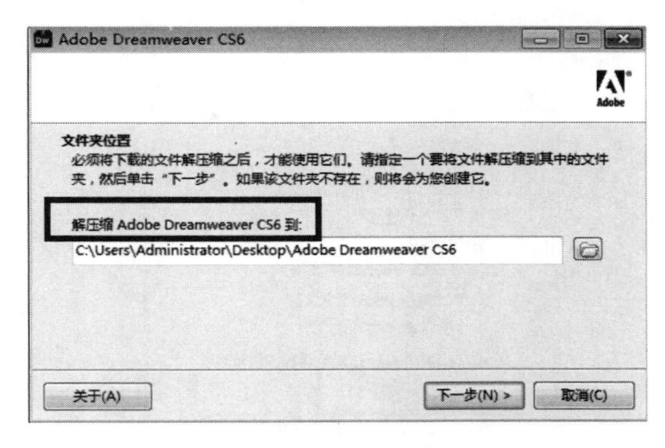

图 3-48　解压路径的选择

图 3-49　等待解压完成

图 3-50　欢迎界面

（6）进入 Adobe 软件许可协议界面，单击“接受”按钮，如图 3-51 所示。

（7）选择安装的路径，单击“安装”按钮，开始安装，如图 3-52～图 3-54 所示。

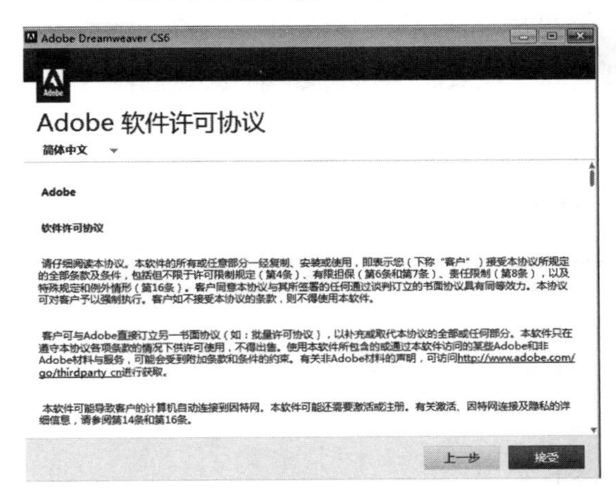

图 3-51　同意许可协议

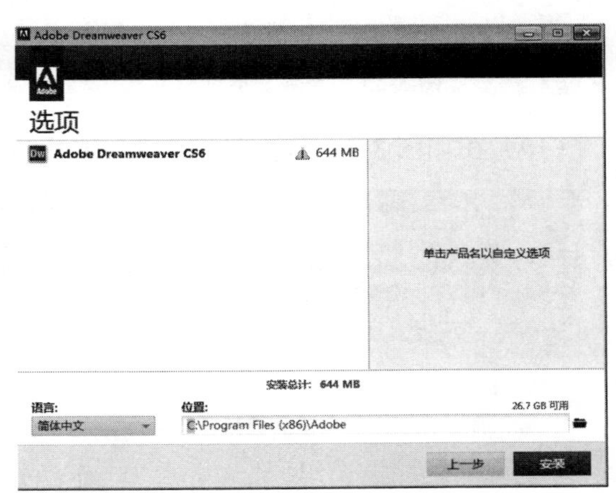

图 3-52　设置安装路径

图 3-53　浏览并选择合适的安装路径

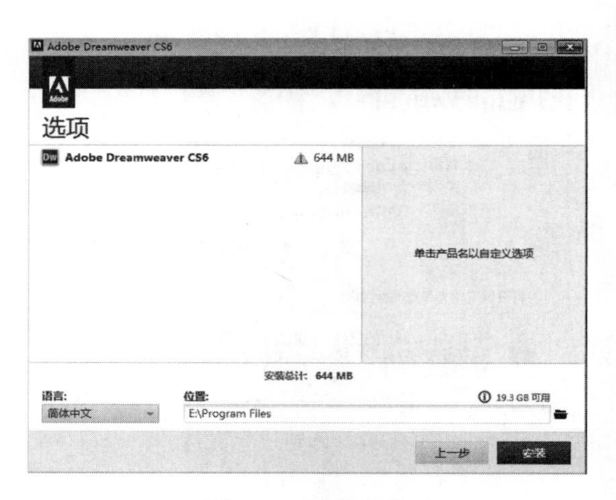

图 3-54　确定安装

（8）进入安装界面，如图 3-55 所示。

（9）此时弹出如图 3-56 所示的“应用程序错误”对话框，这是很正常的，关闭此对话框即可。

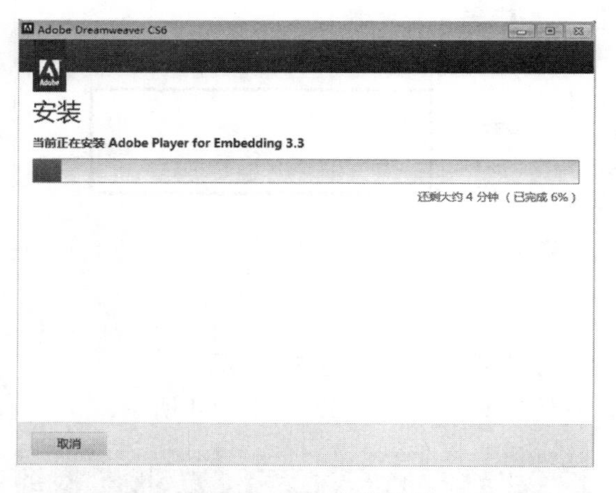

图 3-55　等待安装过程

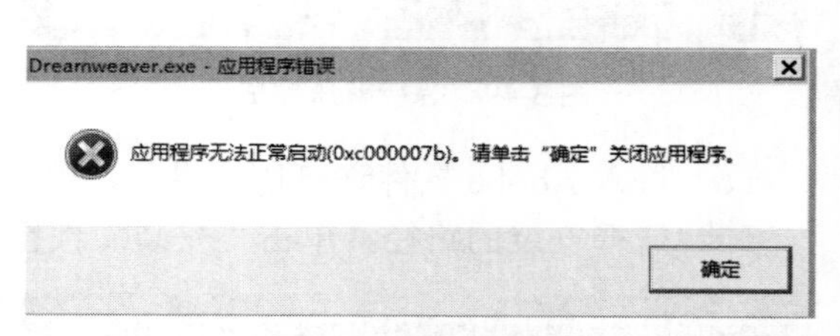

图 3-56　“应用程序错误”对话框

（10）在如图 3-57 所示的位置找到破解补丁并进行安装。

图 3-57　安装补丁

（11）弹出“默认编辑器”对话框，选择支持的格式和默认编辑器，如图 3-58 和图 3-59 所示。

（12）打开 Dreamweaver，此时会进入如图 3-60 所示的界面。

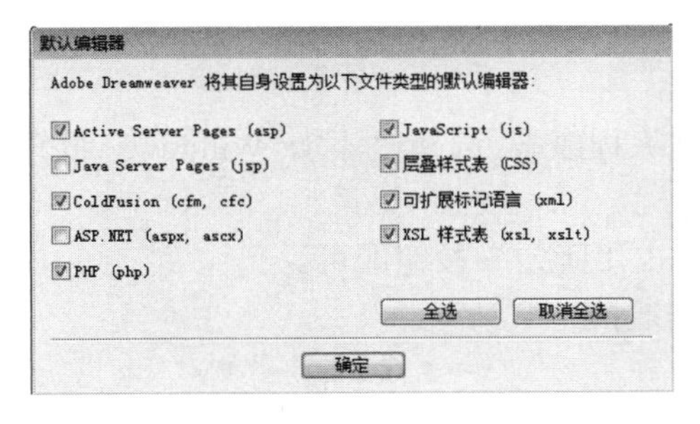

图 3-58 选择支持的格式

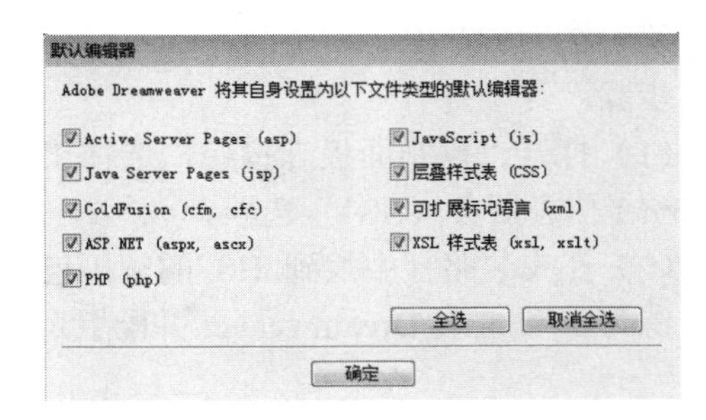

图 3-59 选择默认编辑器

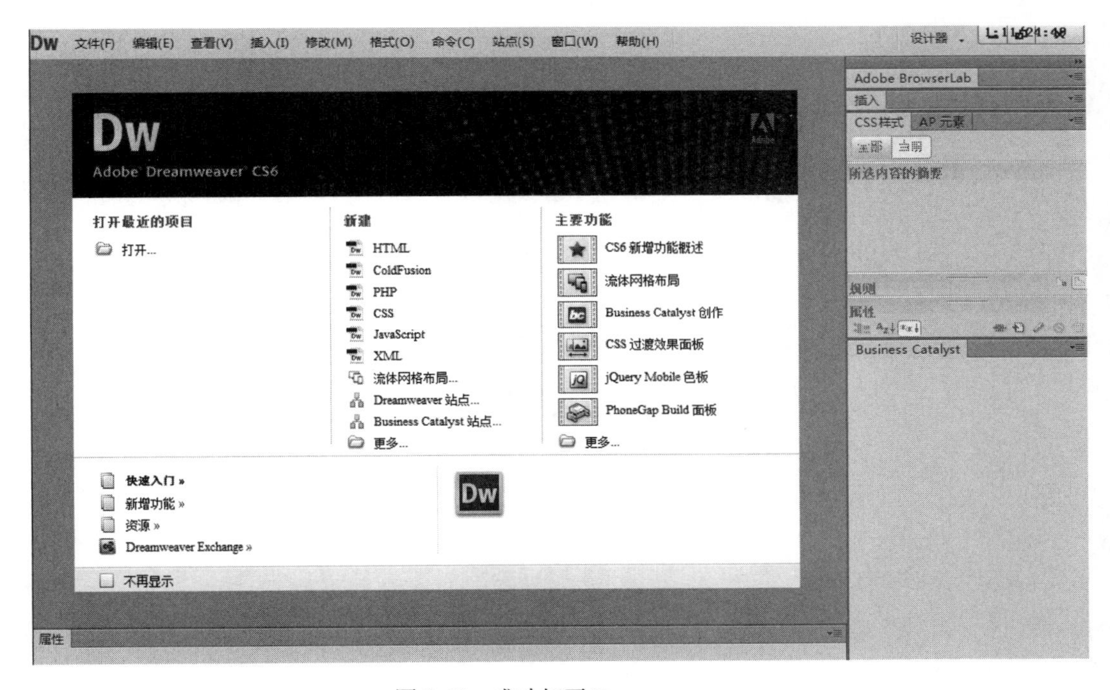

图 3-60 成功打开 Dreamweaver

本章小结

本章主要介绍了网站开发环境的搭建，如 IIS 的安装、Dreamweaver 的安装、数据库的创建及数据库表的创建，还简单介绍了 ODBC 的配置及 Dreamweaver 中数据的连接。

上机实习 3

练习 1：安装 Access。

1. 安装 Access 数据库（Office 2003 版）。
2. 启动 Access 数据库，在其中建立一个数据库，创建用户表 user，并设置几个与用户相关的字段，选择好字段类型，再建立一个新闻表 news，建立几个字段，并设置字段类型。

练习 2：安装 IIS。

步骤：

（1）打开“控制面板”窗口，选择“添加或删除程序”，选择“添加 Windows 组件”→“Internet 信息服务（IIS）”选项。

（2）在安装路径中找到 IIS 的解压包，依次单击“确定”按钮即可。

练习 3 ：安装 Dreamweaver 并配置及测试数据连接。

站点配置及数据显示

本章主要介绍通过 Dreamweaver 建立站点并配置网站测试环境，另外还介绍通过 Dreamweaver 建立网页，连接数据库、建立记录集、插入数据，实现数据读取显示的过程，这是设计一个网页页面的全过程，后面的项目会详细介绍网站设计其他功能的实现方法。

学习目标

【知识能力目标】

1. 了解建立和配置站点的方法。
2. 了解 Dreamweaver 新建网页的方法。
3. 了解 Dreamweaver 中连接数据库的方法。
4. 熟悉建立记录集的方法。
5. 了解 Dreamweaver 插入数据的方法。
6. 掌握 Dreamweaver 建立和配置站点的技巧。
7. 掌握 Dreamweaver 建立网页后，连接数据库，创建记录集并插入记录，读取数据的操作方法。

【素养目标】

学习站点设计，当网页测试出现问题时，能仔细认真检查、学会使用网络等多种信息技术工具查找故障原因并排除故障。养成遇事不慌乱、沉着冷静的工作风格。

注意加强网站和计算机的安全设置，树立网络安全意识。

4.1 建立站点

下面来学习站点的建立

（1）打开已安装好的 Dreamweaver。

（2）选择“站点”→“新建站点”选项，如图 4-1 所示。

（3）在弹出的对话框中单击按钮，选择之前的站点，如图 4-2～图 4-4 所示。

（4）选择完成后如图 4-5 所示，这表示站点建立成功。

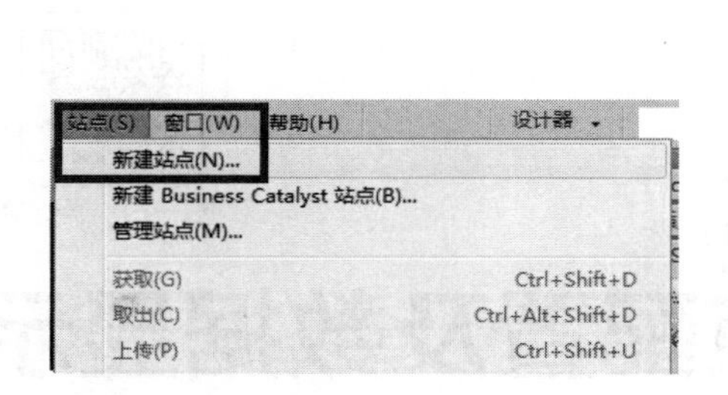

图 4-1 新建站点

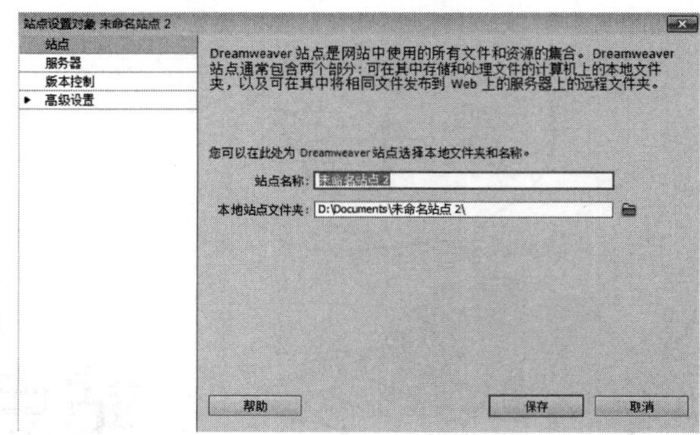

图 4-2 编辑新建站点的名称

图 4-3 选择根文件夹

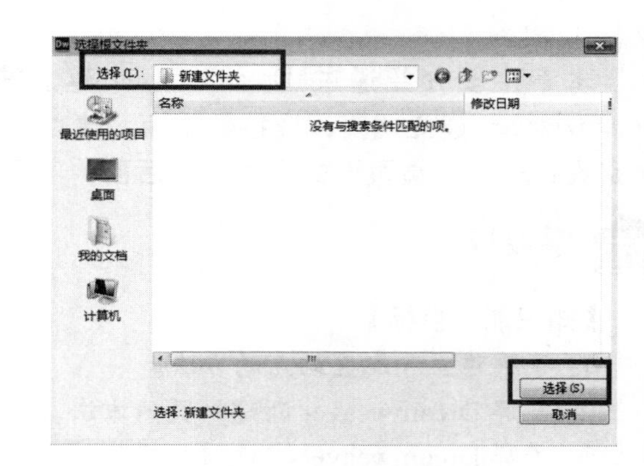

图 4-4 确认选择

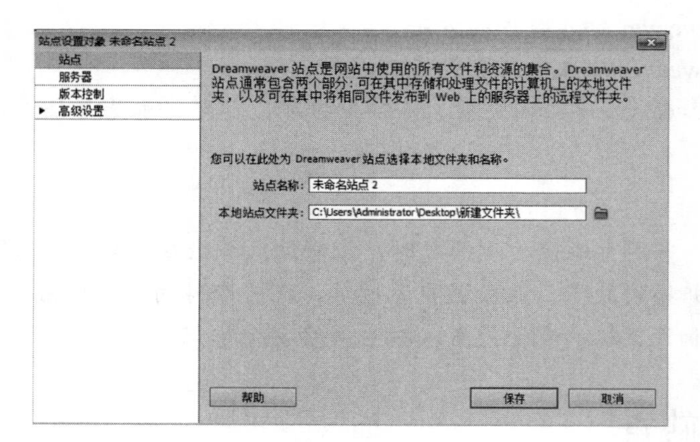

图 4-5 完成站点的建立

4.2 配置站点

接下来学习如何配置站点。

（1）在站点设置对象对话框中，选择“服务器”选项卡，单击按钮，进入服务器设置界面，如图 4-6 所示。

（2）选择“高级”选项卡，进入高级设置界面，在“服务器模型”下拉列表中选择“ASP VBScript”选项，如图 4-7 所示。

（3）选择“基本”选项卡，进入如图 4-8 所示的界面，在“连接方式”下拉列表中选择“本地/网络”选项。

（4）单击按钮，选择服务器文件夹，如图 4-9 所示。

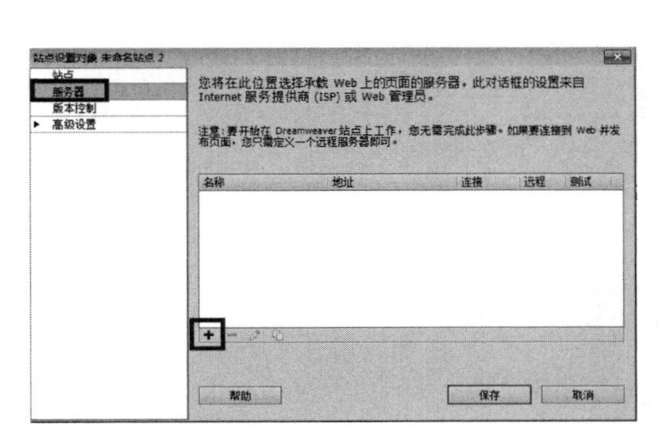

图 4-6　服务器设置界面

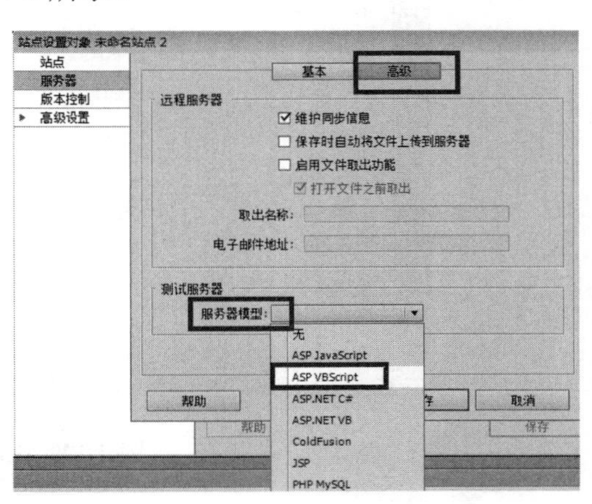

图 4-7　高级设置

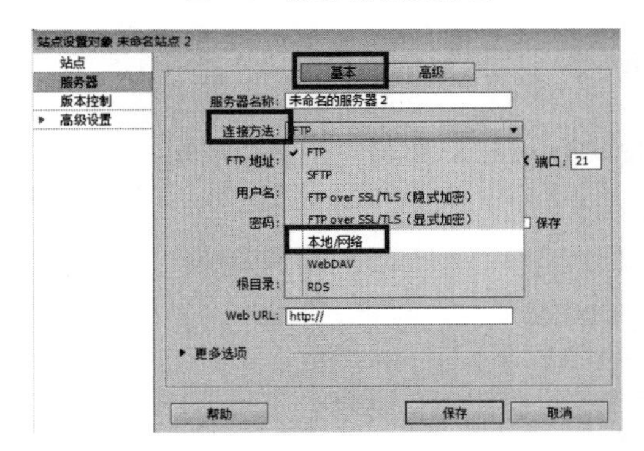

图 4-8　连接方法的选择

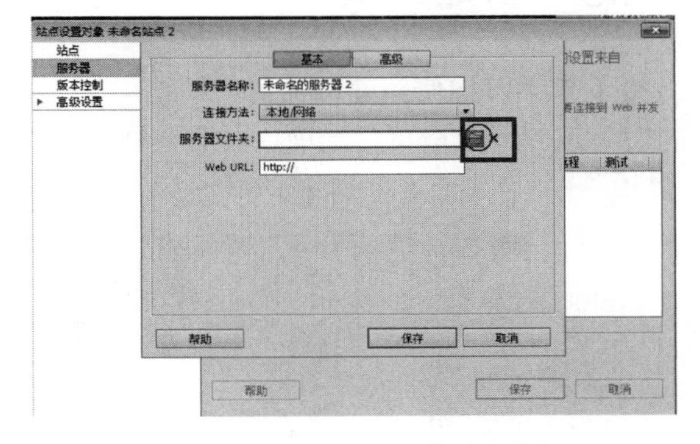

图 4-9　服务器文件夹的选择

（5）如之前一样，选择“新建文件夹”，如图 4-10 所示。

（6）单击“保存”按钮，可发现“服务器”选项卡中出现了一个未命名的服务器，这表示建立服务器成功了，如图 4-11 所示。

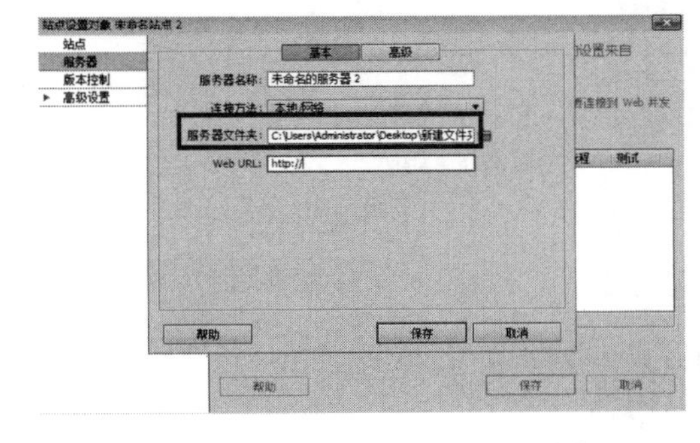

图 4-10　确认服务器文件夹的选择

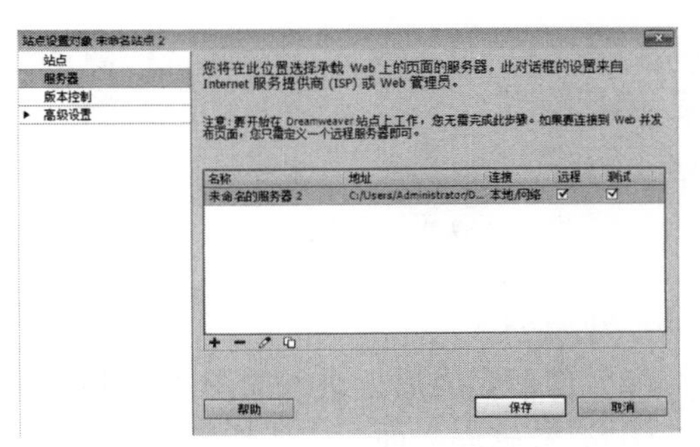

图 4-11　成功建立服务器

（7）单击“保存”按钮，进入如图 4-12 所示的界面。

图 4-12　Dreamweaver 初始界面

4.3　新建网页

接下来学习如何新建网页。

（1）选择“空白页”选项，页面类型选择“ASP VBScript”，单击“创建”按钮，如图 4-13 所示。

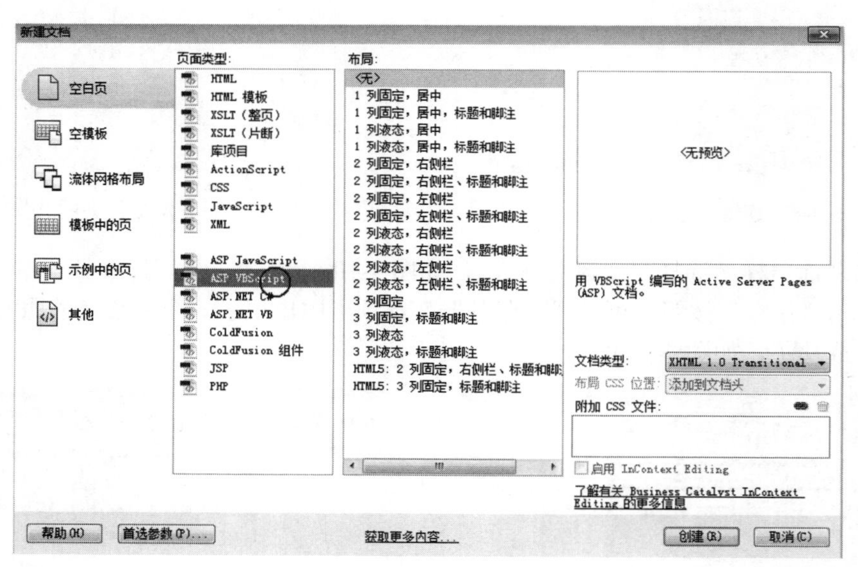

图 4-13　新建网页

（2）创建完成后会进入如图 4-14 所示的界面，表明网页创建成功。

（3）“数据库”面板中应如图 4-15 所示，有勾选标记。

（4）保存网页，如图 4-16 所示。

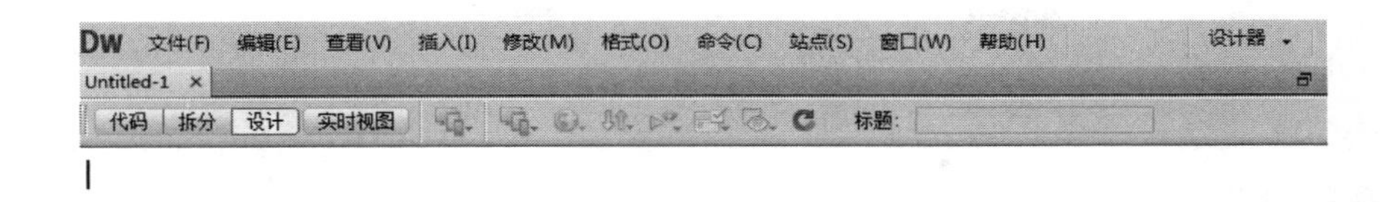

图 4-14　新建网页完成

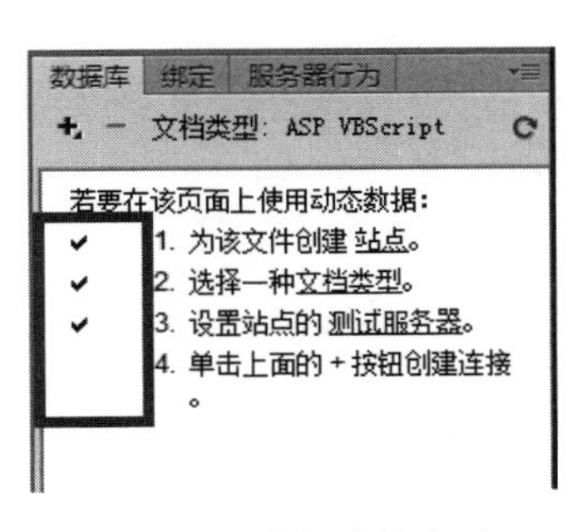

图 4-15　数据库的表示

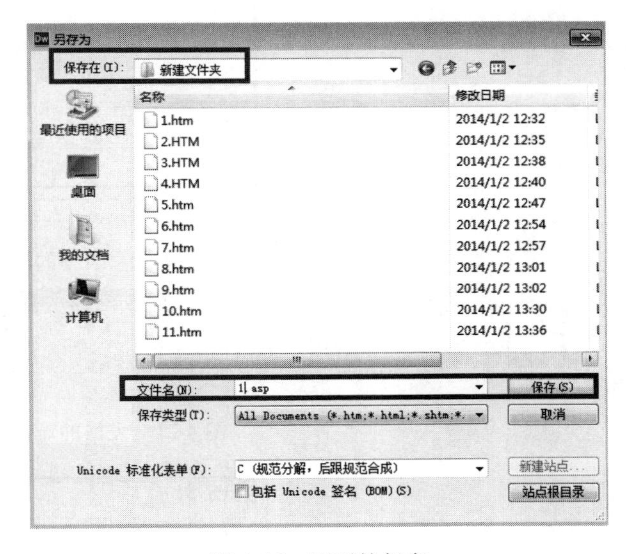

图 4-16　网页的保存

（5）选择“插入”→“表格”选项，如图 4-17 所示。

（6）设定表格参数，具体参数如图 4-18 所示。

（7）单击“确定”按钮后得到表格，如图 4-19 所示，调整表格，如图 4-20 所示。

（8）选择对齐为居中对齐，输入数据，如图 4-21 和图 4-22 所示。

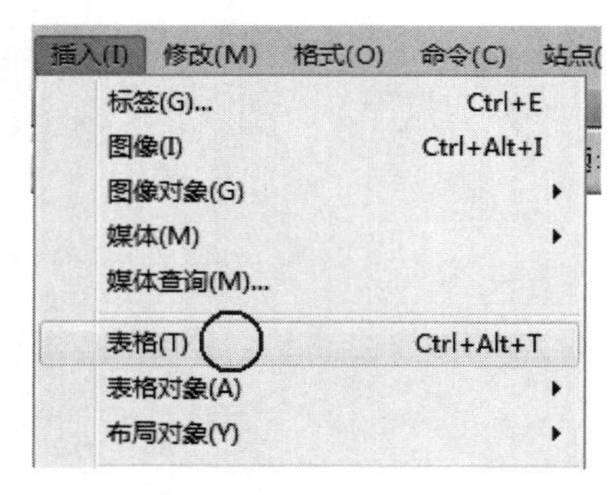

图 4-17　表格的新建

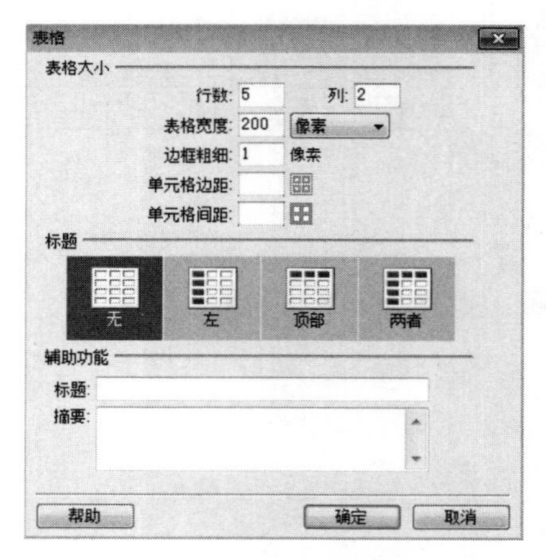

图 4-18　表格参数的设定

图 4-19　得到的表格

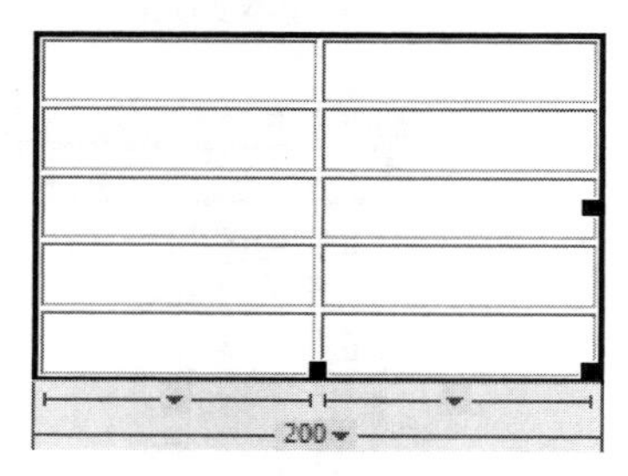

图 4-20　表格的调整

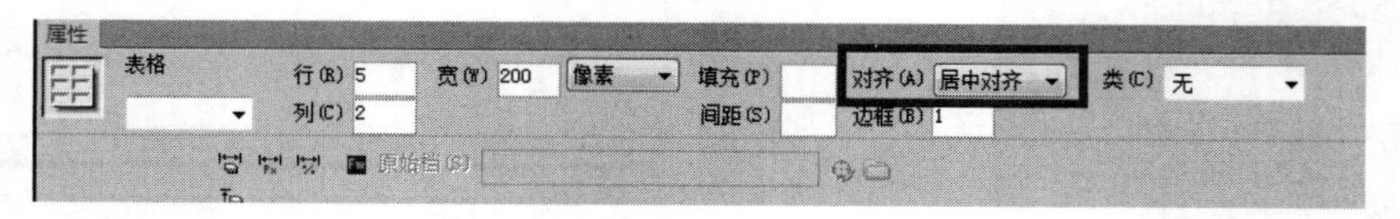

图 4-21　表格的对齐方式

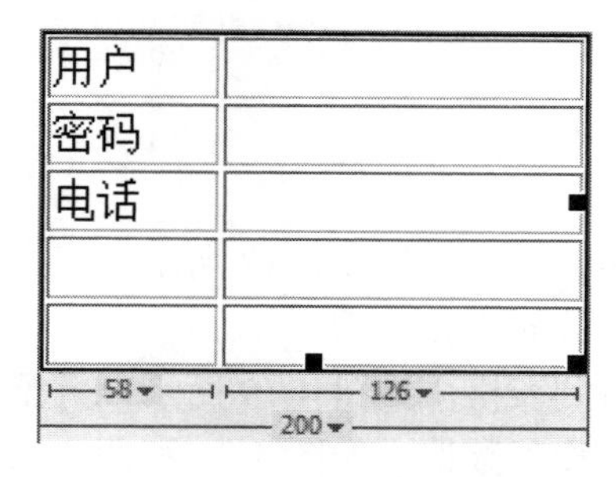

图 4-22　表格中内容的输入

4.4　连接数据库

接下来学习如何连接到数据库。

（1）单击 按钮，选择“自定义连接字符串”和“数据源名称（DSN）”选项，如图 4-23 所示。

（2）在弹出的“数据源名称（DSN）”对话框中设定数据源名称为“dd”，如图 4-24 所示。

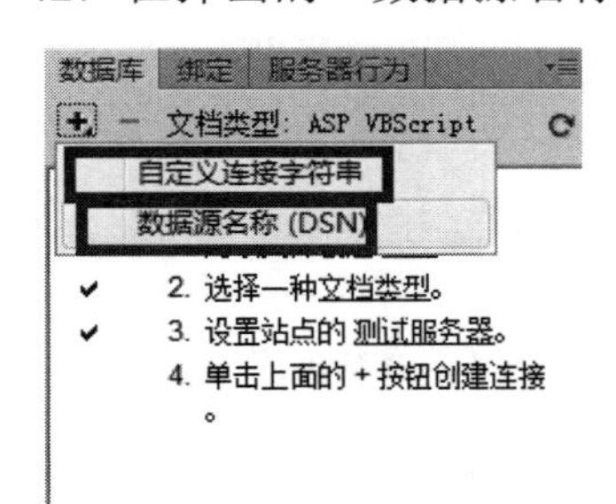

图 4-23　数据库的连接

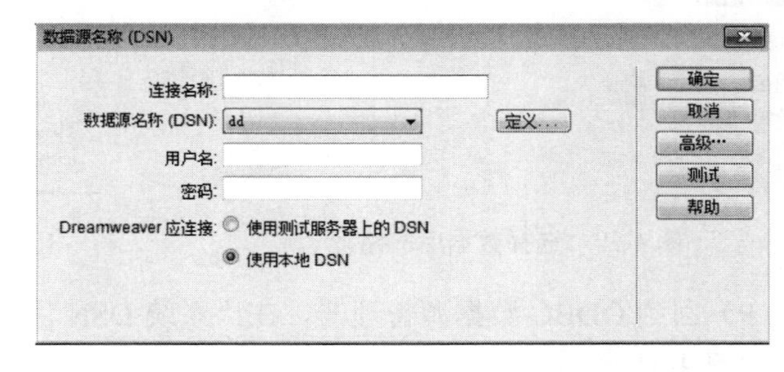

图 4-24　“数据源名称（DSN）”对话框

（3）进行 ODBC 的设定，如图 4-25 所示。

（4）选择“系统 DSN”选项卡，如图 4-26 所示。

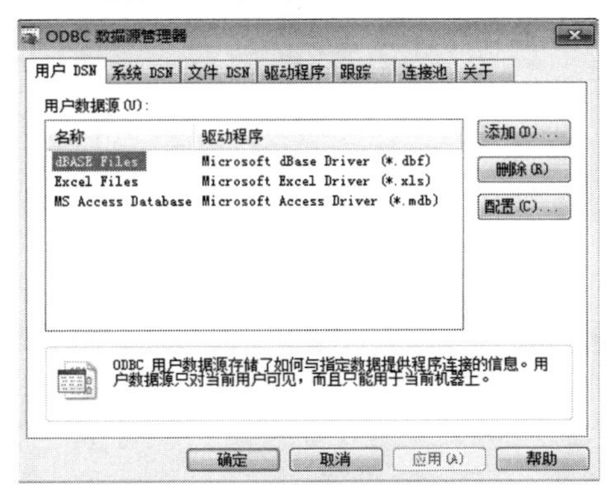

图 4-25　ODBC 的设定

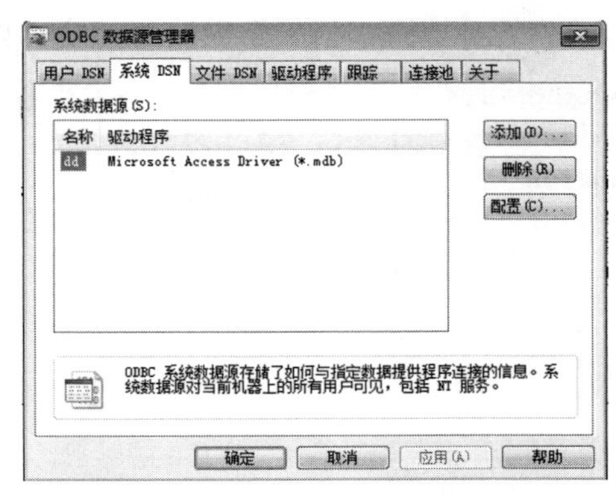

图 4-26　“系统 DSN”选项卡

（5）单击“添加”按钮，选择如图 4-27 所示的选项，单击“完成”按钮。

（6）进入如图 4-28 所示的界面。

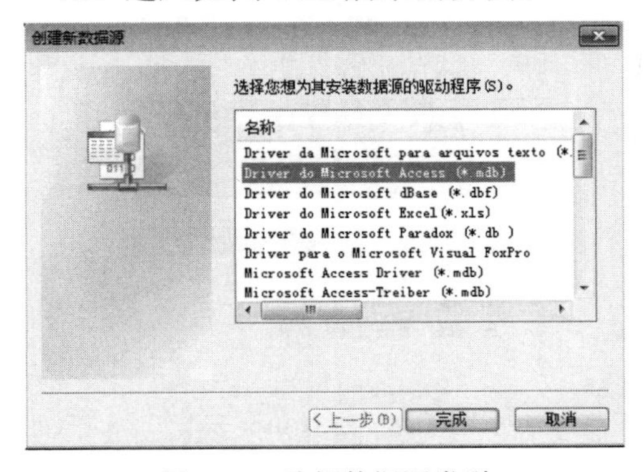

图 4-27　选择数据源类型

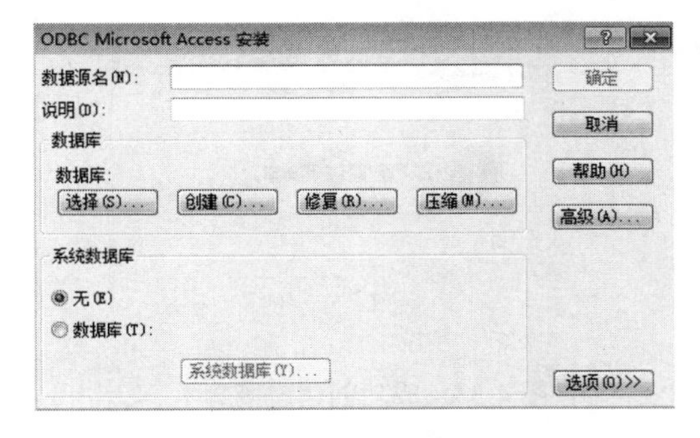

图 4-28　数据源的选择

（7）单击“选择”按钮，画面如图4-29所示，在图4-29中输入数据源名。

（8）选择“新建文件夹”中的数据库，如图4-30所示。

图4-29　选择数据库的路径

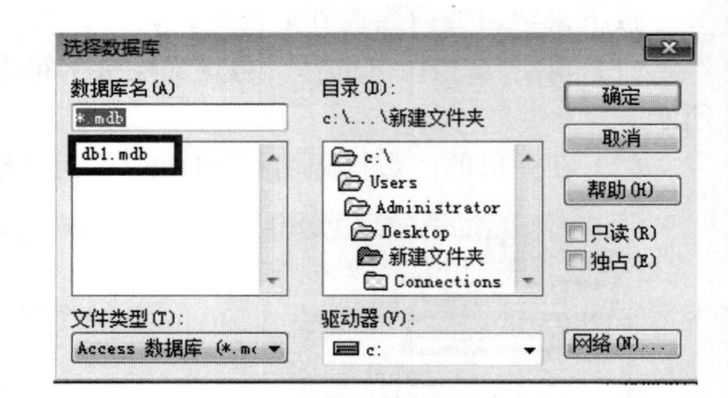

图4-30　成功选择数据库的路径

（9）回到ODBC数据源管理器，在“系统DSN”选项卡中可以看到ODBC中数据库的名称，如图4-31所示。

（10）在Dreamweaver中，单击“数据库”面板中的“+”按钮，选择“数据源名称（DSN）”选项，在弹出的对话框中，输入数据源名称，如图4-32所示，如果正确就会进入如图4-33所示的界面。

（11）选择“脚本编制”中的user表，如图4-34所示。

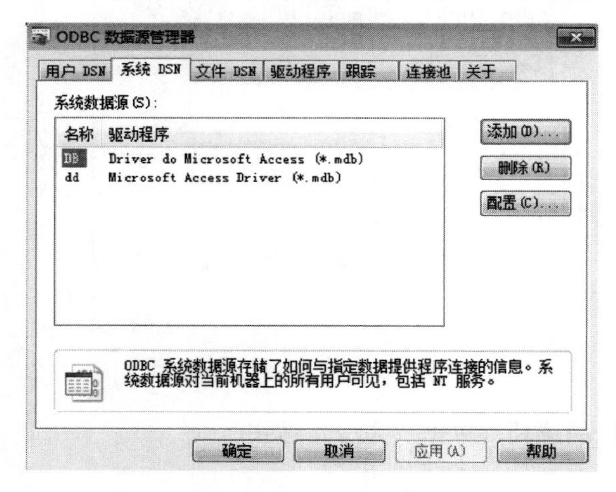

图4-31　ODBC配置成功

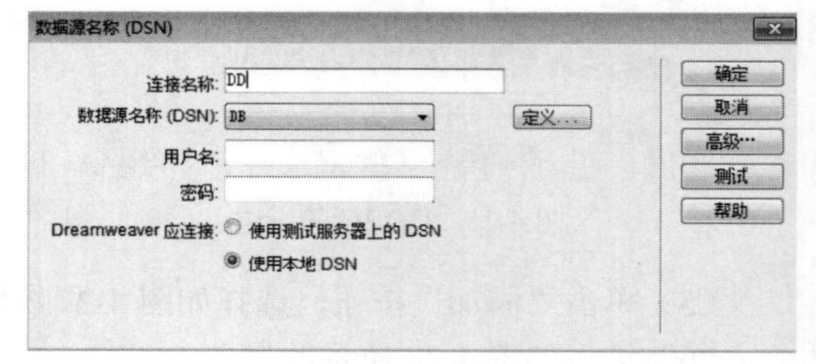

图4-32　输入数据源名称

图4-33　成功创建连接脚本

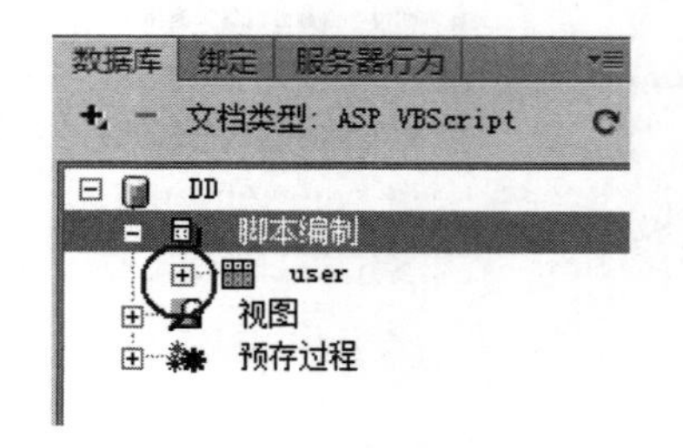

图4-34　选择user表

（12）展开此表会发现如图 4-35 所示的数据表字段。

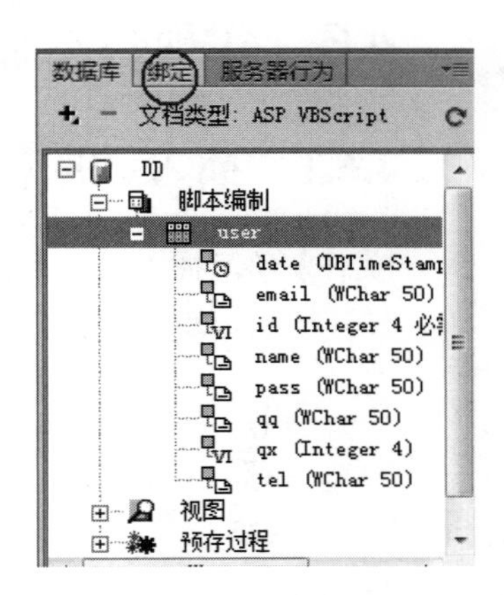

图 4-35　数据表字段

4.5　建立记录集

现在来学习如何建立记录集。

（1）在“绑定”面板中单击“+”按钮，选择“记录集（查询）”选项，如图 4-36 所示。

（2）弹出“记录集”对话框，进行如图 4-37 的设定，单击“确定”按钮。

（3）此时，会发现“绑定”面板中已经出现了一个记录集，如图 4-38 所示。

（4）展开记录集，选中“name”节点，单击“插入”按钮即可，如图 4-39 所示。

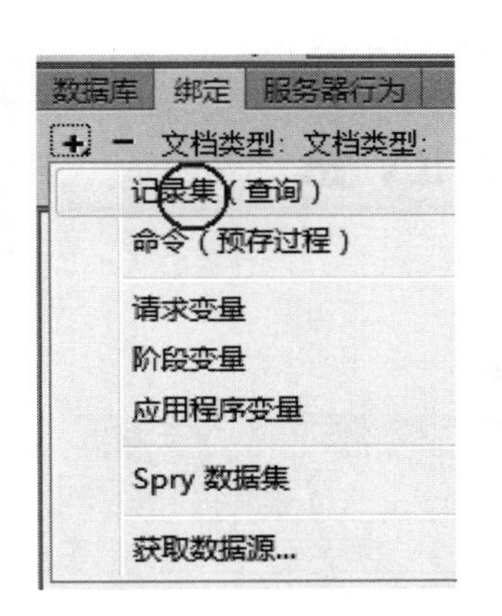

图 4-36　绑定记录集

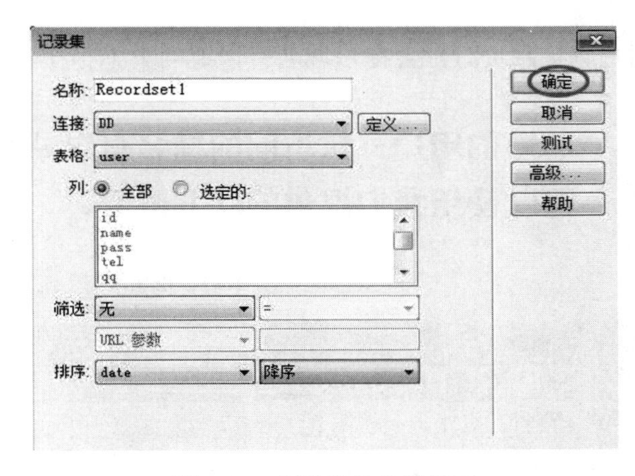

图 4-37　记录集的参数设定

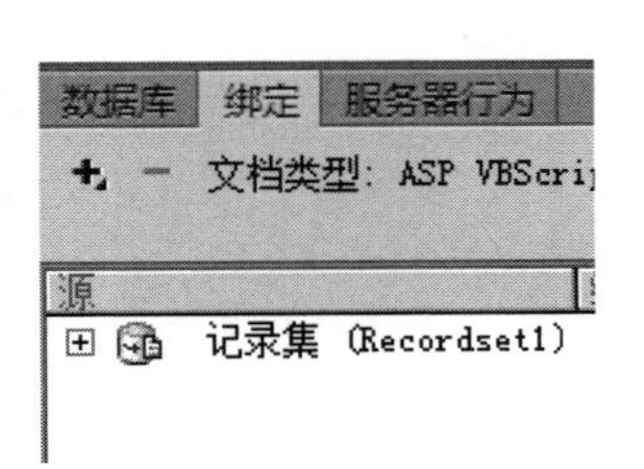

图 4-38　成功绑定记录集

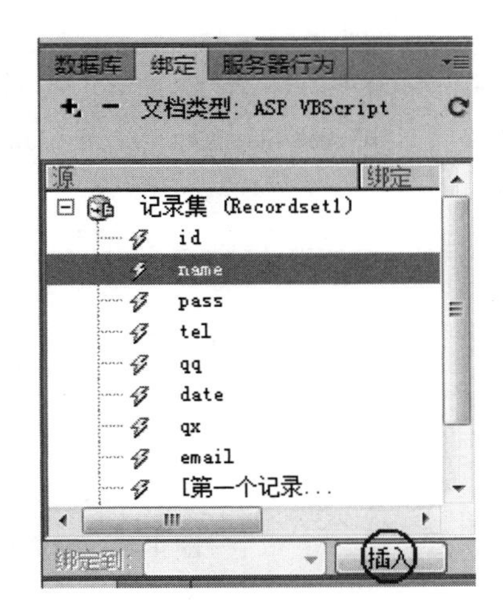

图 4-39　插入记录集

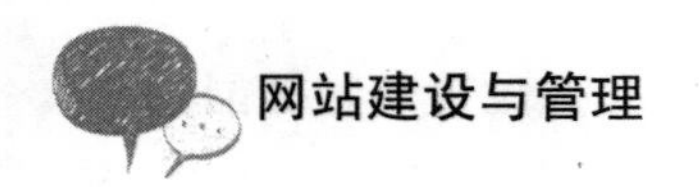

4.6 实现数据插入和显示

4.6.1 插入数据和测试

接下来学习插入数据和测试。

（1）插入记录集字段，如图 4-40 和图 4-41 所示。

用户	{Recordset1.name}
密码	
电话	

图 4-40　插入的记录集字段

用户	{Recordset1.name}
密码	{Recordset1.pass}
电话	{Recordset1.tel}

图 4-41　插入完成

（2）用户浏览网页时，会提示域名有误或网页不存在，如图 4-42～图 4-44 所示。

尊敬的用户：您访问的域名有误或网页不存在，您可以使用我们提供的以下服务。

图 4-42　浏览失败

图 4-43　浏览网站

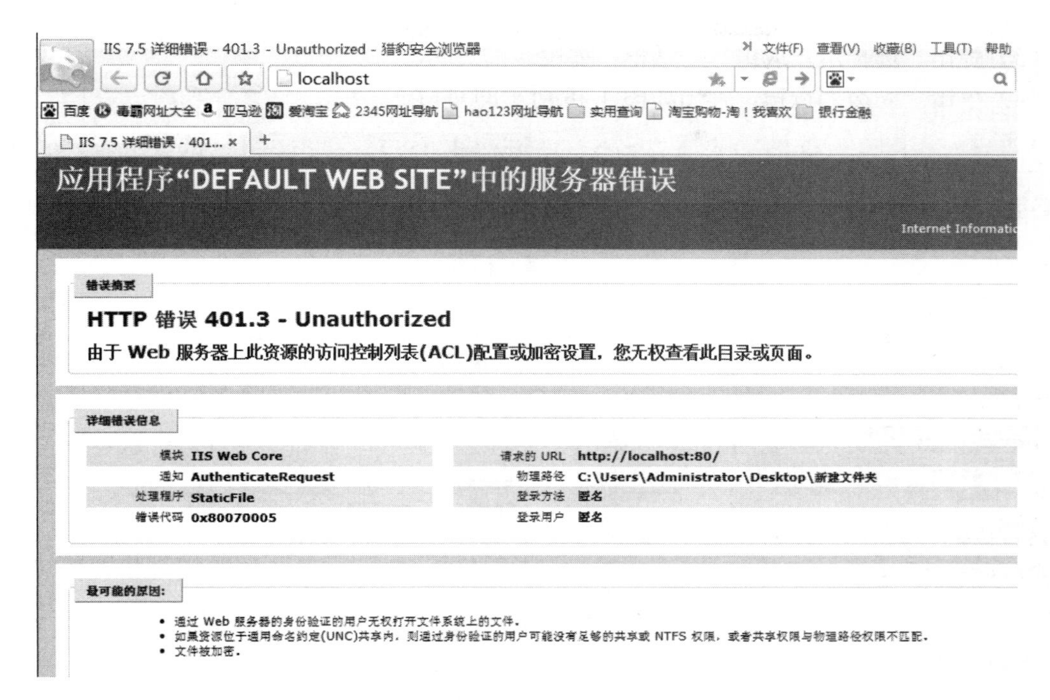

图 4-44　浏览网站失败

4.6.2　修改网站文件夹的权限

接下来要学习如何修改网络文件夹的权限。

（1）右击“新建文件夹”，选择“属性”选项，弹出其属性对话框，选择“安全”选项卡，如图 4-45 所示。

（2）单击“编辑”按钮，如图 4-46 所示。

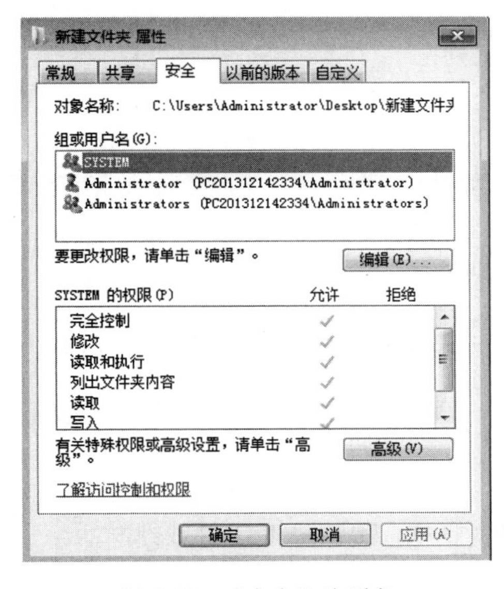

图 4-45　“安全”选项卡

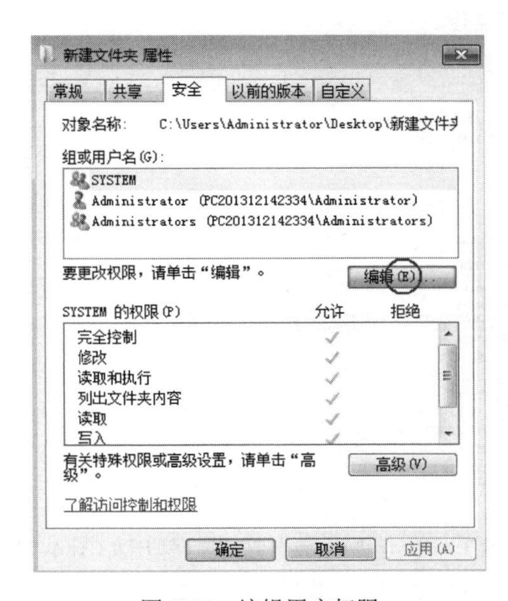

图 4-46　编辑用户权限

（3）弹出“选择用户或组”对话框，如图 4-47 所示。

（4）单击“高级”按钮，弹出如图 4-48 所示的对话框。

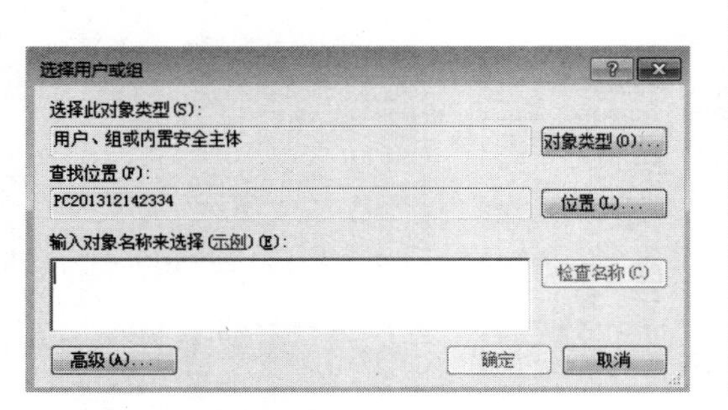

图 4-47 “选择用户或组”对话框

图 4-48 高级查找

（5）单击“立刻查找”按钮，会开始搜索，进入如图 4-49 所示的界面。

（6）选中 IIS_IUSKS 的账户，单击“确定”按钮，进入如图 4-50 所示的界面。

图 4-49 搜索结果

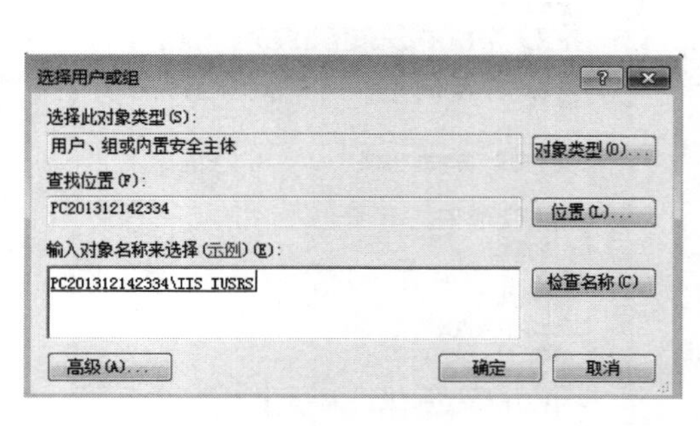

图 4-50 选择账户

（7）单击“确定”按钮，弹出如图 4-51 所示的对话框，按照图 4-51 进行设定。

（8）选中 IUSR 账户，如图 4-52 所示。

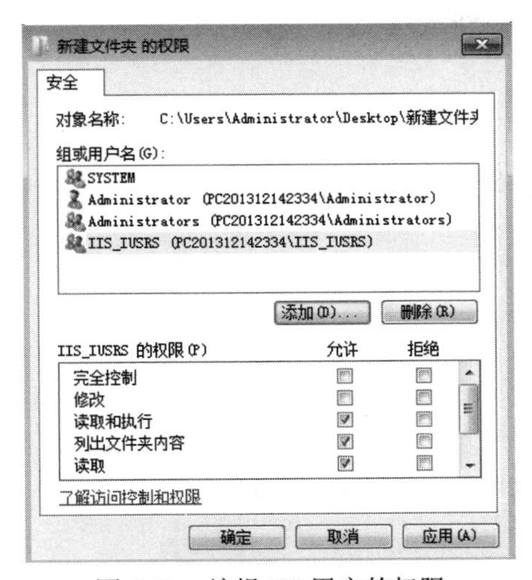

图 4-51 编辑 IIS 用户的权限

图 4-52 选中 IUSR 用户

（9）弹出错误信息，如图 4-53 所示。

（10）选中 Everyone 用户，如图 4-54 所示，单击“确定”按钮。

错误摘要

HTTP 错误 403.14 - Forbidden

Web 服务器被配置为不列出此目录的内容。

图 4-53 错误信息

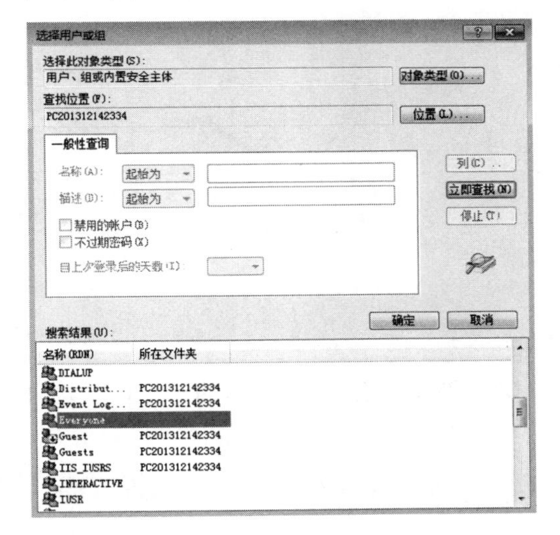

图 4-54 选中 Everyone 用户

（11）回到“选择用户或组”对话框，如图 4-55 所示，单击“确定”按钮。

（12）重新测试数据，结果如图 4-56 所示。

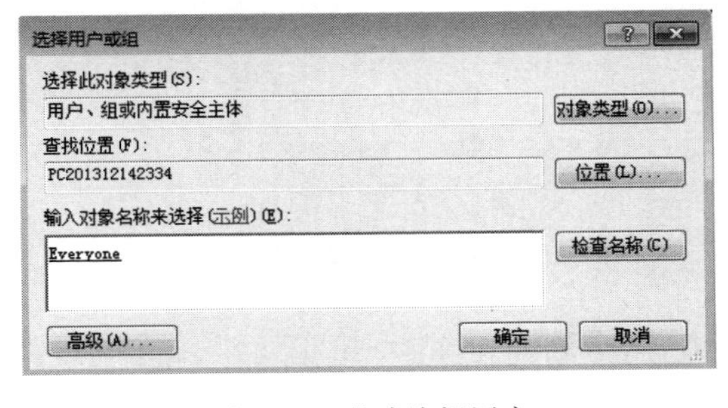

图 4-55 成功选择用户

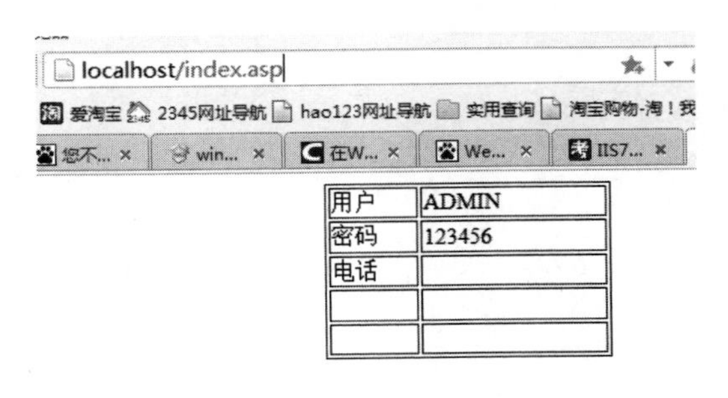

图 4-56 打开网站进行测试

4.6.3 修改站点的配置属性

下面来学习如何修改站点的属性。

（1）选中“站点”→“管理站点”选项，如图 4-57 所示。

图 4-57 管理站点

（2）弹出“管理站点”对话框，单击“编辑站点”按钮，如图 4-58 所示。

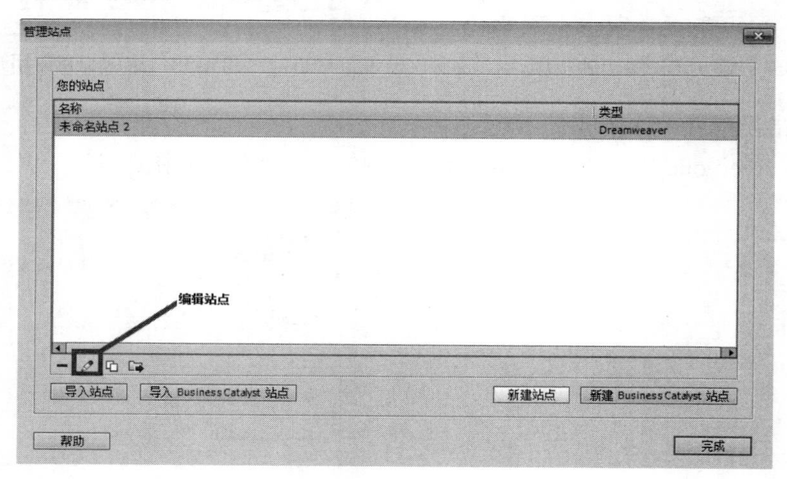

图 4-58 编辑站点

（3）弹出如图 4-59 所示的对话框，选择未命名服务器。

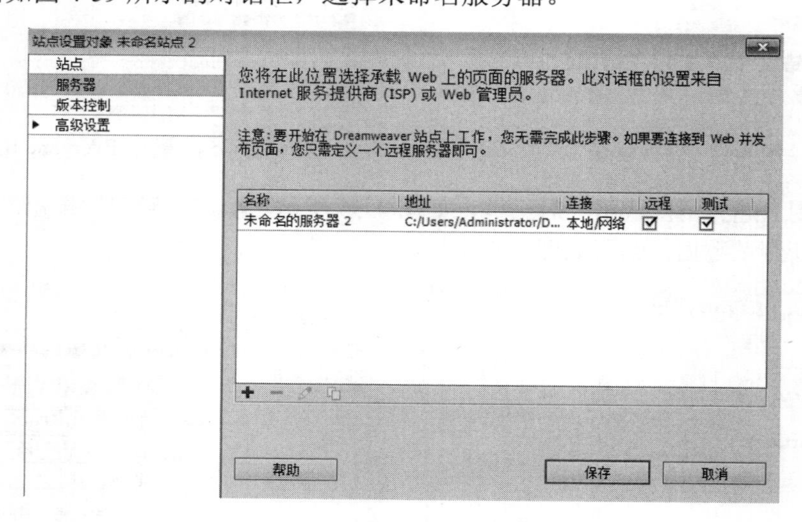

图 4-59 选择未命名服务器

（4）双击未命名的服务器 2，弹出如图 4-60 所示的对话框，进行如下设置。

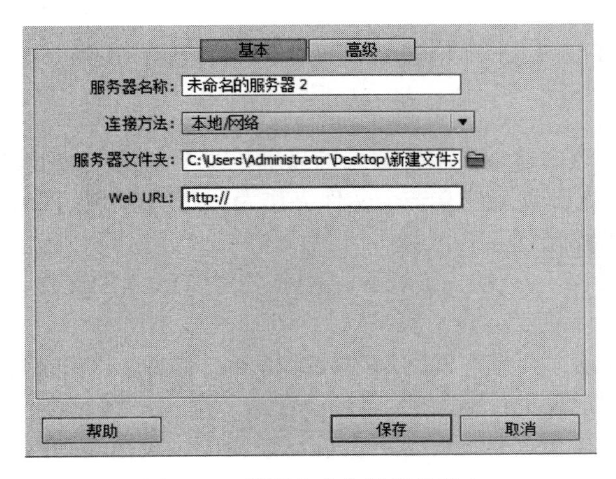

图 4-60　设置未命名的服务器 2

（5）选择“基本”选项卡，输入如图 4-61 所示的 Web URL，单击“保存”按钮。

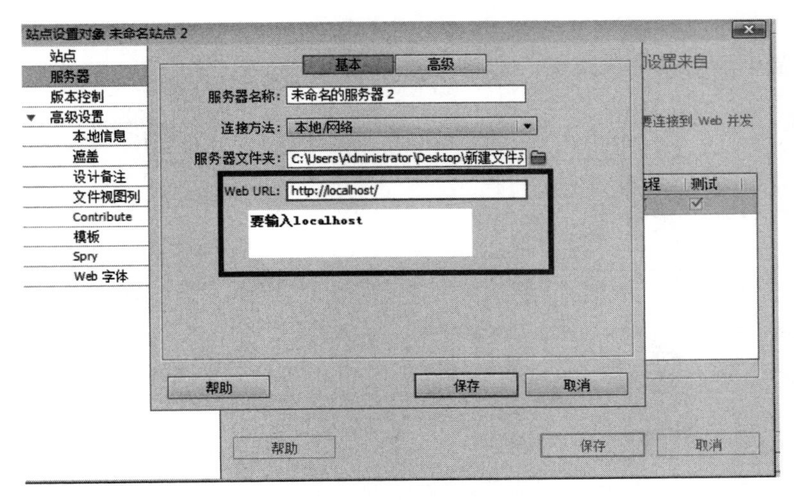

图 4-61　输入 Web URL

（6）单击按钮，选择“预览”在 liebao 选项，选择其他选项也可以，这里随意选择即可，如图 4-62 所示。

（7）再次测试浏览网页，显示如图 4-63 所示的效果，这说明配置成功了。

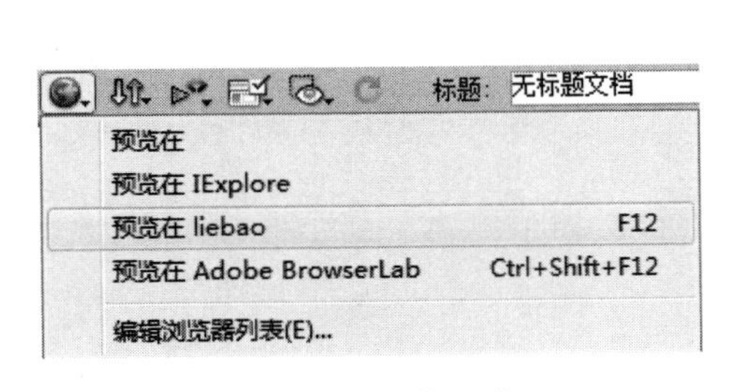

图 4-62　预览网站

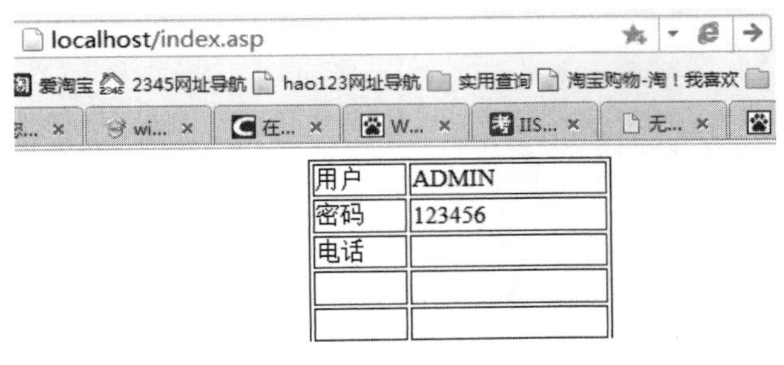

图 4-63　预览网址成功

 本章小结

本章介绍了网站站点的建立及网站数据的显示，主要知识点如下。

（1）网站的建立：在硬盘上建立一个文件夹作为网站的站点，同时，在 Dreamweaver 中建立一个新的站点，并进行配置。

（2）网站的数据连接：在 Dreamweaver 中需要进行数据的连接，可以通过 DSN 来进行连接。

（3）网站的数据显示：要想实现网站的数据显示，需要创建记录集，可通过 Dreamweaver 的“绑定”面板来添加记录集。

（4）实现数据显示：需要将记录集展开并将记录集的字段拖动到网页表格中才能显示数据。

 上机实习 4

制作留言簿中的显示留言页面，效果如图 4-64 所示。

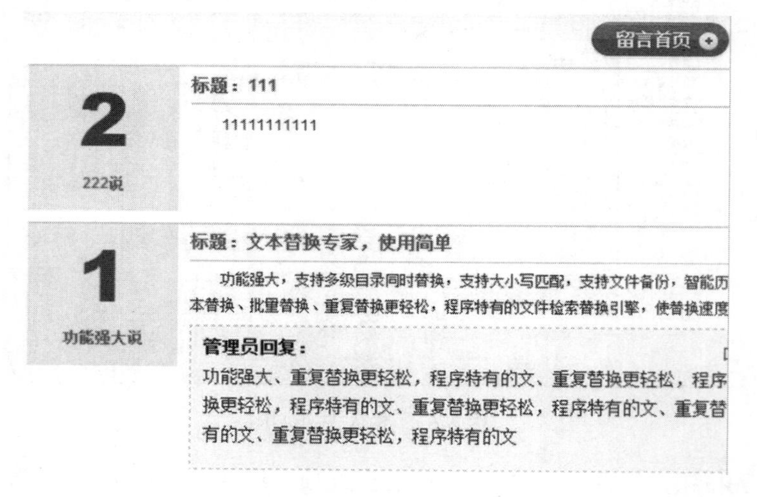

图 4-64　留言效果

数据的插入及显示

本章主要介绍网站基本功能的实现方法，如数据插入、判断用户重名、实现数据显示、数据的重复显示、数据的链接显示。本项目包括两个较大的任务:一是实现表单的数据插入，实现用户名重命名，实现数据插入后的显示，实现数据的多条显示和记录集分页；二是实现单击链接跳转到详情页，实现数据内容的详细展示。

 **学习目标**

【知识能力目标】

1. 掌握在 Dreamweaver 中插入表单的方法。
2. 掌握在 Dreamweaver 表单中建立表格的方法。
3. 掌握使用插入记录服务器行为的方法。
4. 掌握数据显示的方法。
5. 掌握用户名重名判断的方法。
6. 掌握记录集分页的方法。
7. 掌握通过单击链接转到详细页的方法。

【素养目标】

我们要加快建设网络强国、数字中国。在网站前端页面设计中，可对网站数据安全采取的保护措施有：① 增加对用户名的判断，可方便区分不同用户，避免重名，进而保护用户隐私；② 增加对于提交内容的判断，屏蔽某些关键字，进而避免出现某些不当言论；③ 对于用户的手机号进行实名认证，可以实现判断网站用户的真实性，如遇到安全问题，可以根据手机号查到相关用户。

5.1 插入表单及表格

本节主要学习如何插入表单及表格。

（1）新建文档，具体设置如图 5-1 所示，单击“创建”按钮即可。

（2）新建一个网页之后可以新建表单，选择“插入”→“表单”→“表单”选项，如图 5-2 所示，之后会得到如图 5-3 所示的网页。

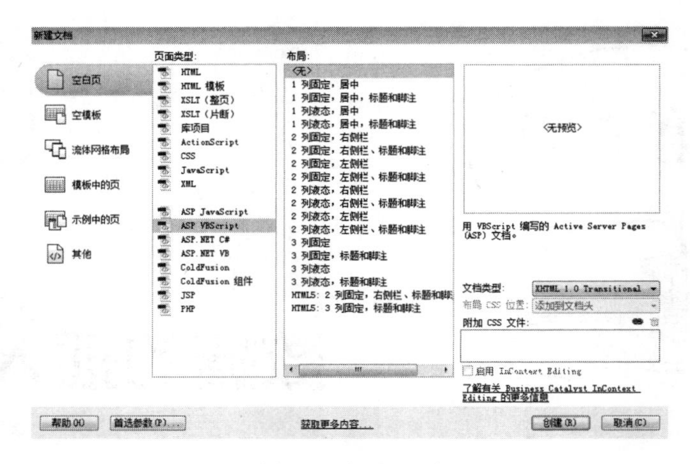

图 5-1　新建网页

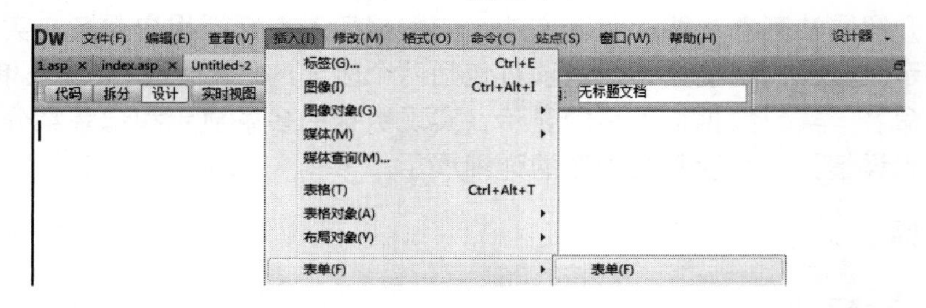

图 5-2　选择插入表单

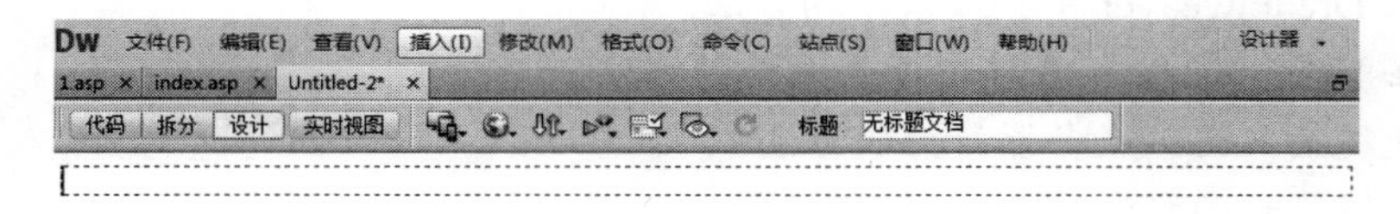

图 5-3　插入表单

（3）选择“插入”→“表格”选项，如图 5-4 所示。

（4）弹出“表格”对话框，设定要插入表格的参数，如图 5-5 所示，单击“确定”按钮，此时会得到如图 5-6 所示的网页。

（5）设置表格为居中对齐，如图 5-7 所示。

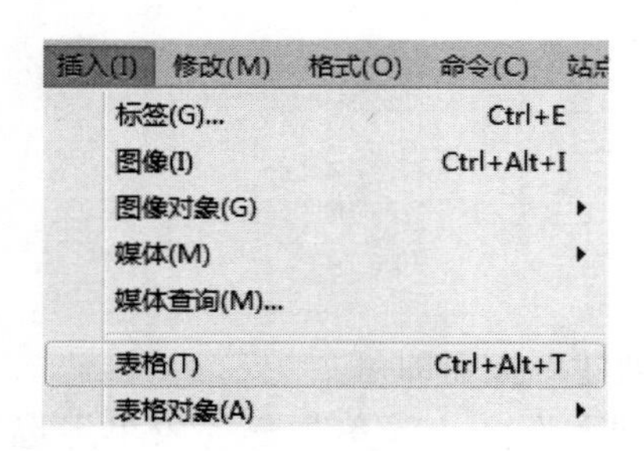

图 5-4　插入表格

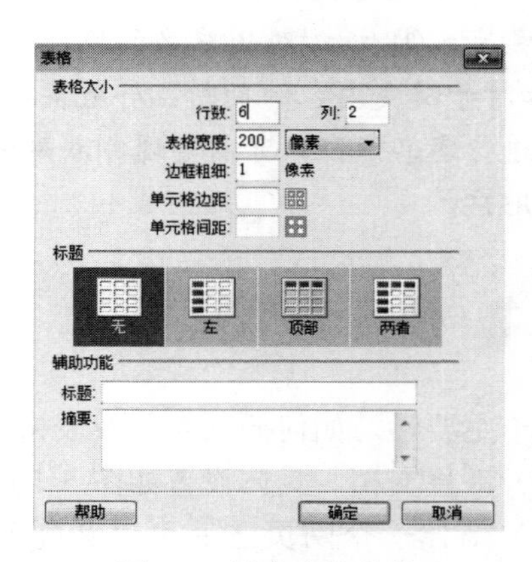

图 5-5　设定表格的值

图 5-6 成功创建表格

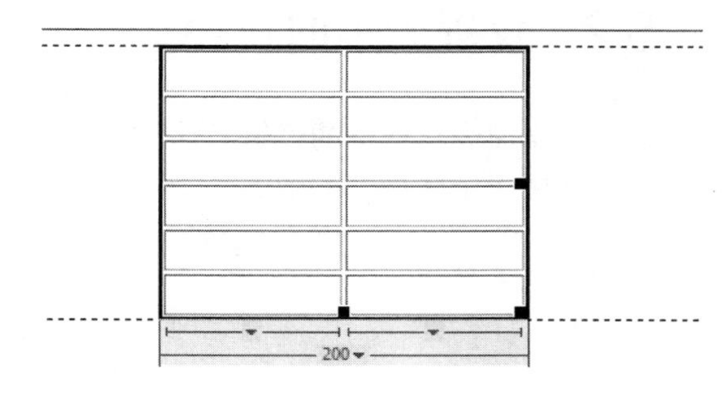

图 5-7 表格居中对齐

（6）设定表格参数，如图 5-8 所示。

图 5-8 设定表格的参数

（7）选择“插入”→“表单”→“文本域”选项，如图 5-9 所示。

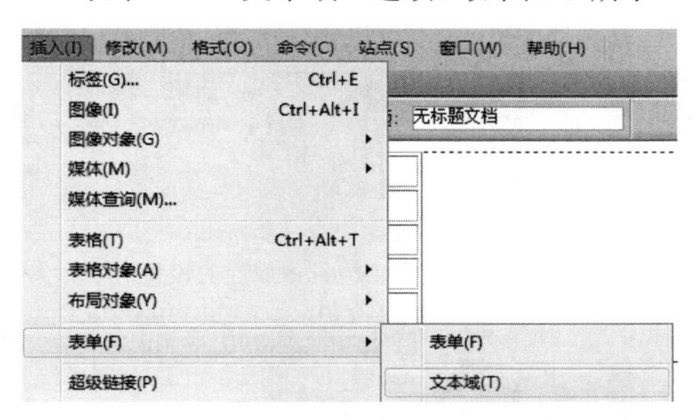

图 5-9 插入文本域

（8）选中一个单元格，选择“拷贝”选项，如图 5-10 所示。

（9）右击选中的单元格，如图 5-11 所示。

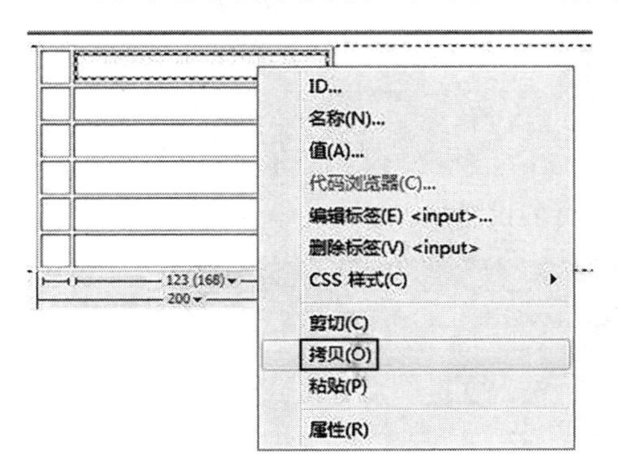

图 5-10 复制表格

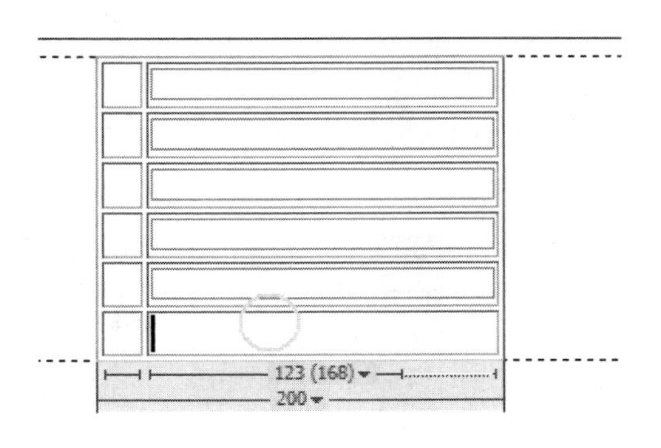

图 5-11 右击单元格

5.2 设置表单的属性

接下来学习表单属性的设置方法。

（1）选中一个区域，如图 5-12 所示。

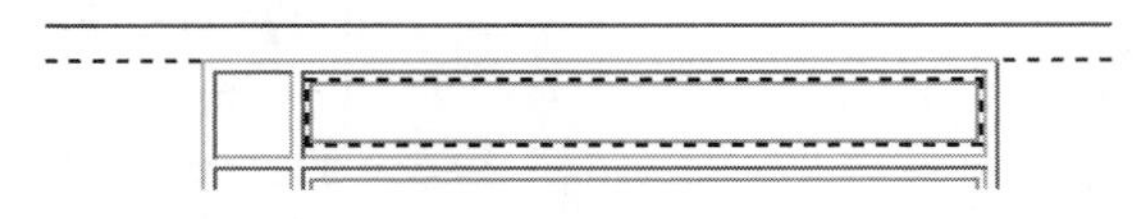

图 5-12 选中区域

（2）在图 5-13 所示的“属性”面板中设置文本域的属性。

图 5-13 设置文本域的属性

只有设置了属性，才能和数据库连接上。

（3）分别按图 5-14～图 5-18 进行文本域属性的设置。

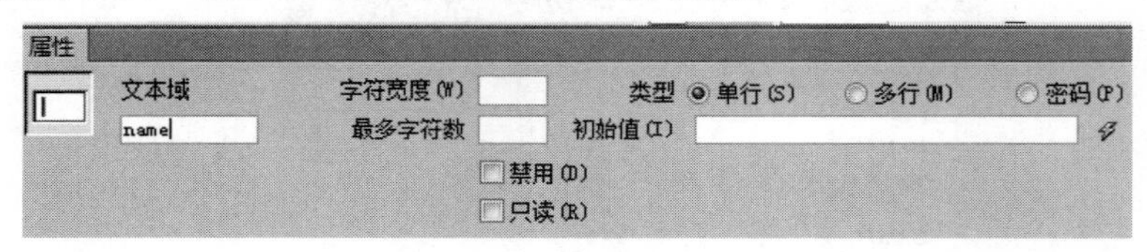

图 5-14 文本域 name 属性的设置

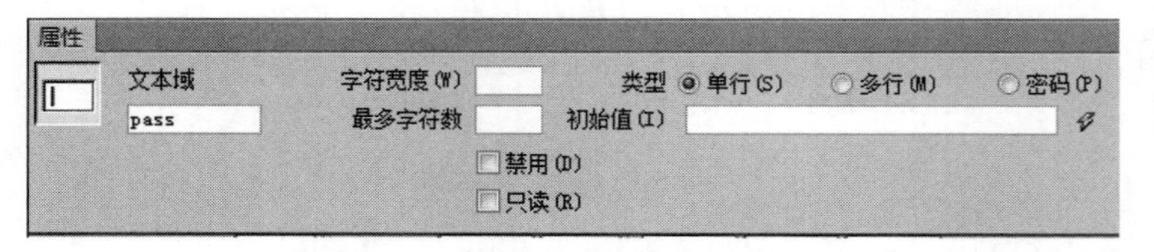

图 5-15 文本域 pass 属性的设置

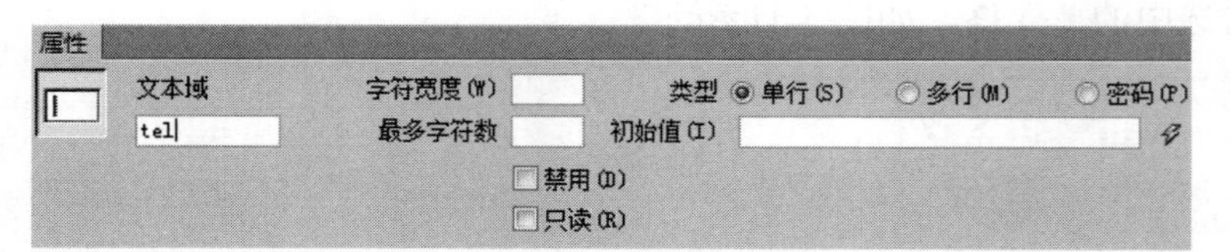

图 5-16 文本域 tel 属性的设置

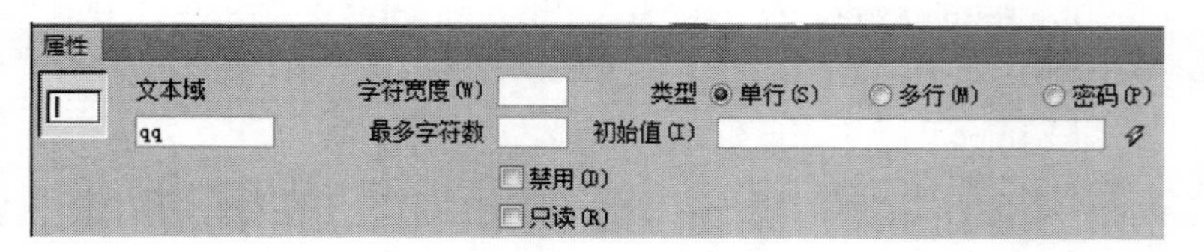

图 5-17 文本域 qq 属性的设置

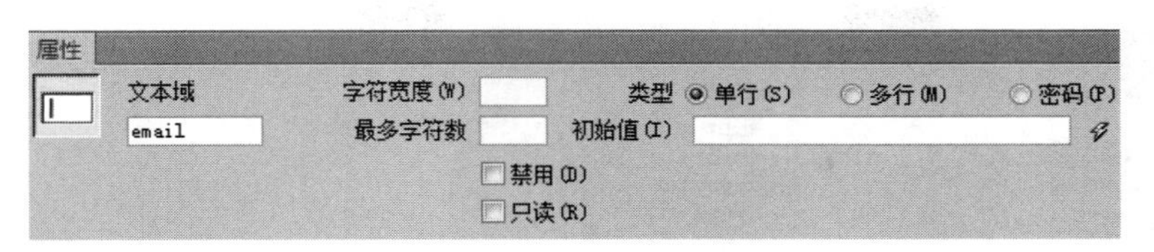

图 5-18　文本域 email 属性的设置

（4）选择“插入”→“表单”→“按钮”选项，如图 5-19 所示。

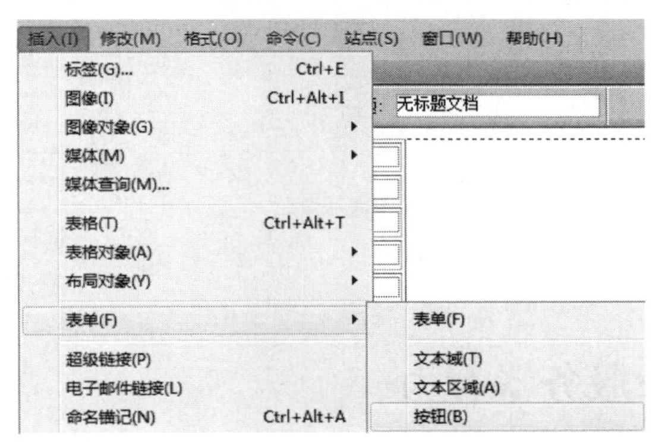

图 5-19　插入按钮

（5）设置按钮的属性，如图 5-20 所示。

图 5-20　按钮属性的设置

（6）设置完成后得到如图 5-21 所示的效果。

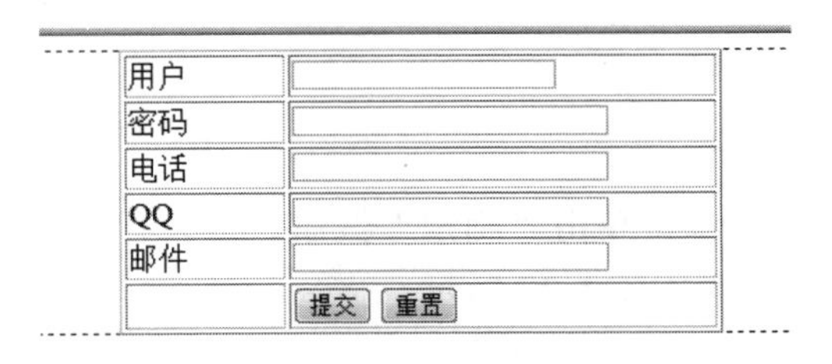

图 5-21　完成设置的效果

5.3　保存网页

（1）选择“文件”→“另存为”选项，会弹出如图 5-22 所示的对话框，单击“保存”按钮。
（2）设置完成后，可以得到如图 5-23 所示的效果。

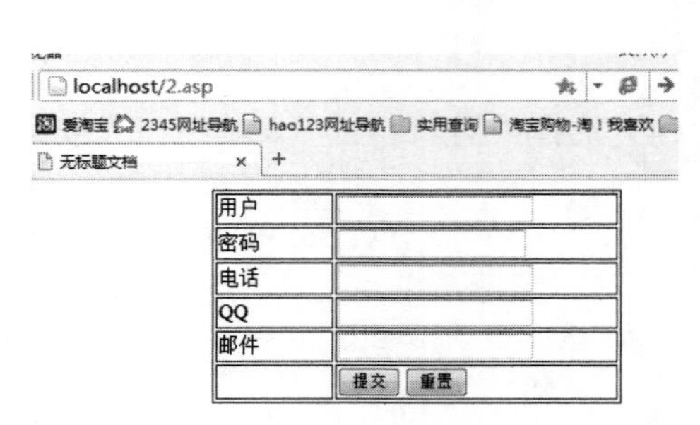

图 5-22　保存网页

图 5-23　完成后的效果

5.4　插入记录服务器行为

本节来学习插入服务器行为。

（1）在“服务器行为”面板中，单击“+”按钮，选择“插入记录”选项，如图 5-24 所示。

（2）弹出如图 5-25 所示的“插入记录”对话框。

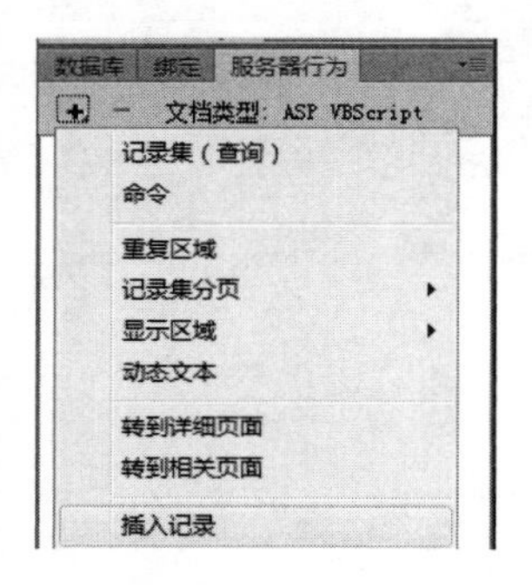

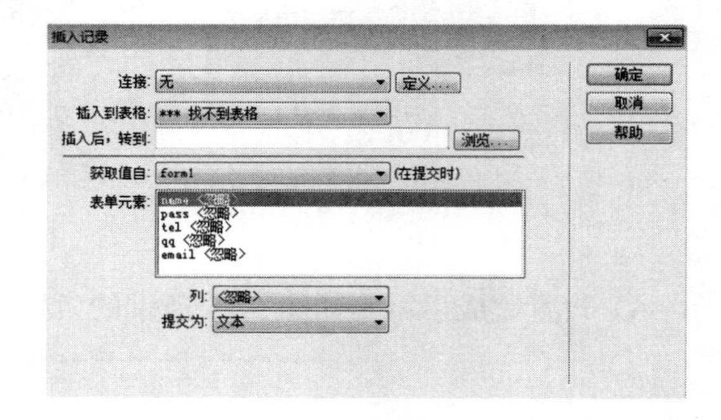

图 5-24　插入记录

图 5-25　“插入记录”对话框

（3）具体设置如图 5-26 所示，单击“确定”按钮。

（4）设置完成后的网页效果如图 5-27 所示。

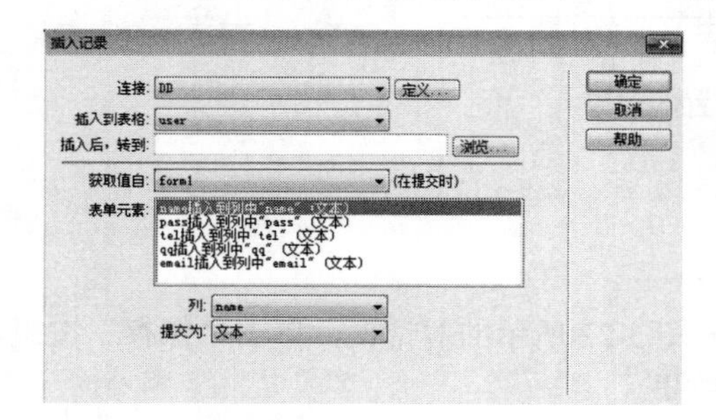

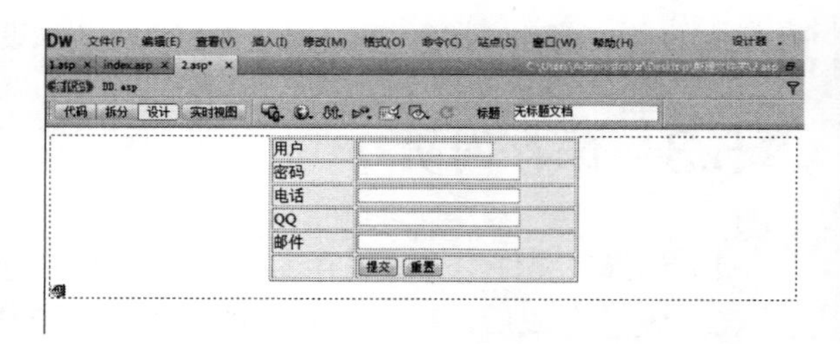

图 5-26　完成表单元素的设置

图 5-27　表单元素设置后的网页

5.5　新建注册成功页面

（1）如图 5-28 所示，新建一个页面。

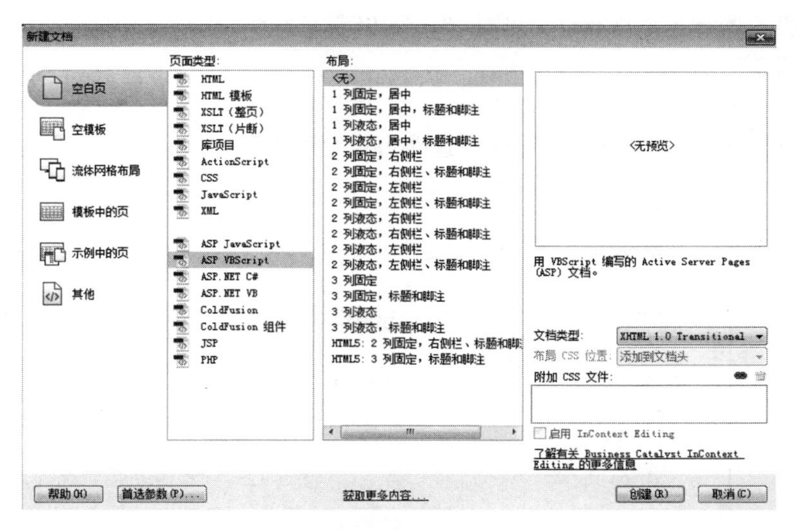

图 5-28　新建网页

（2）建立一个注册成功的页面，如图 5-29 所示。

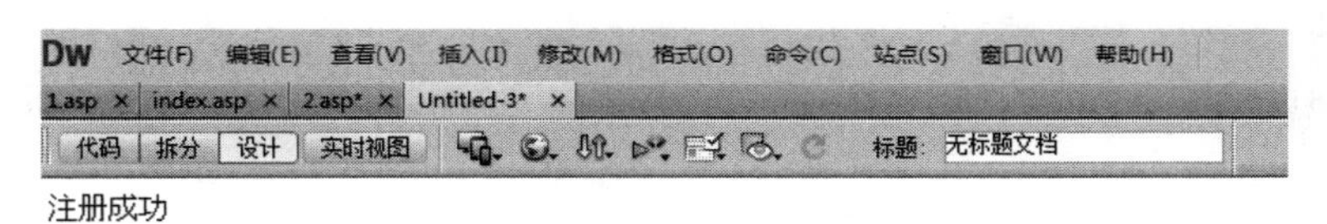

图 5-29　制作注册成功的页面

（3）如图 5-30 所示，将网页保存起来。

图 5-30　保存网页

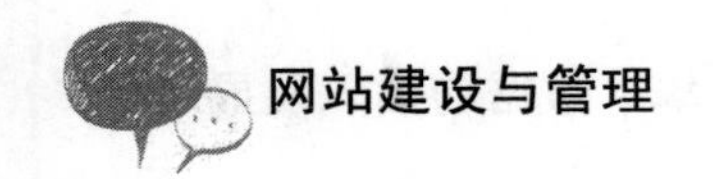

5.6 验证用户注册页面

接下来学习对用户注册页面的验证。

（1）在“服务器行为”面板中，单击“+”按钮，选择“用户身份验证”→“检查新用户名”选项，如图 5-31 所示。

（2）弹出如图 5-32 所示的“检查新用户名”对话框。

（3）具体设置如图 5-33 所示，这样设置即可检查新用户名。

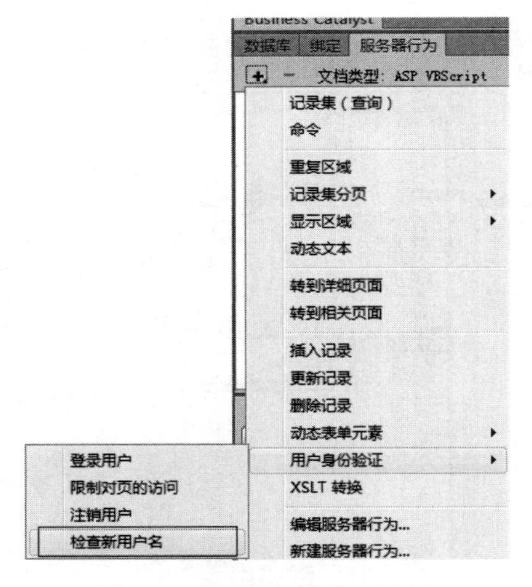

图 5-31 用户身份验证选择

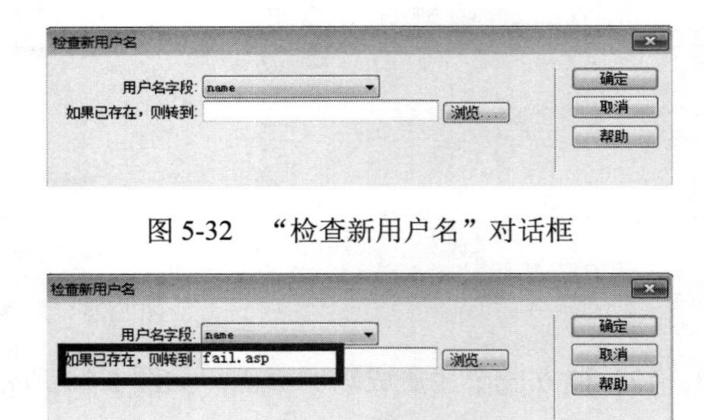

图 5-32 “检查新用户名”对话框

图 5-33 设置转到的网页

5.7 新建注册重名页面

接下来学习如何新建注册重名页面。

（1）如图 5-34 所示，建立一个空白页面。

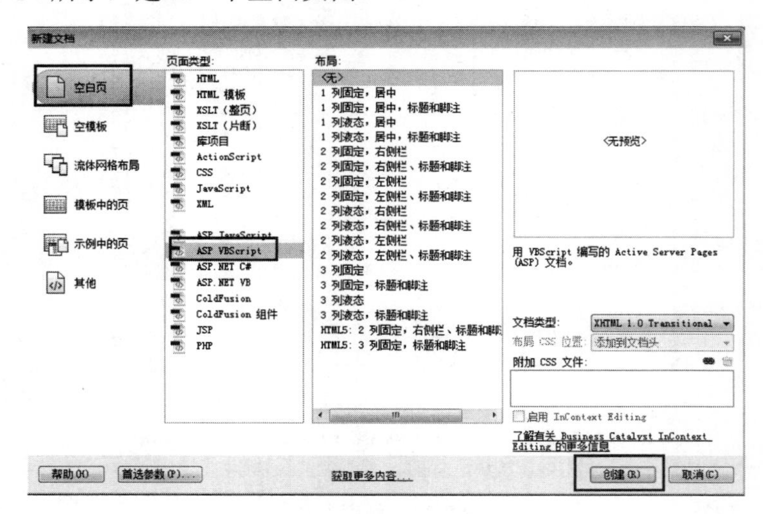

图 5-34 新建空白页

（2）选择“文件”→“保存”选项，如图 5-35 所示。

（3）在页面中输入如图 5-36 所示的内容。

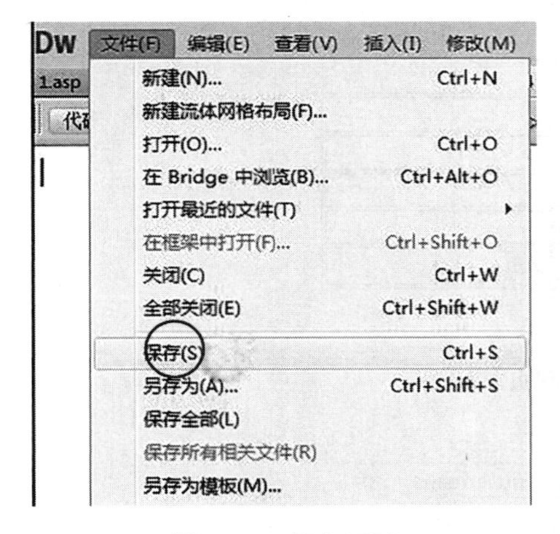

图 5-35　保存网页

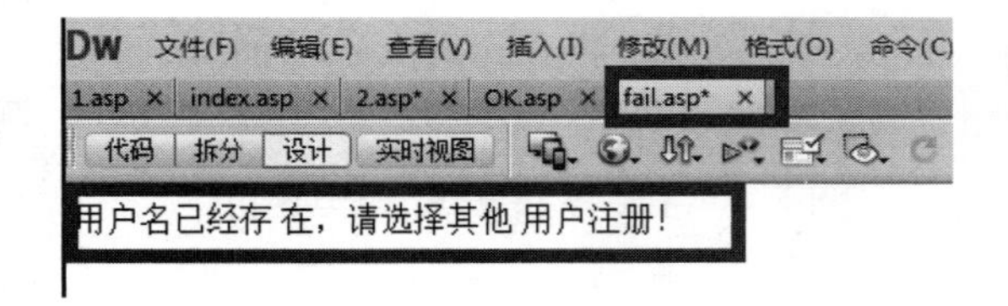

图 5-36　制作用户已存在网页

（4）保存页面，如图 5-37 所示。

图 5-37　保存网页的设置

5.8　测试数据插入页面

下面来学习如何测试数据插入页面。

（1）如图 5-38 所示，打开页面，单击“提交”按钮。

（2）若进入如图 5-39 所示的页面，则说明测试成功。

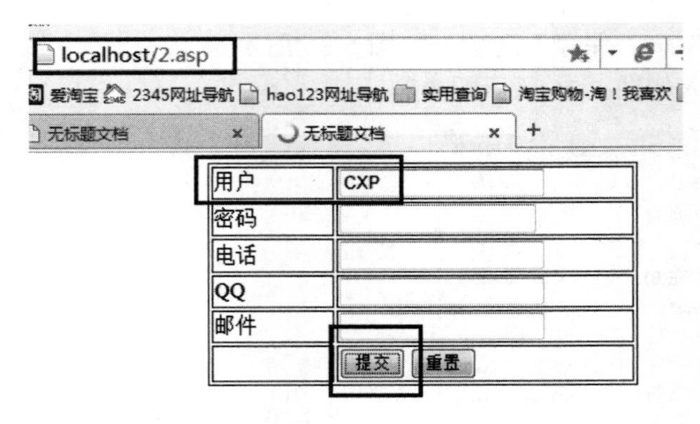

图 5-38　测试网页

图 5-39　成功测试网页

5.9　查看插入结果

（1）进入 user 表，可以看到如图 5-40 所示的空数据。

user：表

id	name	pass	tel	qq	date	qx	email
1	CXP	123456	13108981102	41800543	14/1/2 13:44:02	0	
2	CBQ	123456			14/1/2 13:44:05	1	
3	ADMIN	123456	空数据		14/1/2 13:44:23	3	
(自动编号)					14/1/2 15:16:50	0	

图 5-40　在 user 表中输入相关资料

（2）如图 5-41 所示输入相关资料，注册一个新用户。

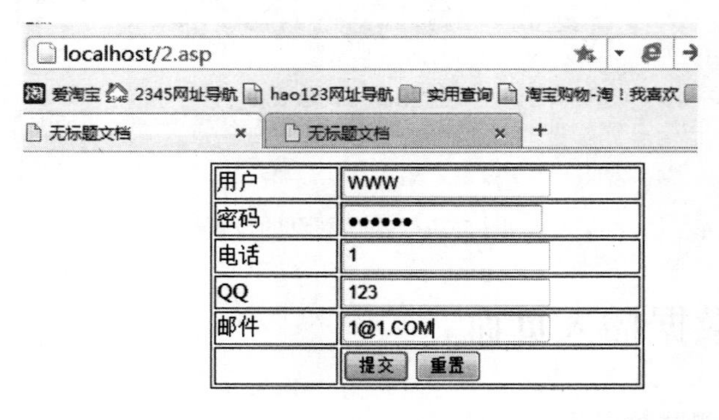

图 5-41　注册新用户

（3）注册成功后如图 5-42 所示。

图 5-42　成功注册

（4）进入 user 表查看，可以看到如图 5-43 所示的新数据，说明注册用户成功了！

user：表

id	name	pass	tel	qq	date	qx	email
1	CXP	123456	13108981102	41800543	14/1/2 13:44:02	0	
2	CBQ	123456			14/1/2 13:44:05	1	
3	ADMIN	123456			14/1/2 13:44:23	3	
4	WWW	123456	1	123	14/1/2 15:17:29	0	1@1.COM
(自动编号)					14/1/2 15:17:39	0	

图 5-43　发现新数据

5.10　设置重复显示（1）

1．选择重复显示区域

下面来学习如何设置重复区域。

（1）打开 1.asp 页面，如图 5-44 所示。

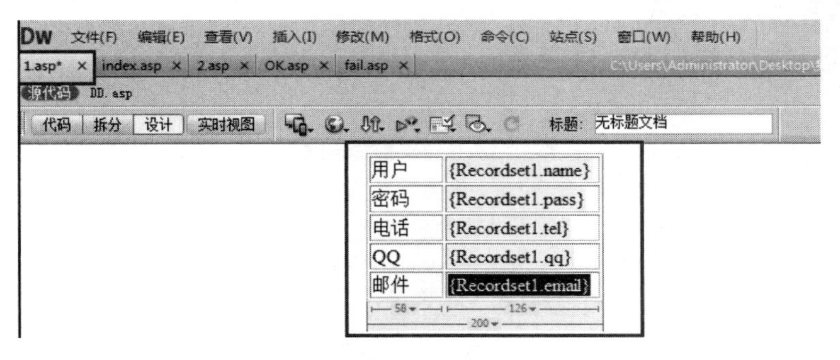

图 5-44　用户信息表

（2）在“服务器行为”面板中单击“+”按钮，选择“重复区域”选项，如图 5-45 所示。

（3）此时会因没有选择重复区域而弹出错误信息对话框，如图 5-46 所示。

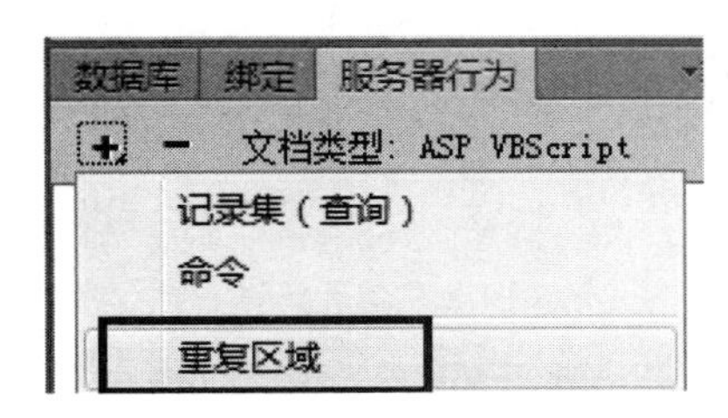

图 5-45　选择“重复区域”

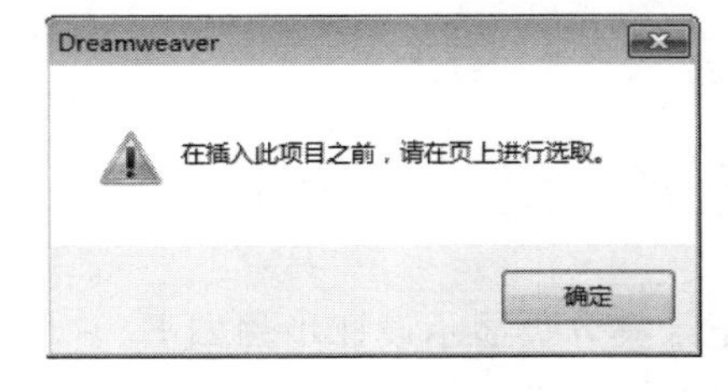

图 5-46　错误信息对话框

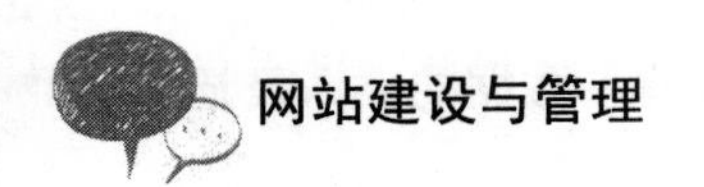

故应先选择表格，如图 5-47 所示。

（4）再次选择“重复区域”选项，会弹出如图 5-48 所示的“重复区域”对话框。

图 5-47　选择表格

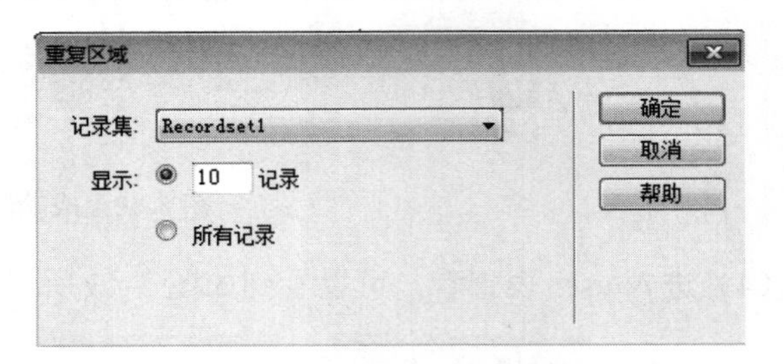

图 5-48　“重复区域”对话框

（5）选择需要显示几条记录，如图 5-49 所示，单击“确定”按钮。

（6）完成“重复区域”的设置，如图 5-50 所示。

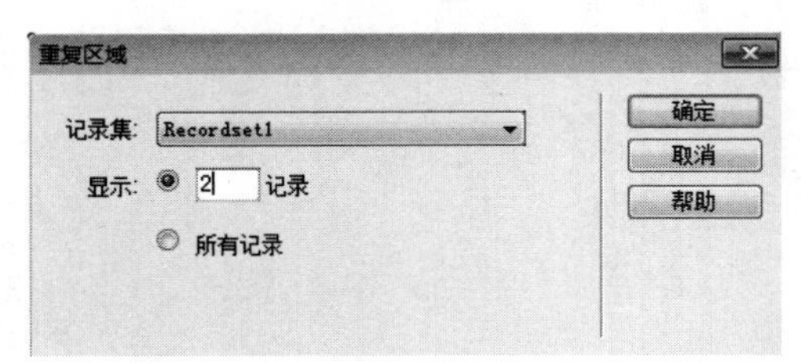

图 5-49　重复区域的相关设置

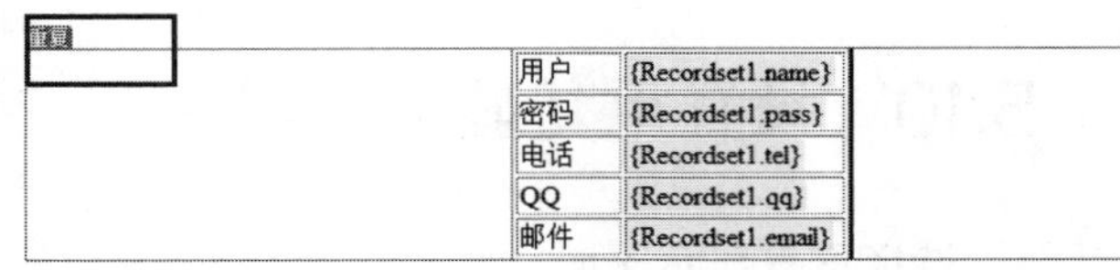

图 5-50　完成重复区域的设置

2．查看重复显示的效果

查看重复区域，结果如图 5-51 所示。

图 5-51　测试的结果

5.11　记录集分页显示

记录集分页显示设计步骤如下。

（1）选择“插入”→“数据对象”→“记录集分页”→“记录集导航条”选项，如图 5-52 所示。

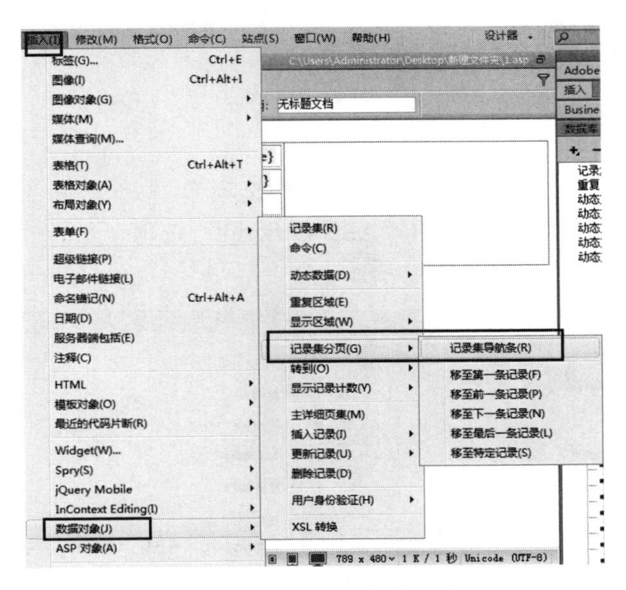

图 5-52　插入记录集导航条

（2）弹出“记录集导航条”对话框，选择显示方式，单击“确定”按钮，如图 5-53 所示。

（3）完成记录集分页的设置，如图 5-54 所示。

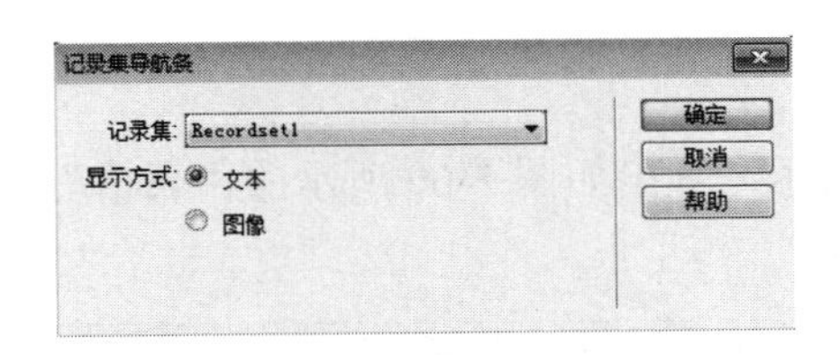

图 5-53　“记录集导航条”对话框

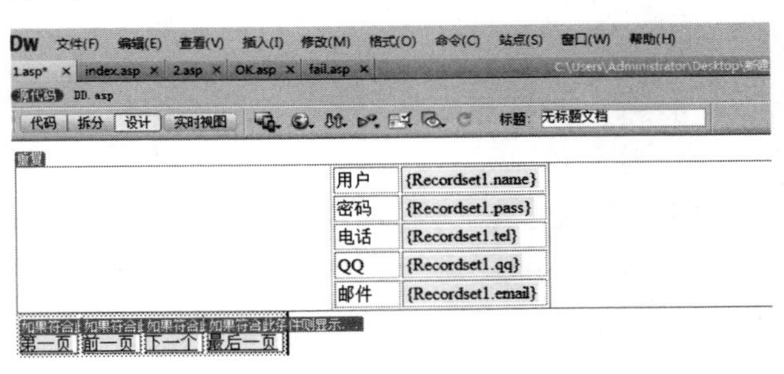

图 5-54　成功插入记录集导航条

（4）记录集分页显示的效果如图 5-55 和图 5-56 所示。

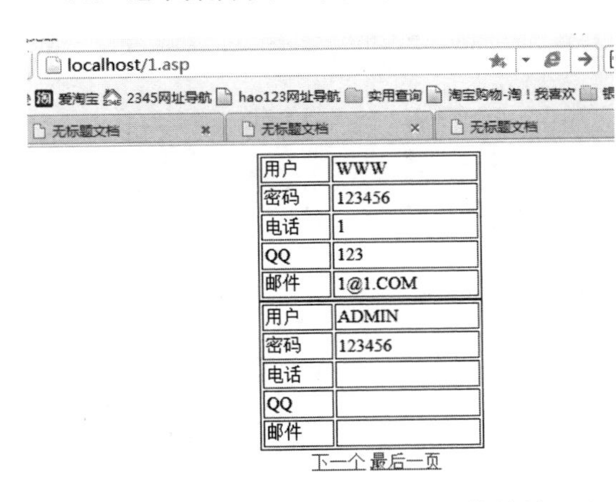

图 5-55　测试“记录集导航条”显示的结果（1）

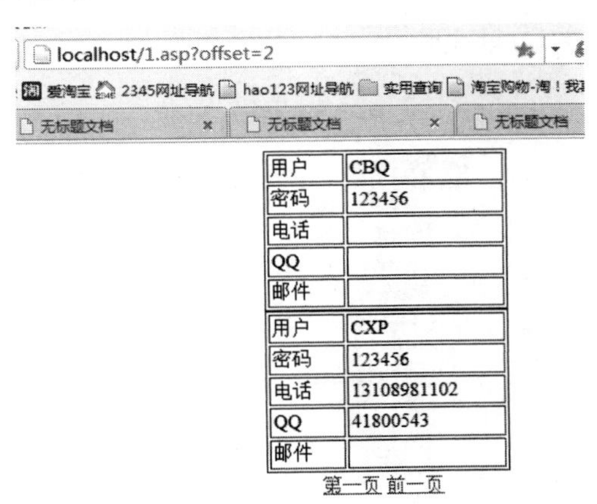

图 5-56　测试“记录集导航条”显示的结果（2）

5.12　转到详细页的设计（1）

1．新建一个网页

（1）在“新建文档”对话框中选择“空白页”选项卡。

（2）在“页面类型”列表框中选择“ASP VBScript”选项。

（3）单击“创建”按钮，如图 5-57 所示。

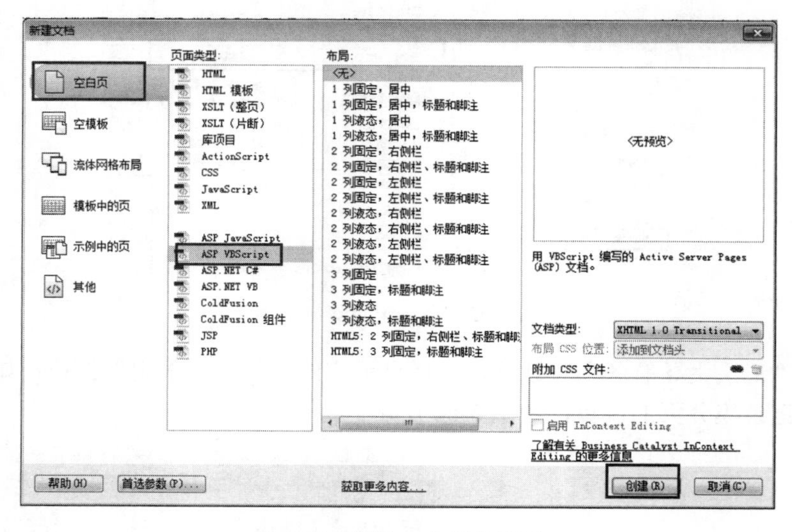

图 5-57　创建一个新的页面

（4）输入文字“本站的注册用户”，如图 5-58 所示。

（5）选择“插入”→“表格”选项，如图 5-59 所示，弹出如图 5-60 所示的“表格”对话框，单击“确定”按钮。

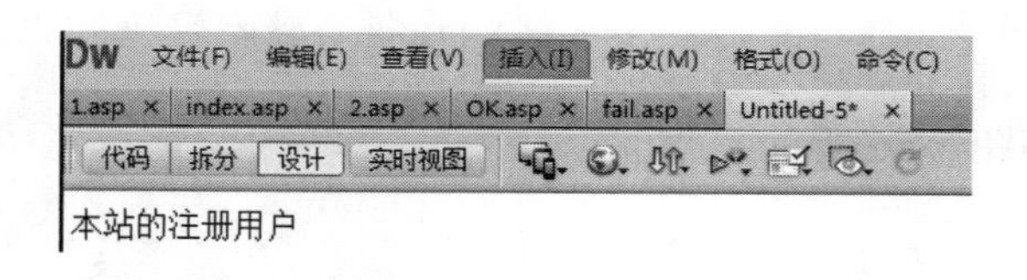

图 5-58　输入文字

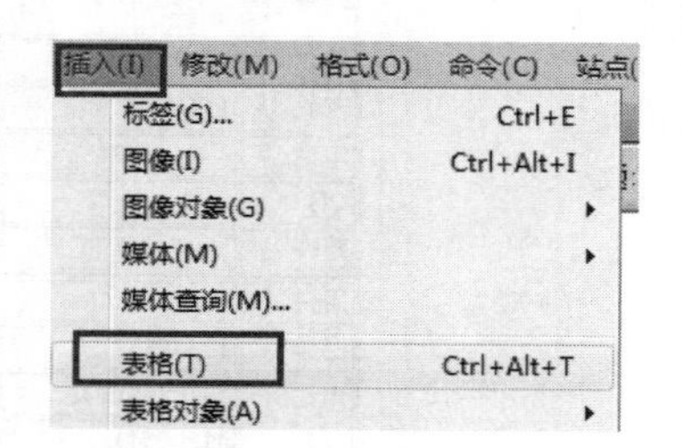

图 5-59　插入表格

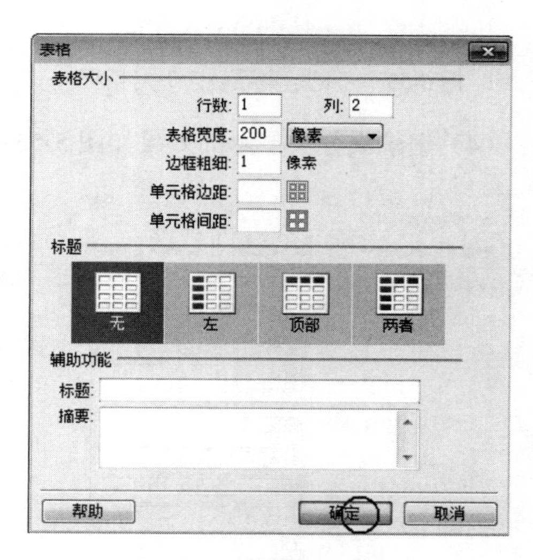

图 5-60　“表格”对话框

（6）设置表格的属性，如图 5-61 所示。

（7）成功插入的表格如图 5-62 所示。

图 5-61 设置表格的属性

图 5-62 成功插入的表格

2. 记录集的设置

（1）在“记录集”对话框中单击“测试”按钮，如图 5-63 所示。

（2）测试结果如图 5-64 所示。

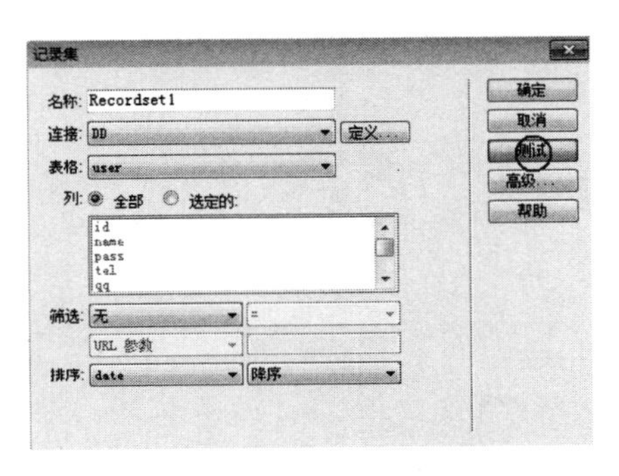

图 5-63 记录集的相关设置

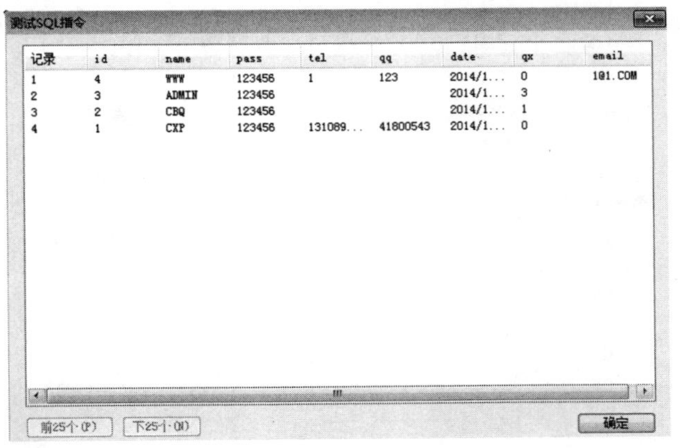

记录	id	name	pass	tel	qq	date	qx	email
1	4	WWW	123456	1	123	2014/1...	0	101.COM
2	3	ADMIN	123456			2014/1...	3	
3	2	CBQ	123456			2014/1...	1	
4	1	CXP	123456	131089...	41800543	2014/1...	0	

图 5-64 测试结果

3. 插入记录集

（1）在“绑定”面板中，选中“name”，单击“插入”按钮，如图 5-65 所示。

（2）插入记录集后的页面如图 5-66 所示。

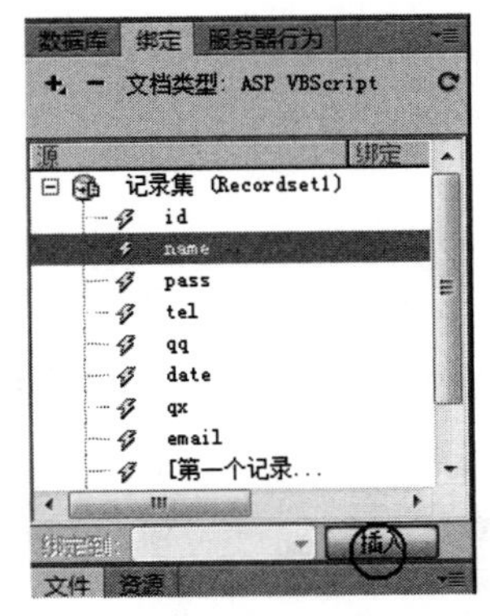

图 5-65 插入记录集

图 5-66 成功插入记录集

4. 设置记录集字段的时间属性

选中“date”，选择“日期/时间”→“短日期格式”选项，如图 5-67 所示。

完成设置后的页面如图 5-68 所示。

5. 保存并测试

（1）保存网页，文件名为“5.asp”，保存类型为 All Documents，如图 5-69 所示。

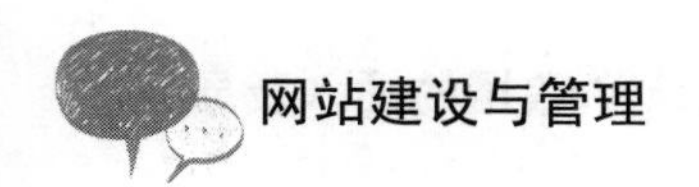

（2）测试网站显示的效果，如图 5-70 所示。

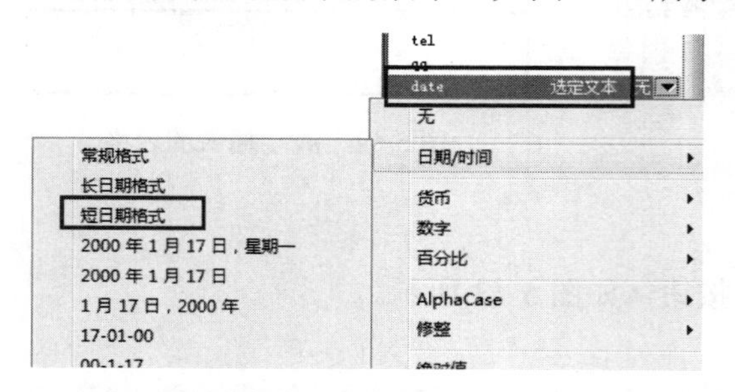

图 5-67　选择显示日期的格式

图 5-68　完成设置后的时间显示格式

图 5-69　“另存为”对话框

图 5-70　测试结果

5.13　转到详细页的设计（2）

1．转到详细页面设计

（1）框选 {Recordset1.name}，如图 5-71 所示。

（2）在“服务器行为”面板中，单击“+”按钮，选择“转到详细页面”选项，如图 5-72 所示，此时会弹出如图 5-73 所示的“转到详细页面”对话框。

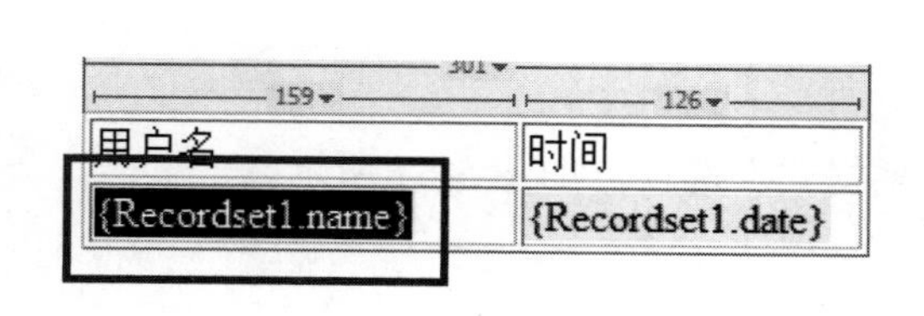

图 5-71　框选 {Recordset1.name}

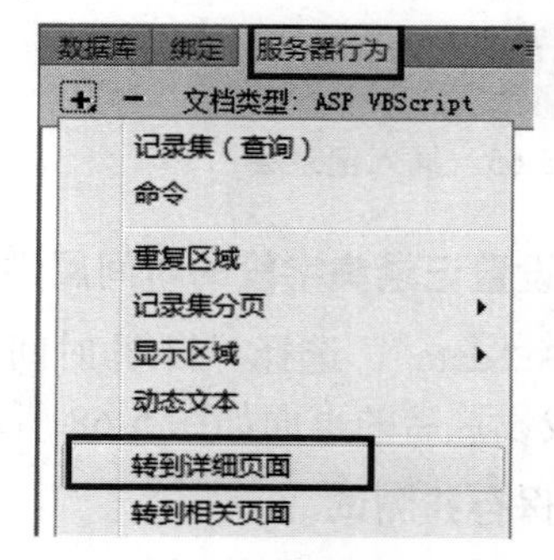

图 5-72　选择“转到详细页面”选项

（3）单击“浏览”按钮，选择要转到的页面，如图 5-74 所示。

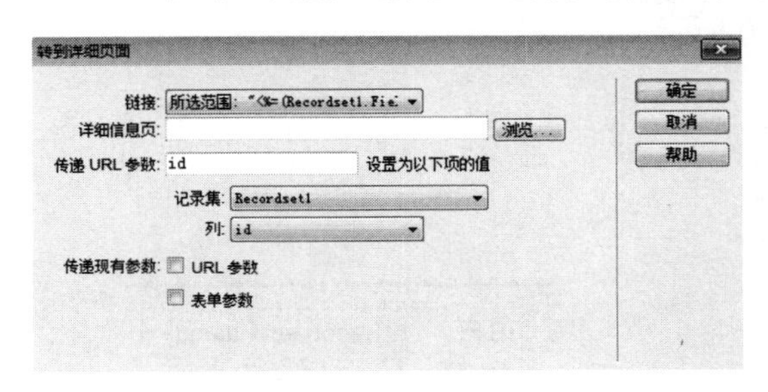

图 5-73　“转到详细页面”对话框

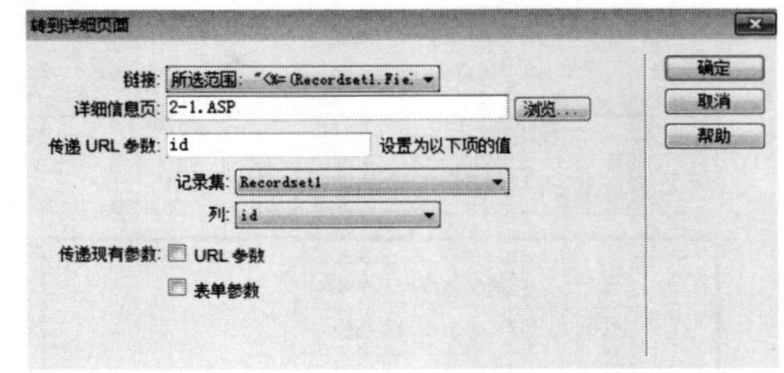

图 5-74　选择要转到的页面

（4）浏览网页，如图 5-75 所示。

（5）测试转到详细页，测试结果如图 5-76 所示。

用户名	时间
WWW	2014/1/2

图 5-75　浏览网页

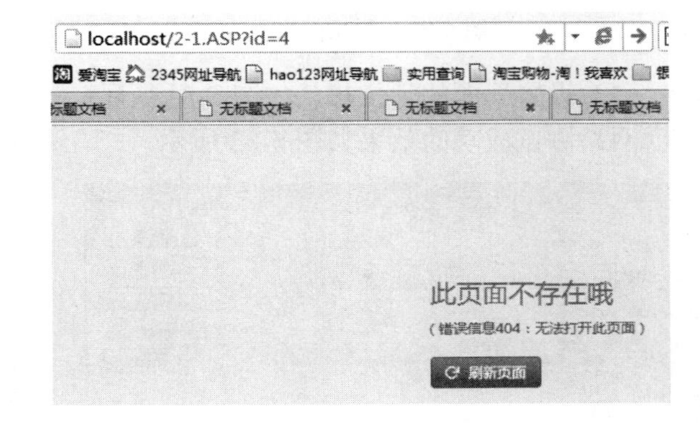

图 5-76　测试结果

2. 新建一个链接的详细信息页

（1）选择“文件”→“另存为”选项，如图 5-77 所示，弹出“另存为”对话框，单击“保存”按钮，如图 5-78 所示。

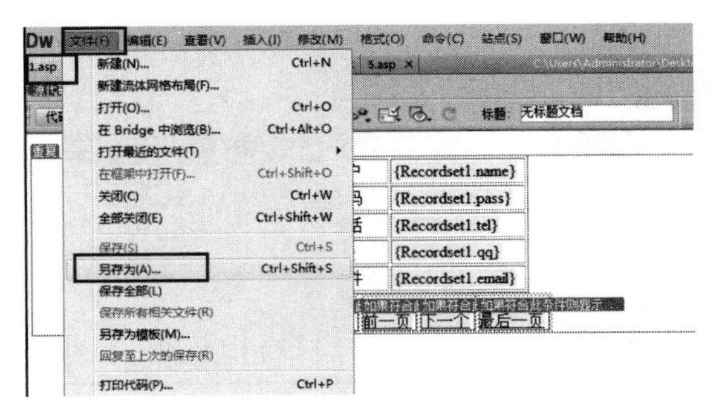

图 5-77　选择“另存为”选项

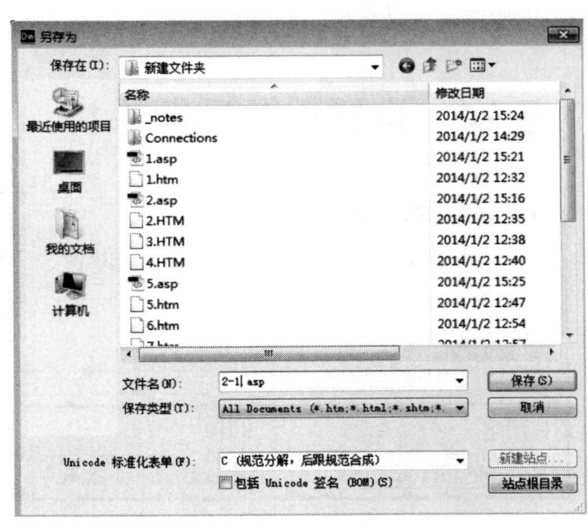

图 5-78　“另存为”对话框

2-1.asp 原来的页面布局如图 5-79 所示。

（2）删除重复区域和记录导航条，如图 5-80 所示。

图 5-79　原来的页面布局

图 5-80　删除重复区域和记录导航条

（3）设置页面的记录集，如图 5-81 所示。

网站测试成功的效果如图 5-82 所示。

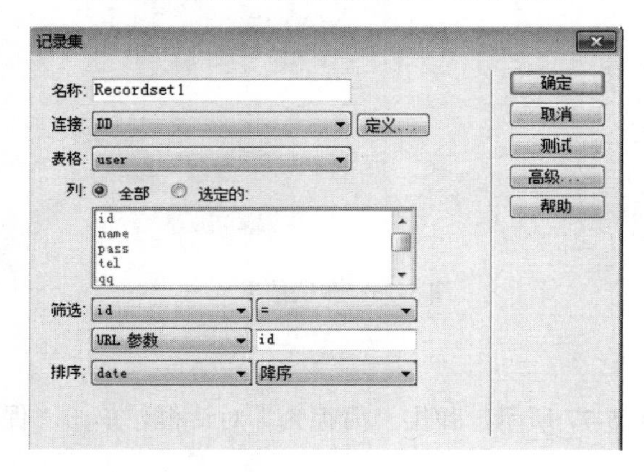

图 5-81　设置记录集

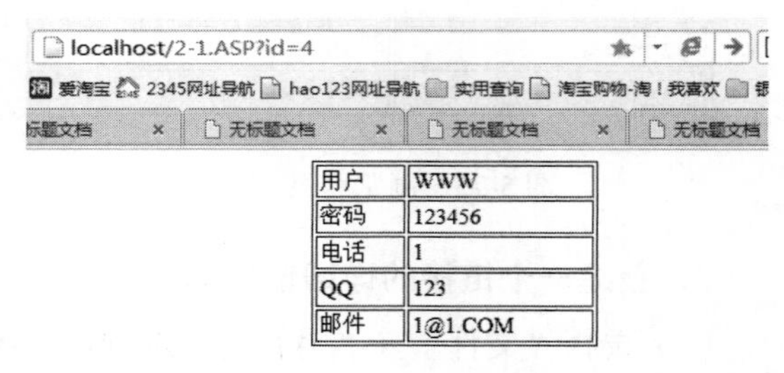

图 5-82　测试网站成功时的显示

5.14　设置重复显示（2）

1．选择重复区域

（1）选择表格的重复区域并进行设置，如图 5-83 所示。

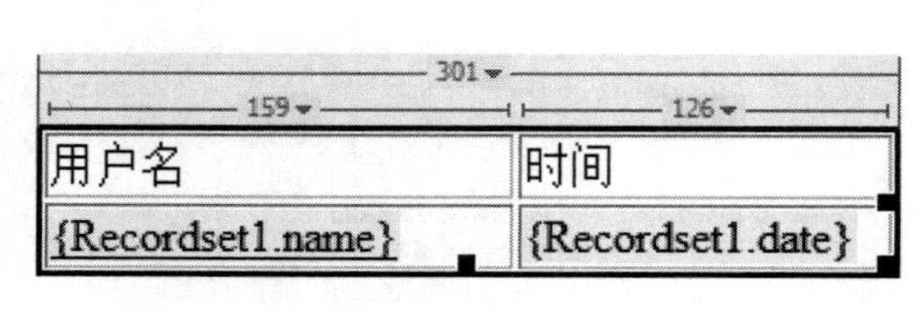

（a）选择重复区域

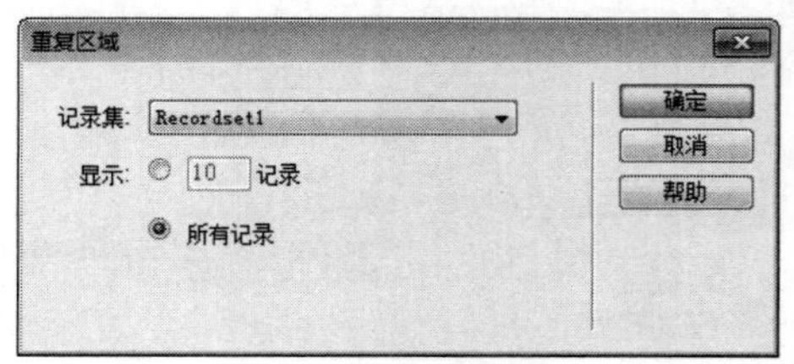

（b）设置重复区域

图 5-83　选择并设置重复区域

（2）此时会出现每一个用户名的标题都重复了，如图 5-84 所示。

2. 重新选择重复区域

按住 Ctrl 键，只选择最下面一行的两个单元格，如图 5-85 所示。在“服务器行为”面板中，单击“+”按钮，选择“重复区域”选项，如图 5-86 所示。弹出如图 5-87 所示的“重复区域”对话框，选择所有记录，并单击“确定”按钮。

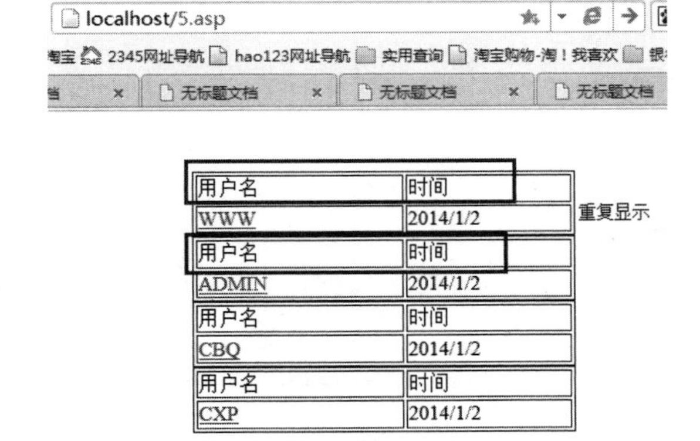

图 5-84 重复区域显示成功

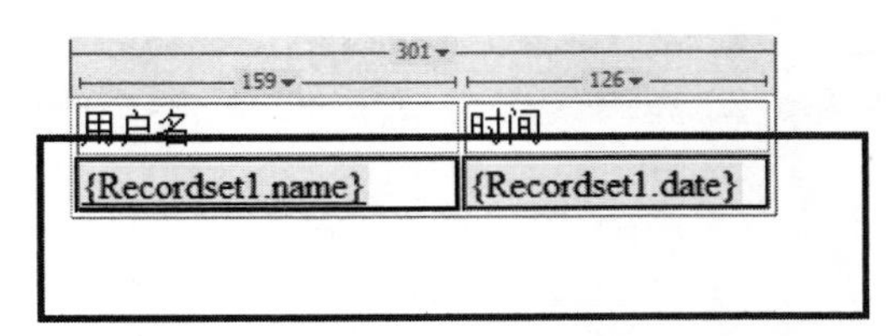

图 5-85 选择单元格

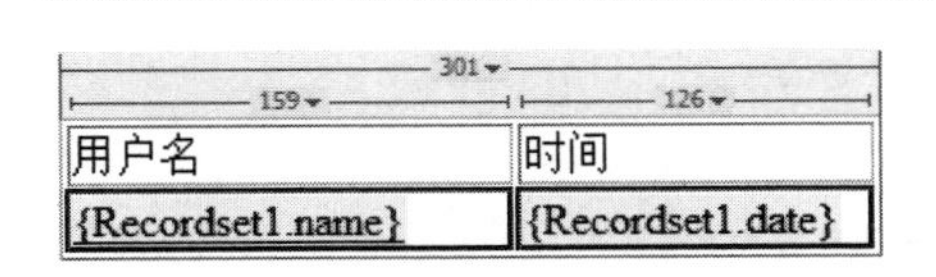

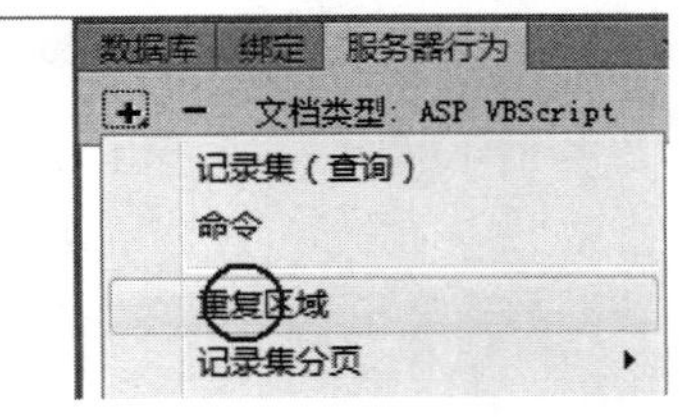

图 5-86 选择“重复区域”选项

3. 测试显示效果并修改代码

（1）测试显示效果，发现显示不正常，如图 5-88 所示。

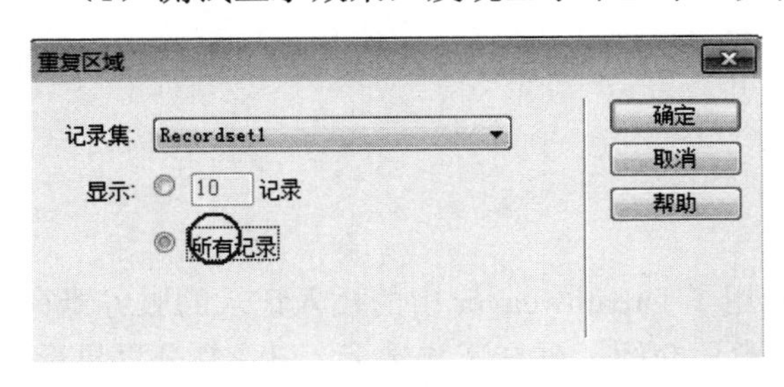

图 5-87 “重复区域”对话框

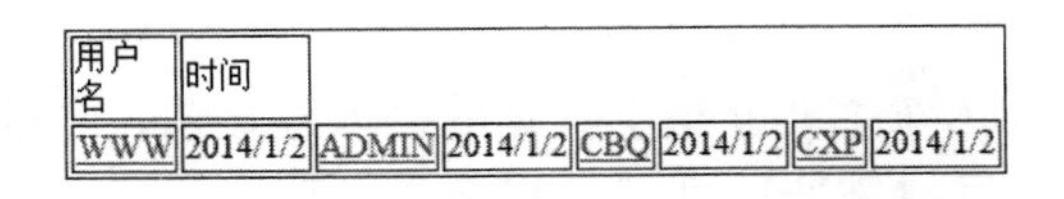

图 5-88 显示不正常

（2）修改代码，如图 5-89 所示。

（3）再次测试网站，显示效果如图 5-90 所示。

（4）测试链接，如图 5-91 和图 5-92 所示。

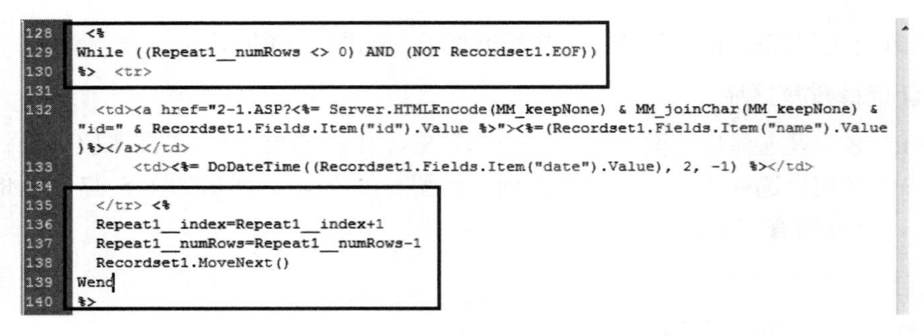

图 5-89　修改代码

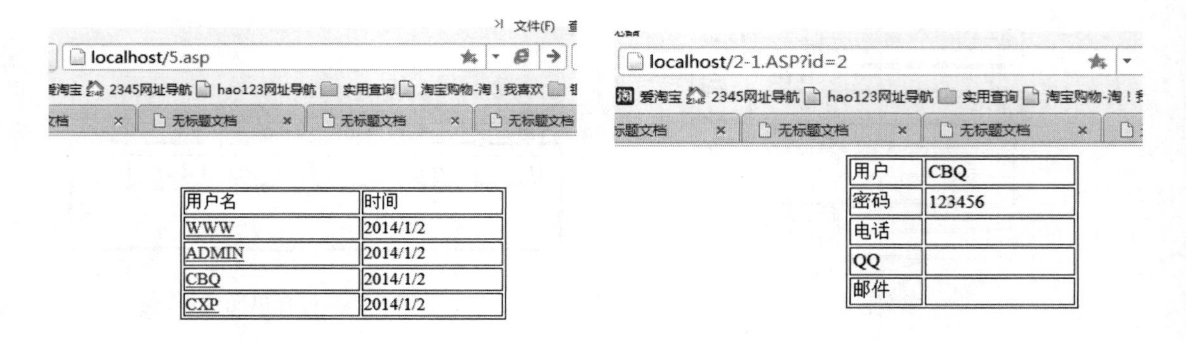

图 5-90　测试效果　　　　图 5-91　单击 CBQ 用户显示的效果

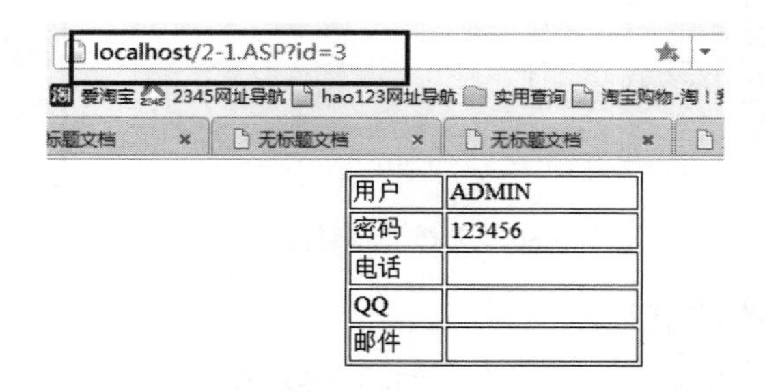

图 5-92　单击 ADMIN 显示的效果

本章小结

本章主要介绍了数据的插入及显示，主要应用了 Dreamweaver 中的插入记录的服务器行为，同时需要用到记录集及显示数据的功能。本章还介绍了重复区域显示、记录集分页显示的功能设计。

上机实习 5

1. 制作一个用户注册的表单网页，能够正常注册为会员。
2. 制作一个留言本，能够让网友正常留言，并且还能够显示留言。

网站后台管理相关功能的设计

本章主要介绍实现网站后台管理相关功能涉及的知识和技能，包括：设计网站的登录功能；设计登录后转到详细页；删除数据和检查用户注册行为。

学习目标

【知识能力目标】

1. 了解设计网站的登录功能的原因。
2. 掌握网站登录功能的设计方法掌握应用登录服务器行为的设计方法。
3. 掌握登录成功和登录失败页面的设计方法。
4. 掌握登录成功后记录登录用户名称的方法。
5. 掌握登录后转到详细页的方法。
6. 掌握数据的更新操作方法。
7 .掌握删除用户数据的方法。
8. 掌握用户注册时数据的判断方法。

【素养目标】

1. 请大家思考为什么要进行网站登录呢？

这是出于对网站安全行为进行检查的考虑。如果不登录就可以访问网站数据那对于网站而言是不安全的。此外，只有管理员权限才能进行网站的数据修改和删除操作行为也是只有管理员权限才能操作。大家在网站搭建时一定要了解互联网安全的重要性。

2. 学习多种方法设计网站，培养遇到问题多种思路解决的思维方式。
3. 认同集体观念、协作观念，养成团队合作意识。

6.1 设计登录页面

（1）选择“新建”文档对话框中“空白页”选项卡，选择“ASP VBScript”页面类型，单击“创建”按钮，如图 6-1 所示。

（2）选择“插入”→“表单”选项，如图 6-2 所示。

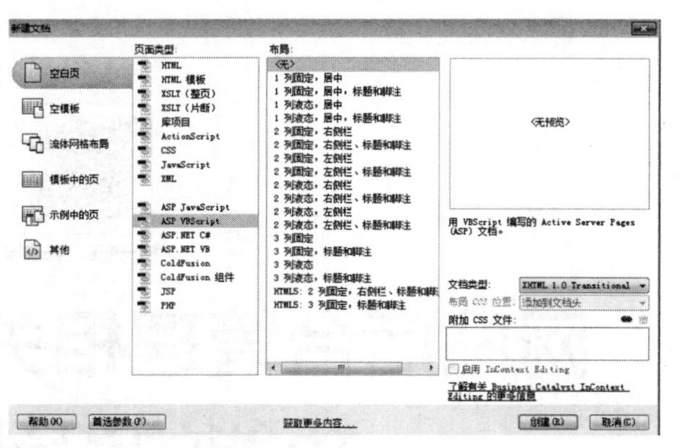

图 6-1　创建一个新的页面

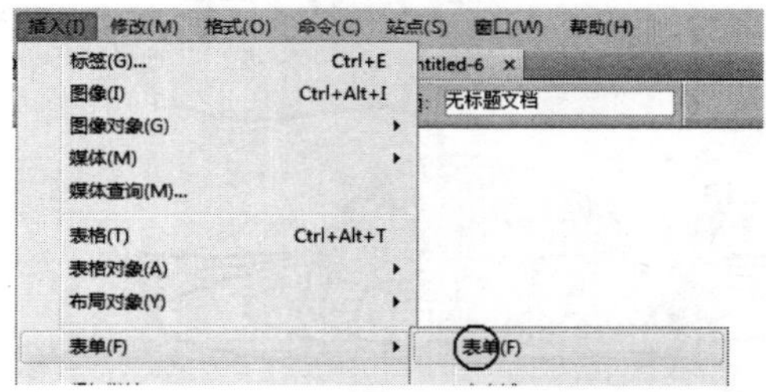

图 6-2　插入表单

（3）插入的表单如图 6-3 所示。

（4）选择“插入”→“表格”选项，如图 6-4 所示，弹出如图 6-5 所示的“表格”对话框，单击“确定”按钮。

图 6-3　插入表单完成

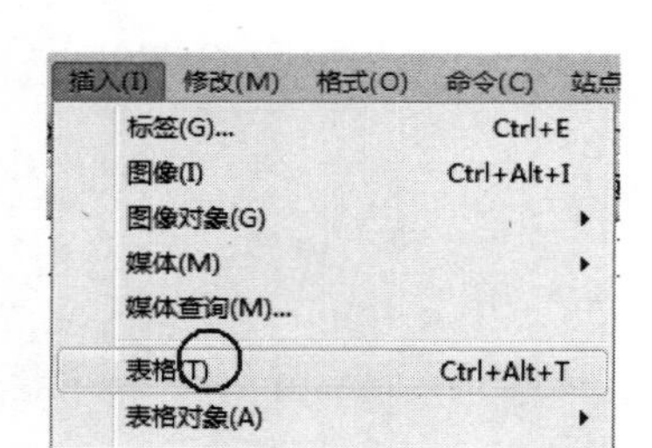

图 6-4　插入表格

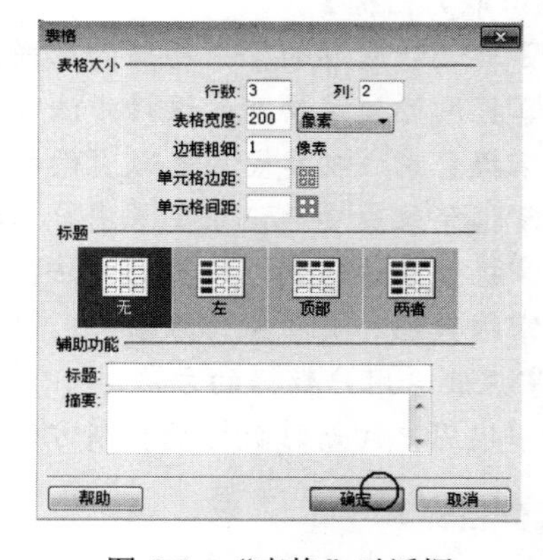

图 6-5　“表格”对话框

（5）插入的表格如图 6-6 所示。

（6）选择“插入”→“表单”→“文本域”选项，如图 6-7 所示。

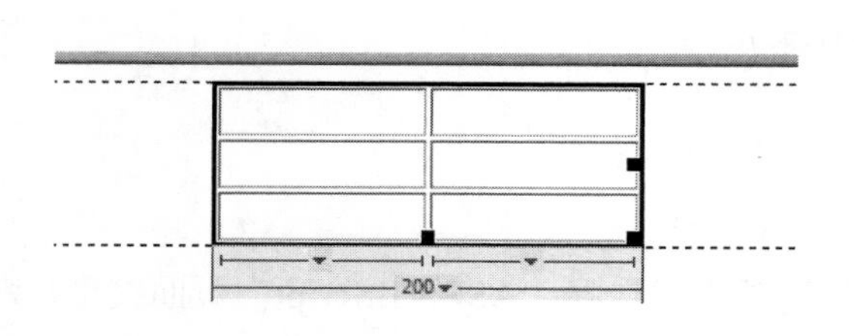

图 6-6　插入的表格

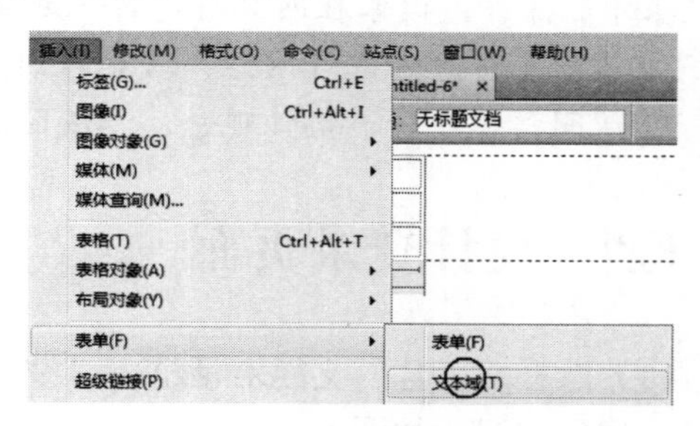

图 6-7　插入文本域

（7）选择“插入”→“表单”→“按钮”选项，如图 6-8 所示。

（8）修改按钮和文本域的属性值，选择提交表单，如图 6-9 和图 6-10 所示。

完成的表格布局如图 6-11 所示。

（9）将制作好的页面保存起来，如图 6-12 所示。

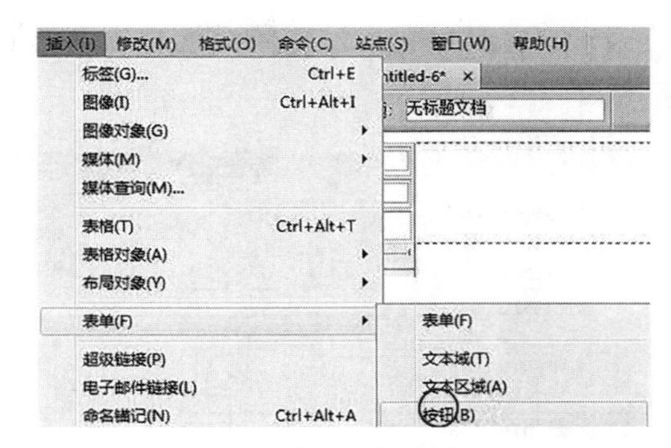

图 6-8 插入按钮

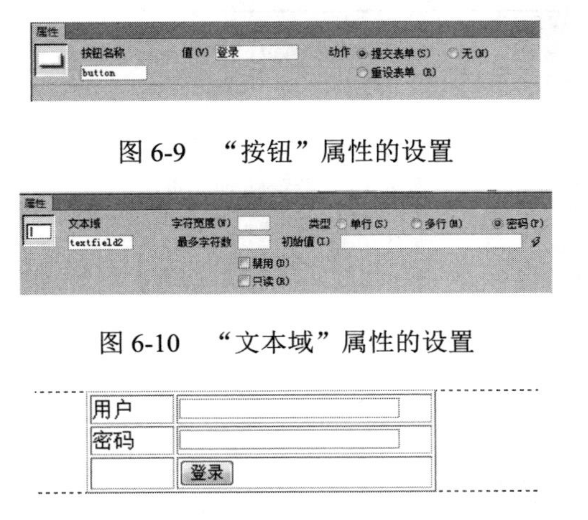

图 6-9 “按钮”属性的设置

图 6-10 “文本域”属性的设置

图 6-11 表格的布局

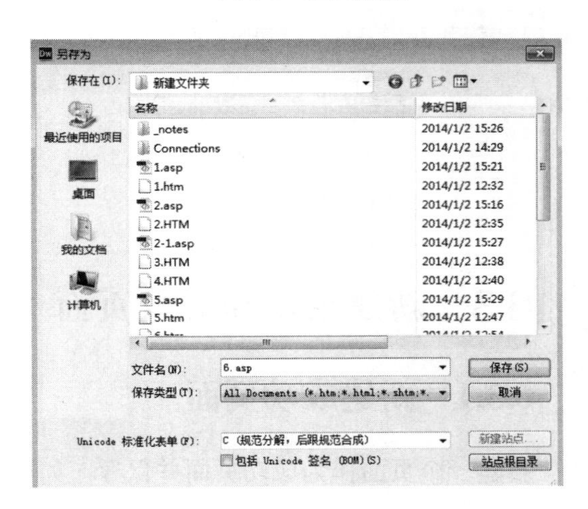

图 6-12 “另存为”对话框

6.2 应用登录服务器行为

（1）单击“服务器行为”面板中的“+”按钮，选择“用户身份验证”→“登录用户”选项，如图 6-13 所示。此时弹出如图 6-14 所示的“登录用户”对话框，相关设置如图 6-15 所示。

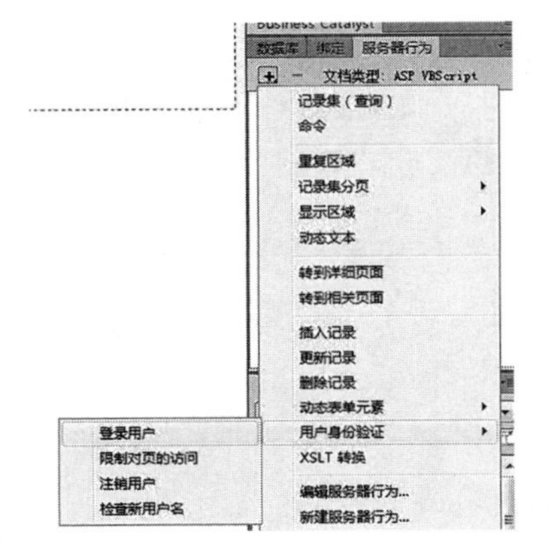

图 6-13 选择“登录用户”选项

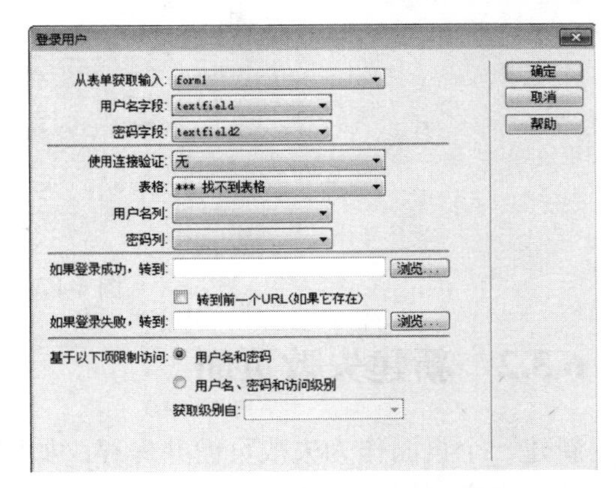

图 6-14 “登录用户”对话框

（2）单击“浏览”按钮，选择登录成功转到的页面和登录失败转到的页面，如图 6-16 所示。

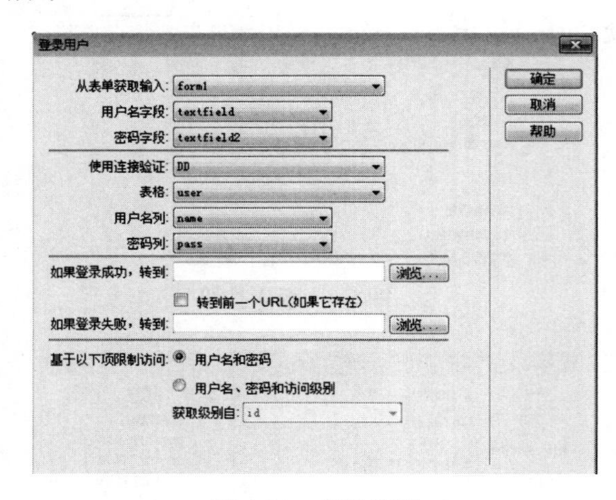

图 6-15　相关设置

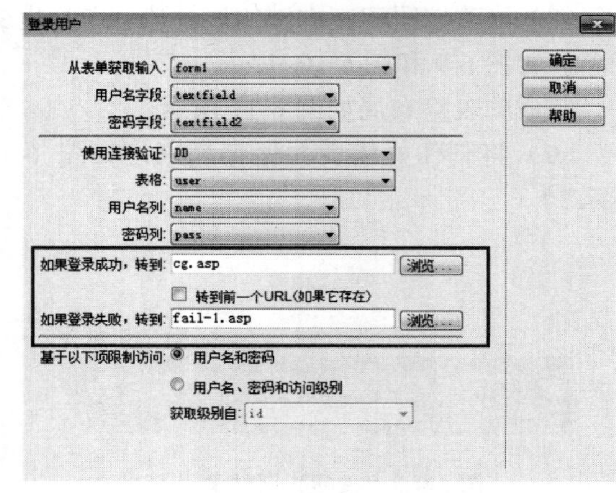

图 6-16　设置转到的页面

6.3　新建成功和失败页面

6.3.1　新建成功页面

新建一个页面作为成功页面并保存，如图 6-17 所示。

图 6-17　保存成功页面

6.3.2　新建失败页面

新建一个页面作为失败页面并保存，如图 6-18 所示。

输入文字“用户名错误”，如图 6-19 所示。

输入文字“登录成功，欢迎您”，如图 6-20 所示。

图 6-18　保存失败页面

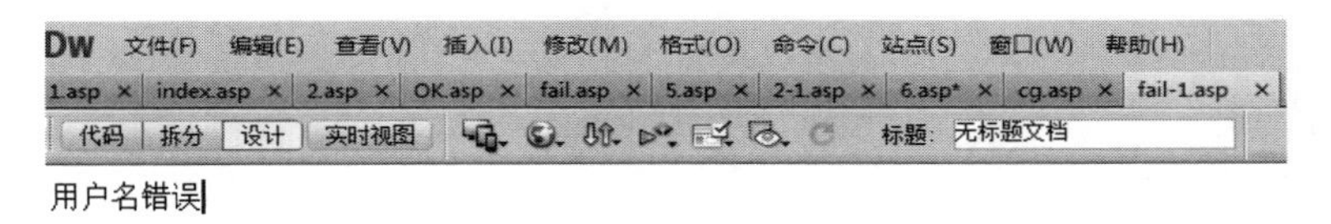

图 6-19　输入文字“用户名错误”

图 6-20　输入文字“登录成功，欢迎你”

6.4　记录登录用户名的设计

使用阶段变量，记录用户名。

在“绑定”面板中单击“+”按钮，选择“阶段变量”选项，如图 6-21 所示。弹出如图 6-22 所示的“阶段变量”对话框，单击“确定”按钮，完成设置后如图 6-23 所示。

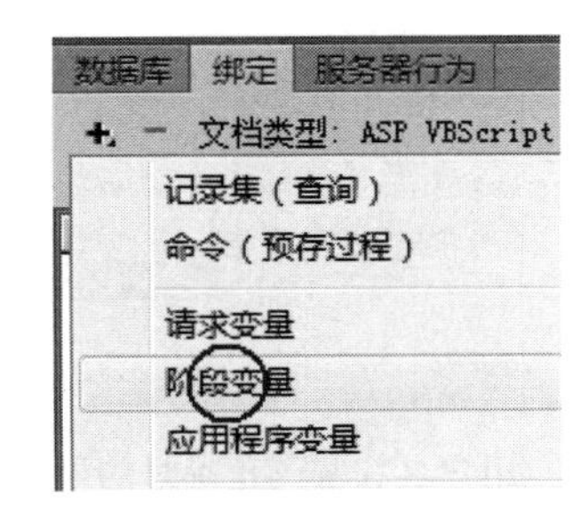

图 6-21　选择“阶段变量”选项

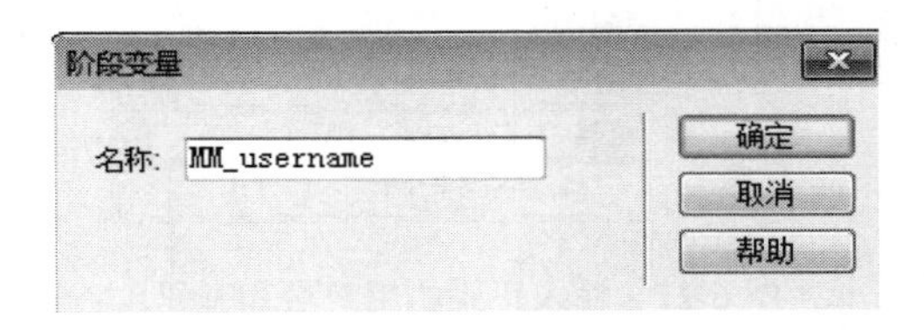

图 6-22　“阶段变量”对话框

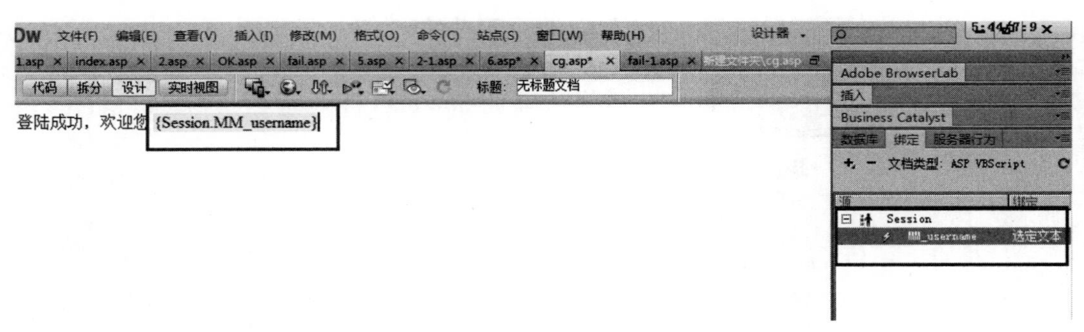

图 6-23　完成阶段变量设置后

6.5　测试登录效果

（1）测试网站的登录效果，如图 6-24 所示。

（2）输入错误的用户名和密码进行测试，如图 6-25 所示，进入如图 6-26 所示的页面。

图 6-24　测试登录效果

图 6-25　输入错误的用户名和密码

图 6-26　用户名错误时的显示效果

（3）使用正确的用户名来登录，如图 6-27 所示，进入如图 6-28 所示的页面。

图 6-27　输入正确的用户名和密码

图 6-28　用户名和密码正确时的显示效果

6.6 登录后转到详细页的设计

6.6.1 增加一个主详细页集

增加一个主详细页集的步骤如下。

（1）选择“插入”→“数据对象”→“主详细页集”选项，如图 6-29 所示，此时会弹出如图 6-30 所示的对话框。

提示要先创建记录集，如图 6-30 所示。

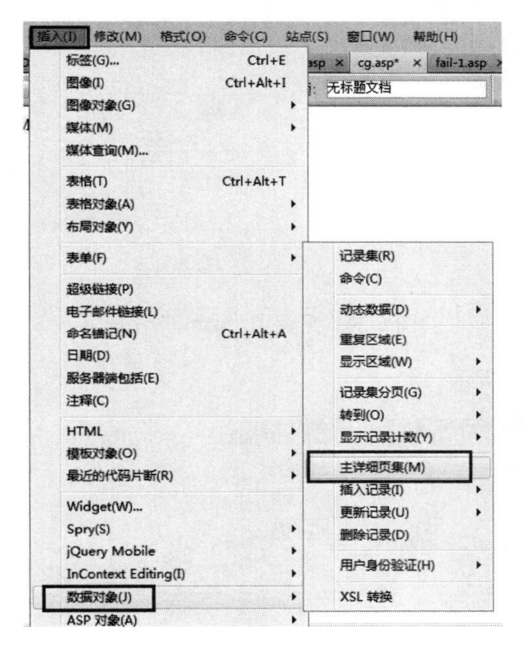

图 6-29 插入主详细页集

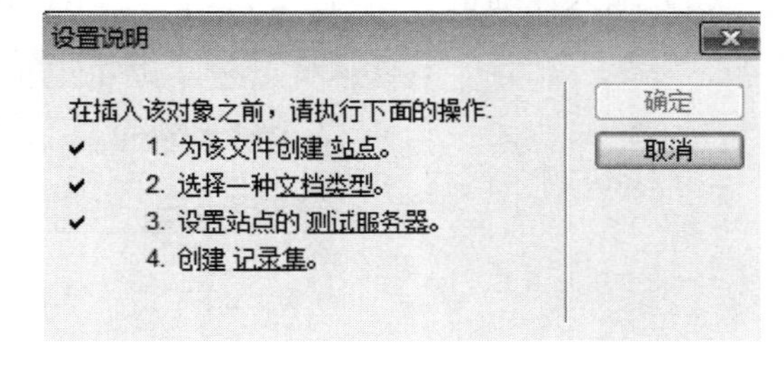

图 6-30 没有创建记录集时弹出的消息框

（2）选择添加的记录集，单击“确定”按钮，如图 6-31 和图 6-32 所示。

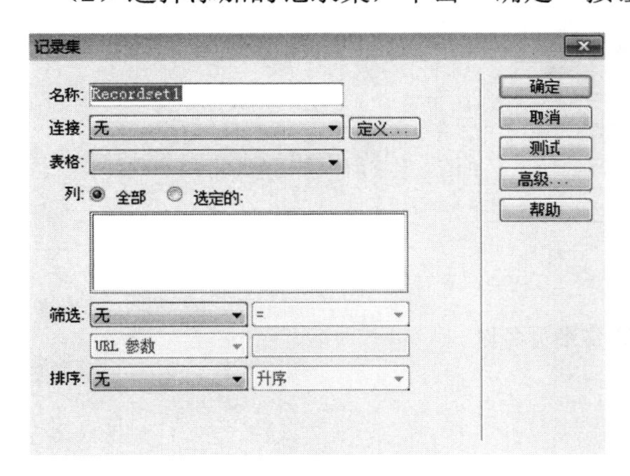

图 6-31 插入记录集

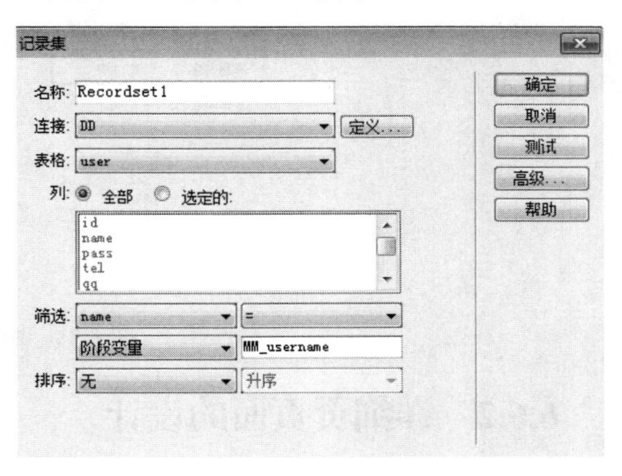

图 6-32 记录集的相关设置

（3）选择“插入”→“数据对象”→“主详细页集”选项，此时会弹出“插入主详细页集”

对话框，如图 6-33 所示。

（4）这里只保留用户名字段，如图 6-34 所示。

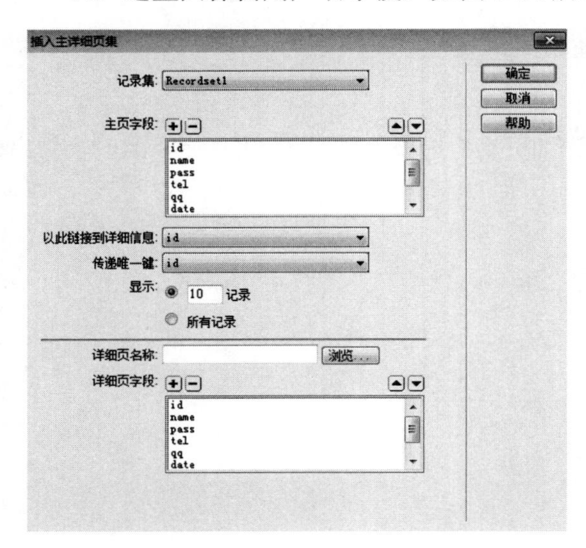

图 6-33 “插入主详细页集”对话框

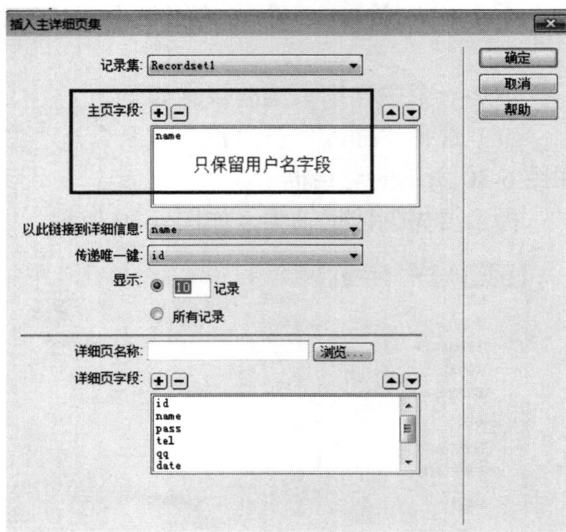

图 6-34 只保留“name”字段

（5）输入详细页名称为“2-2.asp”，如图 6-35 所示。

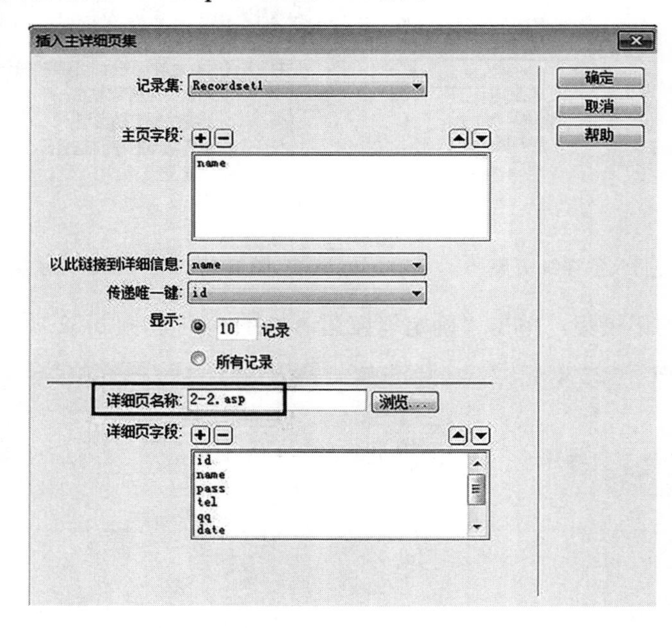

图 6-35 输入详细页名称

6.6.2 详细页页面的设计

（1）选中“2-2.asp”，如图 6-36 所示。其设计完成的页面区域如图 6-37 所示。

（2）测试网站效果，如图 6-38 所示。

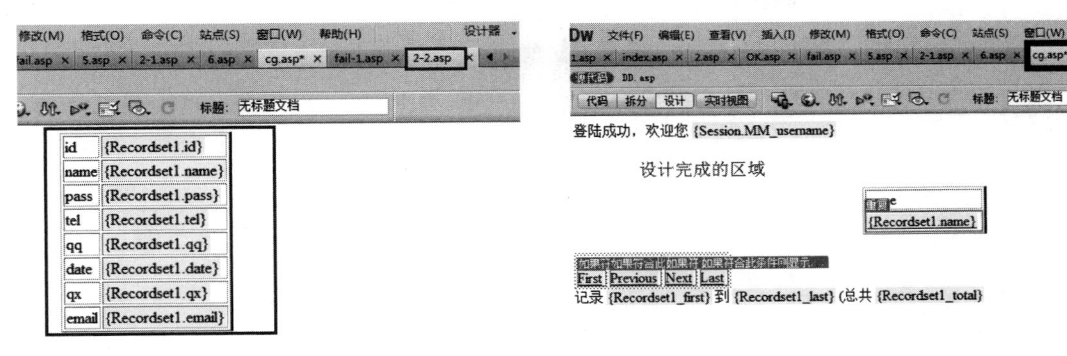

图 6-36　详细页面布局　　　　图 6-37　设计完成的页面区域

图 6-38　网站效果

6.6.3　测试转到详细页的效果

（1）测试详细页，提示“无内容，出错了”，如图 6-39 所示。

（2）查看并修改错误的链接，如图 6-40 和图 6-41 所示。

图 6-39　错误页面

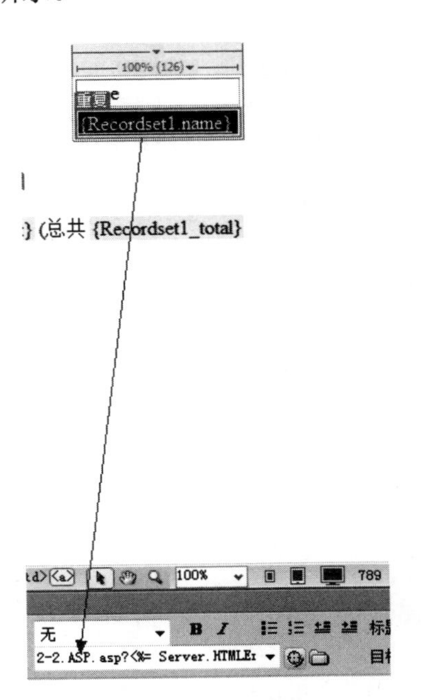

图 6-40　修改错误的链接

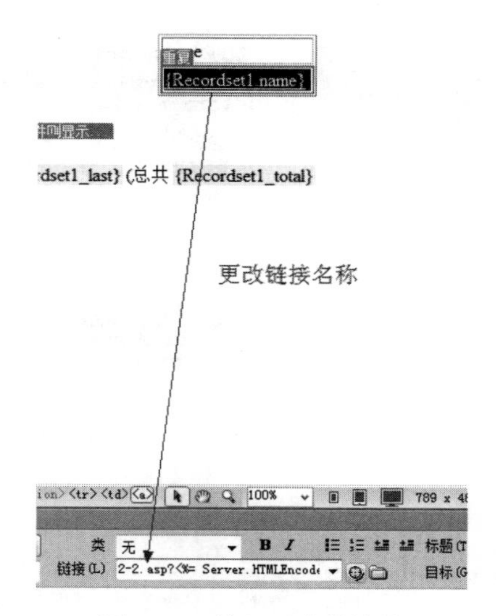

图 6-41　输入正确的链接

（3）重新进行测试，测试成功，如图 6-42 所示。

（4）用另一个用户名登录并测试，如图 6-43 所示，此时会进入如图 6-44 所示的页面。

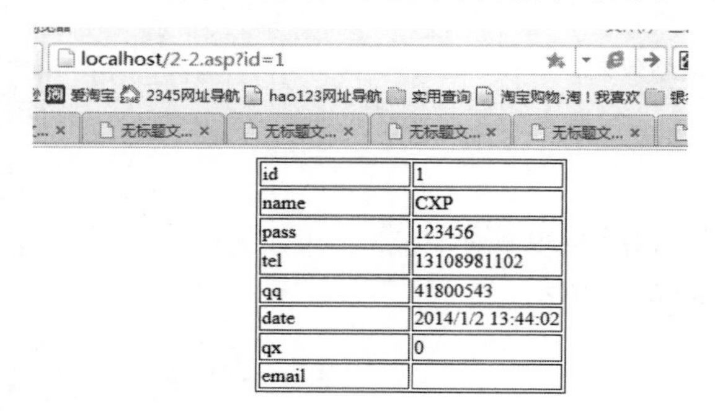

图 6-42　正确的显示效果

图 6-43　输入另一个用户名进行登录和测试

（5）单击用户名，会进入用户的详细页面，如图 6-45 所示。

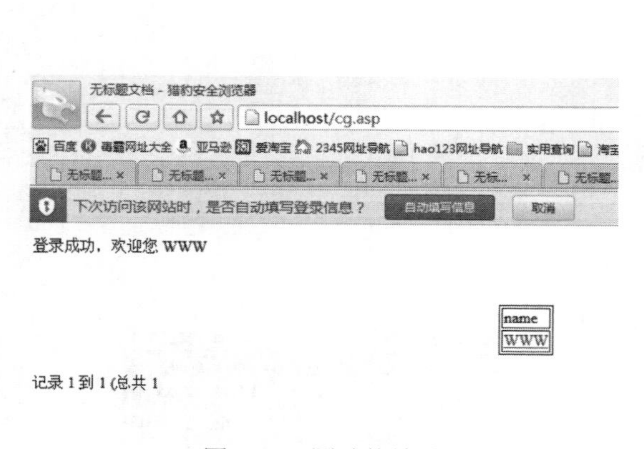

图 6-44　测试的效果

图 6-45　用户详细页面的显示效果

6.7　转到详细页的其他设计方法

6.7.1　选择转到详细页的服务器行为

注意这里与前面介绍的转到详细页的区别。

（1）单击“服务器行为”面板中的“+”按钮，选择“转到详细页面”选项，如图 6-46 所示。

（2）这里需要手动建立详细页并修改页面内容，如图 6-47 和图 6-48 所示。

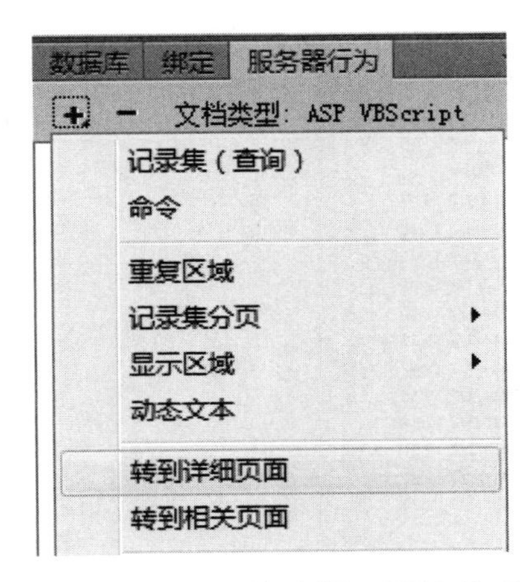

图 6-46　选择“转到详细页面”选项

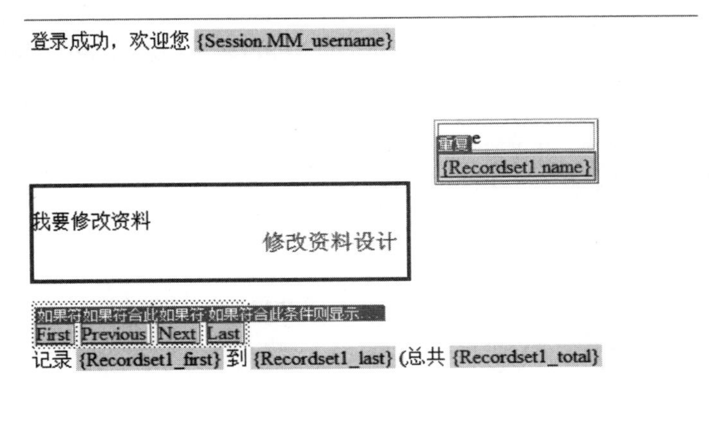

图 6-47　修改资料

（3）改为通过“name”来传递 URL 参数，如图 6-49 所示。

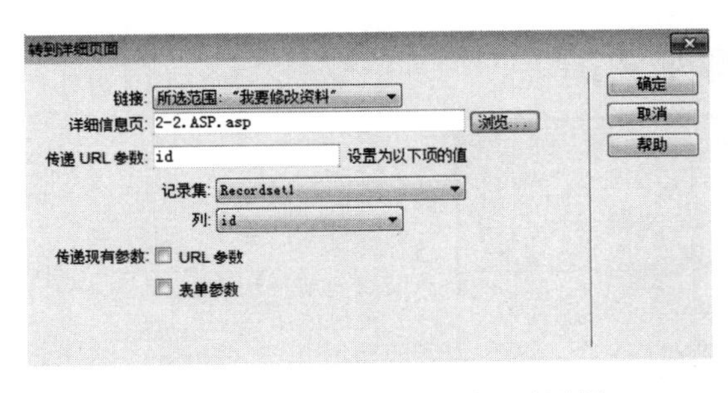

图 6-48　“转到详细页面”对话框

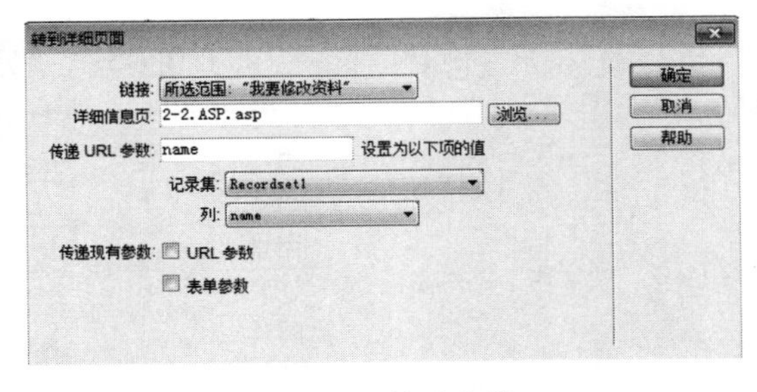

图 6-49　修改参数

6.7.2　转到详细页面的信息设计

（1）选择“文件”→“另存为”选项，如图 6-50 所示，此时会弹出如图 6-51 所示的“另存为”对话框，单击“保存”按钮。

（2）2-2.ASP.asp 页面的布局如图 6-52 所示。

（3）修改布局，去掉插入记录的行为和检查新用户的行为，如图 6-53 所示。

（4）将“提交”按钮更改为“修改”按钮，如图 6-54 所示。

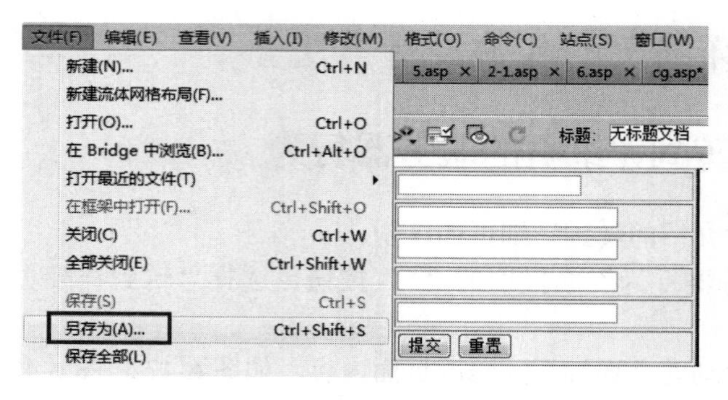

图 6-50　选择“另存为”选项

图 6-51　“另存为”对话框

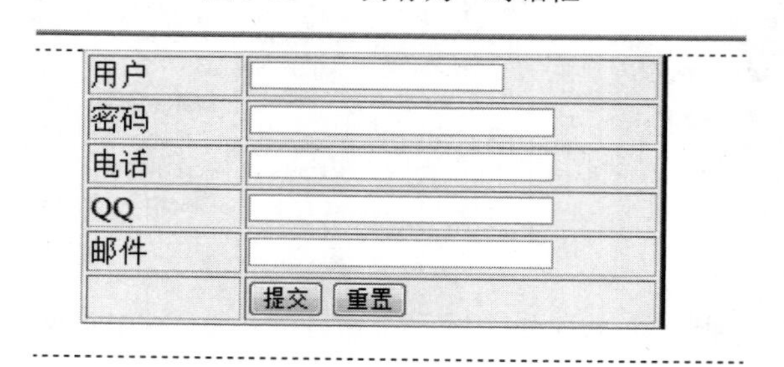

图 6-52　用户登录页面的布局

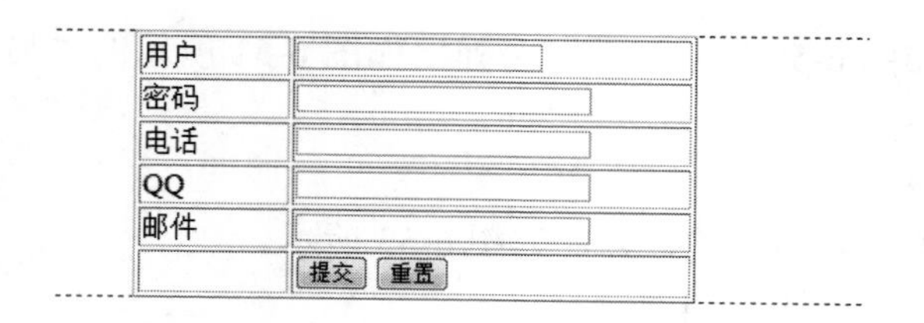

图 6-53　去掉“重置”按钮

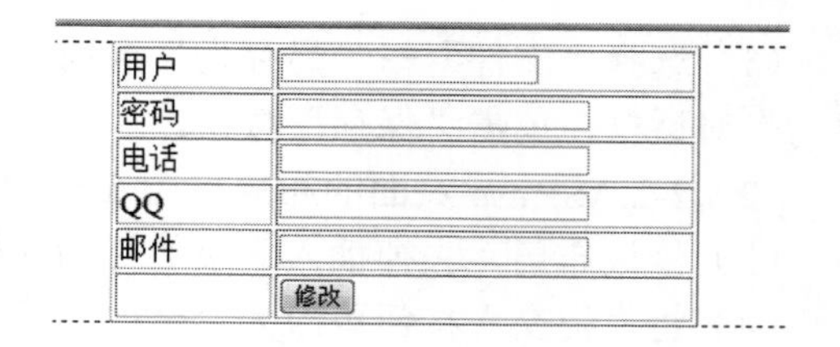

图 6-54　将“提交”按钮更改为“修改”按钮

6.7.3　详细信息页的记录集的设置

详细信息页的记录集的相关设置如图 6-55 和图 6-56 所示。

图 6-55　插入记录集

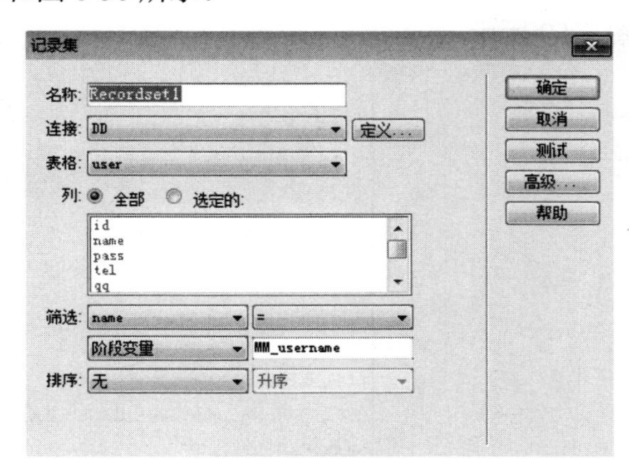

图 6-56　设置记录集

更新记录的设置如图 6-57 所示。

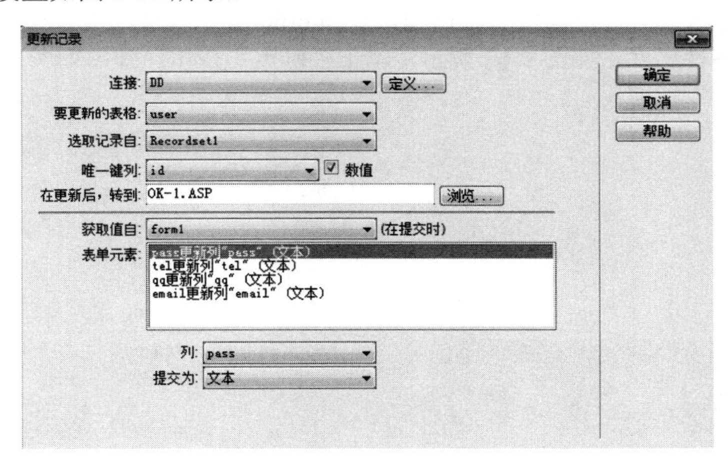

图 6-57　“更新记录”对话框

6.7.4　新建修改成功页面

修改成功页面为“OK-1.asp”，如图 6-58 所示。

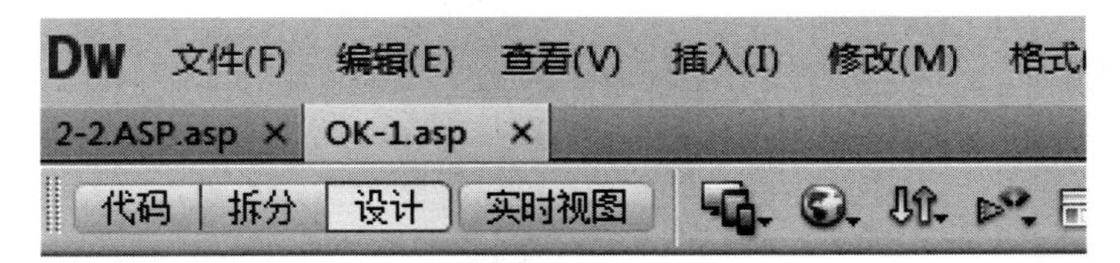

图 6-58　OK-1.asp

6.7.5 测试转到详细页面

（1）进行测试，从登录页登录后，测试登录成功的页面，发现网页并不能正常显示，如图 6-59 所示。

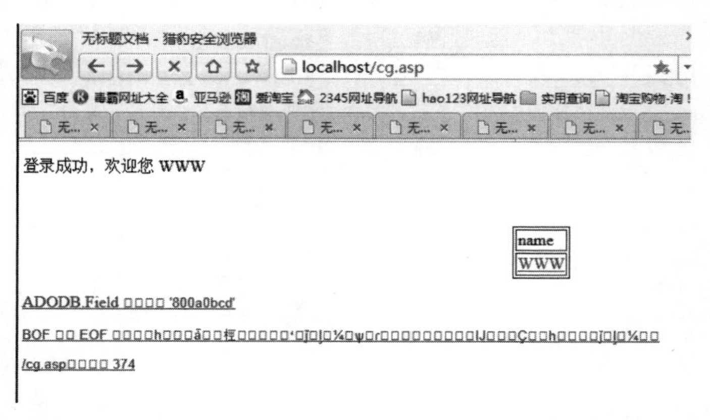

图 6-59 登录成功后显示的页面效果

（2）选择“修改”→“页面属性”选项，如图 6-60 所示，此时会进入如图 6-61 所示的页面，设置页面的各种属性，如图 6-62 所示，单击“确定”按钮，弹出如图 6-63 所示的提示对话框，单击“应用”按钮。

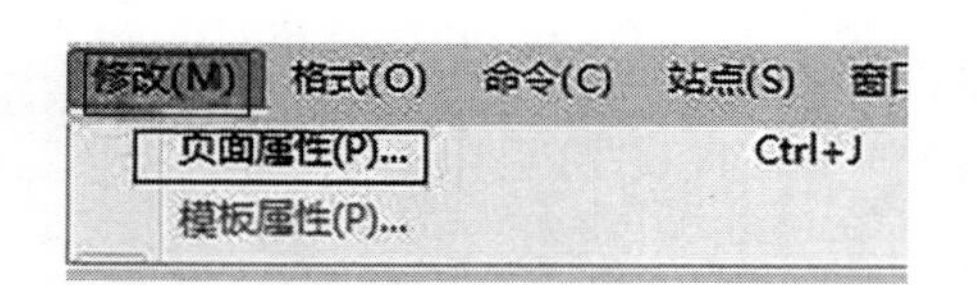

图 6-60 选择“页面属性”选项

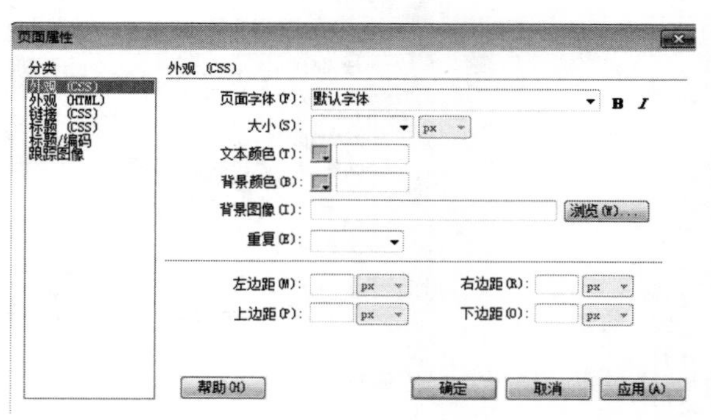

图 6-61 “页面属性”对话框

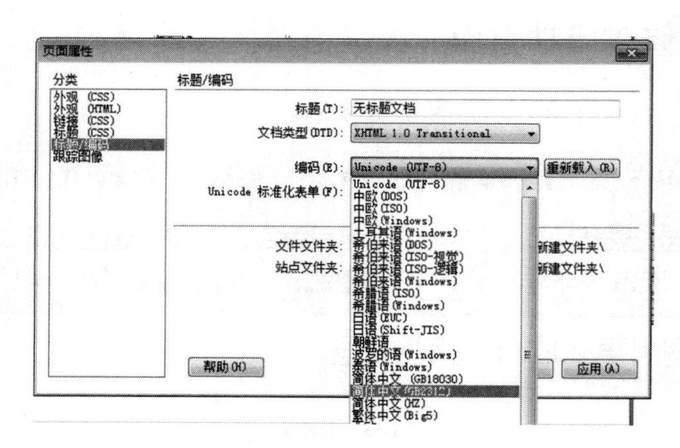

图 6-62 “标题/编码”设置

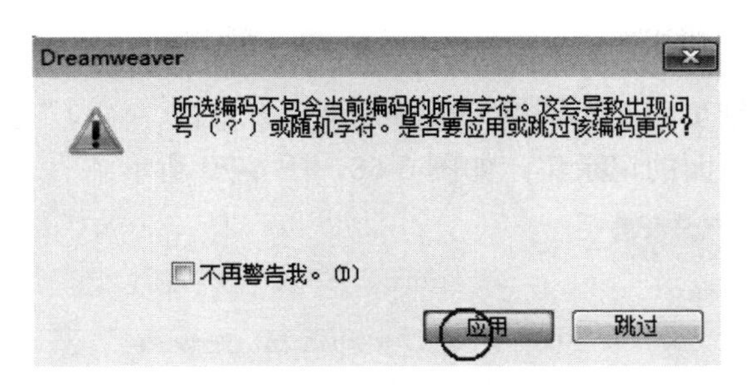

图 6-63　提示框

再次进行测试，提示所需的操作需要一个当前的记录，如图 6-64 所示。

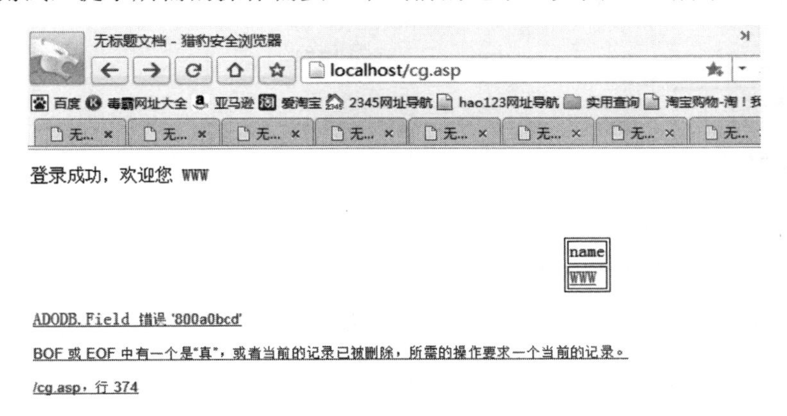

图 6-64　测试效果

6.7.6　修改登录成功页面记录集

建立一个记录集并进行相关设置，如图 6-65 和图 6-66 所示。

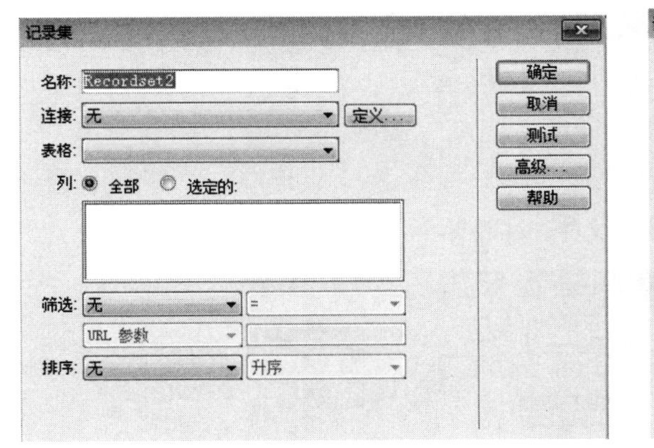

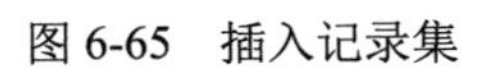
图 6-65　插入记录集

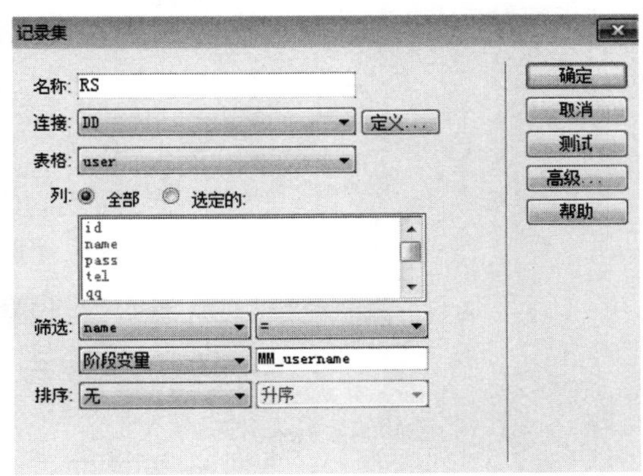

图 6-66　记录集的相关设置

6.7.7　修改转到详细页服务器行为

（1）单击“服务器行为”面板中的“+”按钮，选择“转到详细页面”选项，如图 6-67

所示。

（2）弹出“转到详细页面”对话框，选择记录集，单击“浏览”按钮，弹出“选择文件”对话框，选择转到详细页面的记录集，如图 6-68～图 6-70 所示。

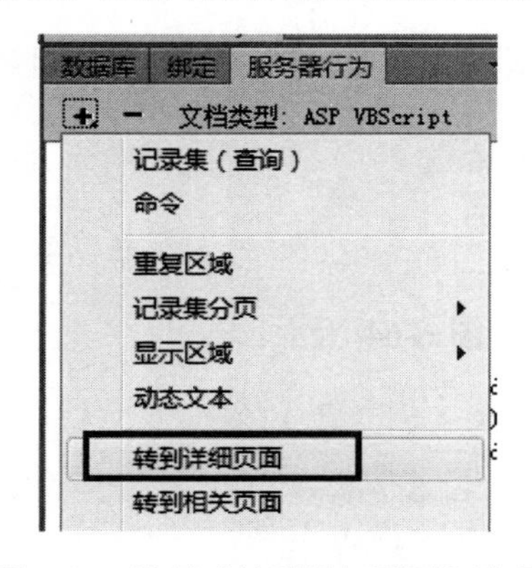

图 6-67　选择“转到详细页面”选项

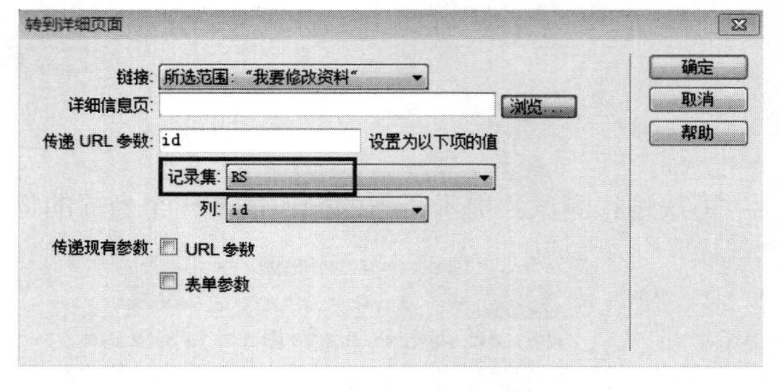

图 6-68　选择“RS”记录集

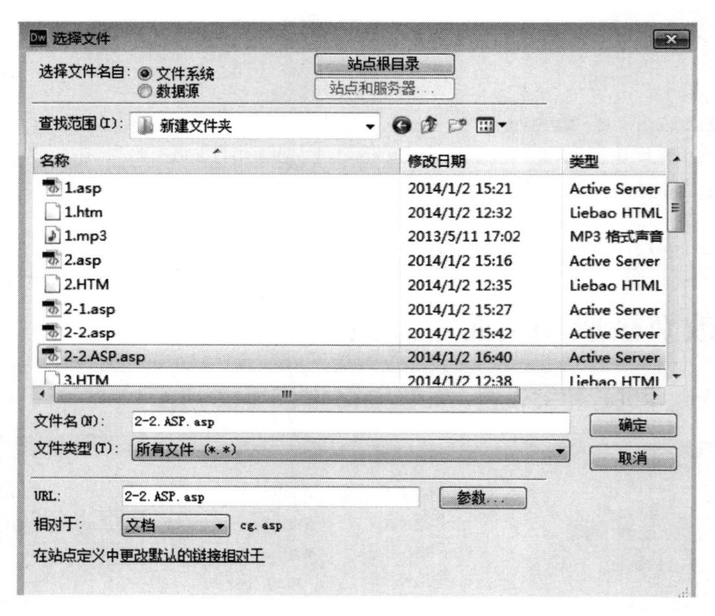

图 6-69　“选择文件”对话框

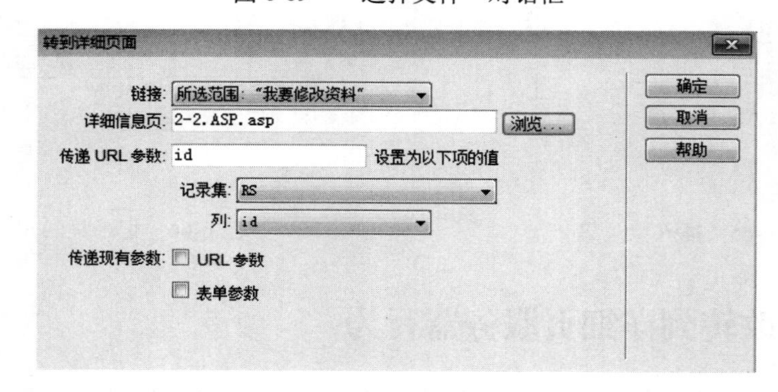

图 6-70　“转到详细页面”对话框

6.7.8　测试修改的效果

再次测试，发现可以正常显示了，如图 6-71 所示。

图 6-71　正常显示效果

单击“我要修改资料”超链接，在打开的界面中，修改资料，如图 6-72 所示。

总结：转到详细页的设计出错的原因是原来只有一个记录集，增加一个 RS 记录集后即可成功测试，如图 6-73 所示。

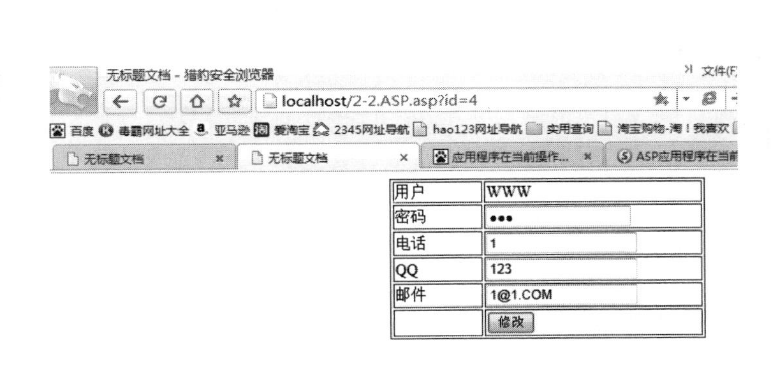

图 6-72　修改资料

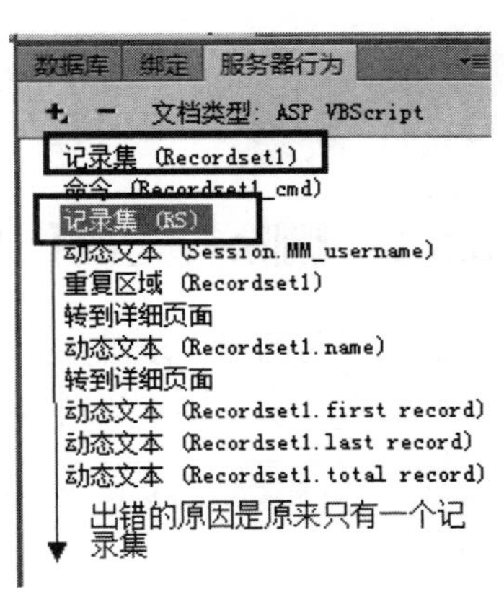

图 6-73　出错的原因

6.7.9　测试数据的修改

（1）打开网站，输入数据，单击“修改”按钮，如图 6-74 所示，修改密码，此时进入如图 6-75 所示的页面。

（2）用修改后的密码再次登录，如图 6-76 所示。

（3）登录成功后，查看其资料，如图 6-77 所示。

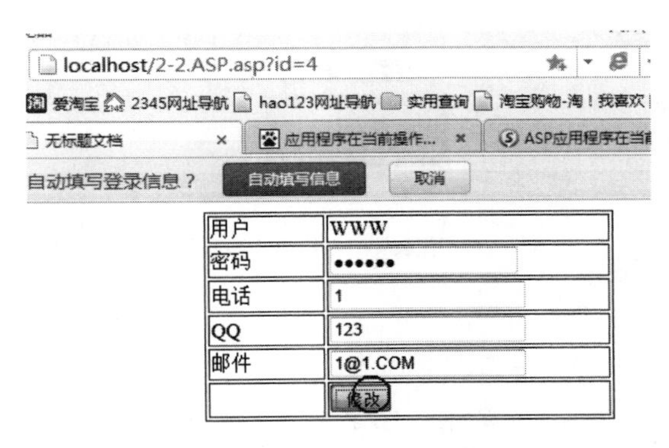

图 6-74　单击“修改”按钮

图 6-75　修改成功

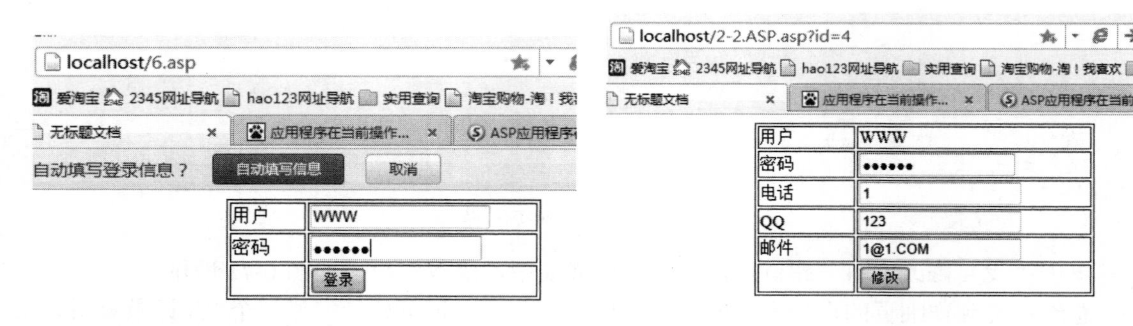

图 6-76　修改密码后再次登录　　　　图 6-77　查看资料

6.8　删除记录行为的应用

6.8.1　删除行为的使用

删除记录集的操作步骤如下。

（1）输入文字“删除资料”，如图 6-78 所示。

登录成功，欢迎您 {Session.MM_username}

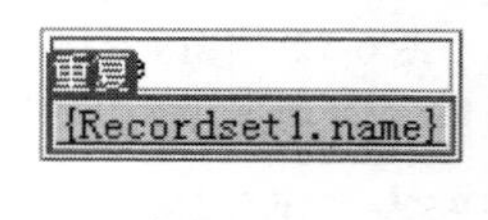

我要修改资料

删除资料

记录

{Recordset1_first} 到 {Recordset1_last} (总共 {Recordset1_total}

图 6-78　输入文字

（2）单击“服务器行为”面板中的“+”按钮，选择“删除记录”选项，如图 6-79 所示。

（3）此时 Dreamweaver 会提示出错，如图 6-80 所示。

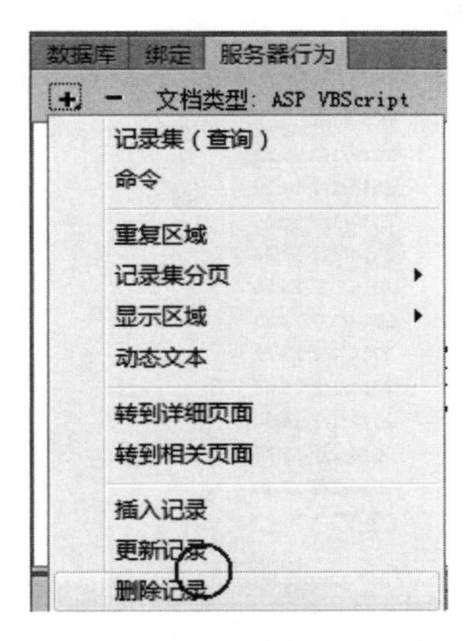

图 6-79　选择“删除记录”选项

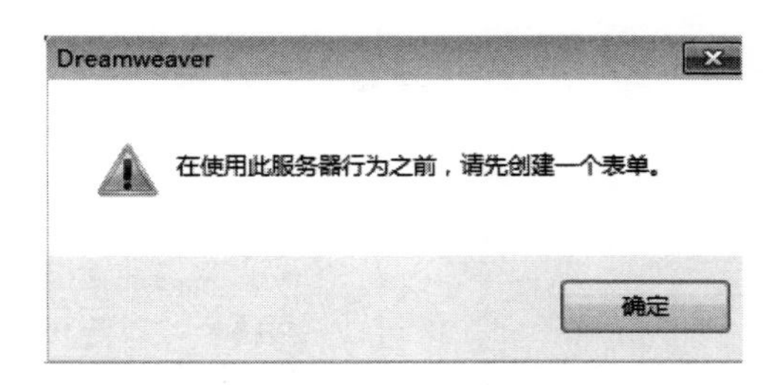

图 6-80　提示出错信息

6.8.2　设计转到删除详细页的链接

单击“服务器行为”面板中的“+”按钮，选择“转到详细页面”选项，弹出“转到详细页面”对话框，进行删除详细页的链接设置，如图 6-81 和图 6-82 所示。

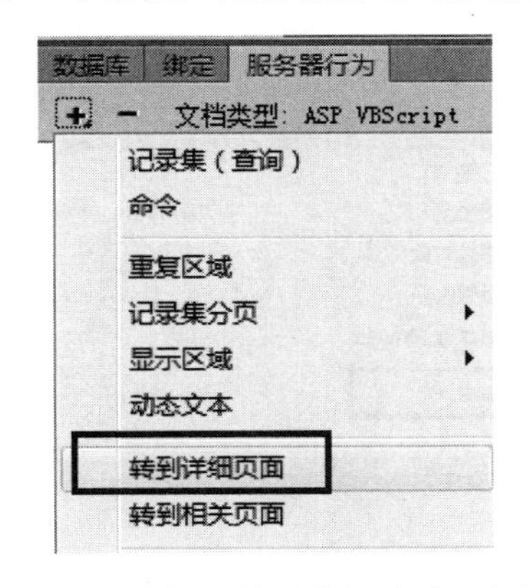

图 6-81　选择“转到详细页面”选项

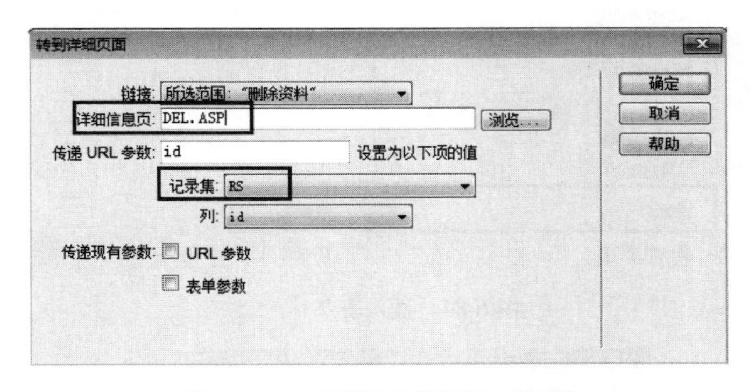

图 6-82　“转到详细页面”对话框

6.8.3　删除页面的设计

1. 删除页面的布局设计

（1）新建一个网页并保存，如图 6-83 所示。

（2）选择“插入”→“表单”→“表单”选项，如图 6-84 所示。

（3）选择“插入”→“表格”选项，如图 6-85 所示，弹出如图 6-86 所示的“表格”对话框，单击“确定”按钮。

（4）对插入完成的表格进行居中对齐，如图 6-87 所示。

图 6-83 “另存为”对话框

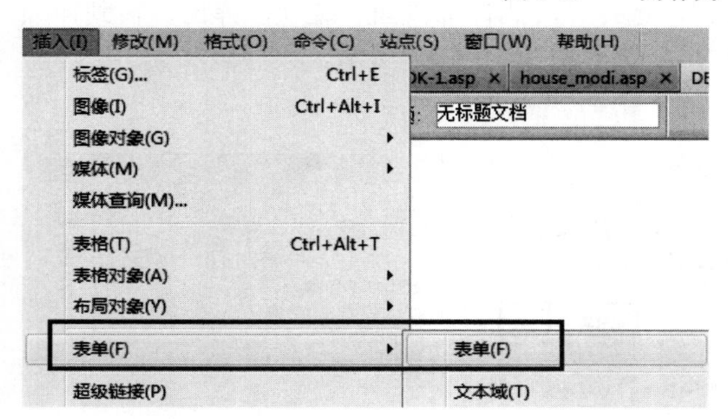

图 6-84 插入表单

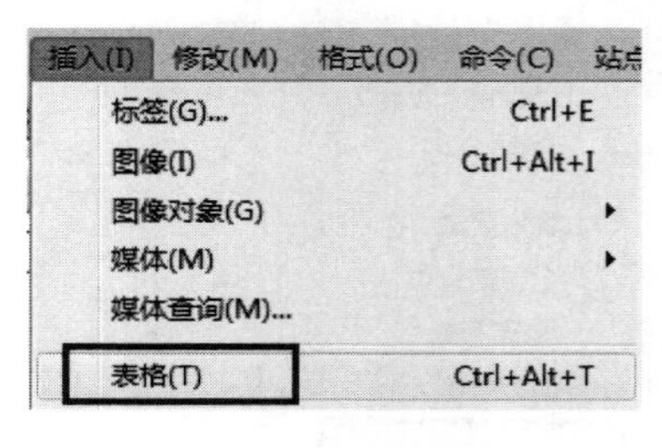

图 6-85 在表单中插入表格

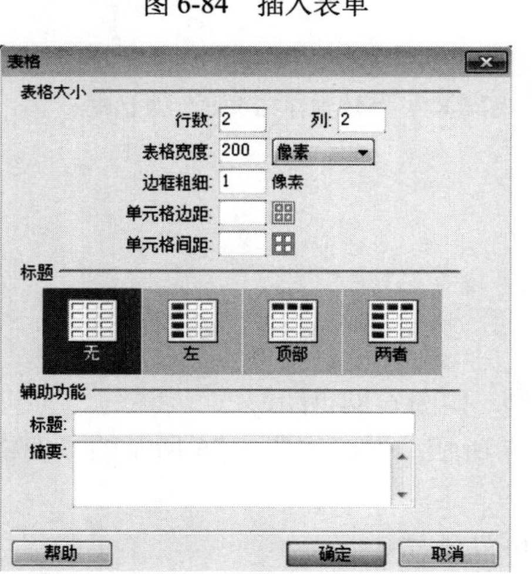

图 6-86 “表格”对话框

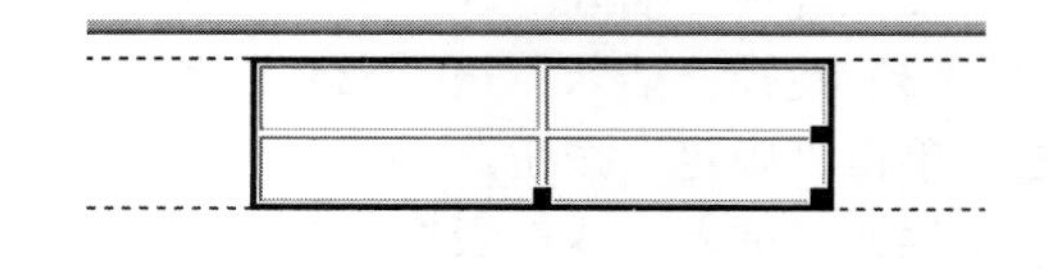

图 6-87 表格居中对齐

2. 删除页面的记录集的设置

（1）删除页面的记录集的设置如图 6-88 和图 6-89 所示。

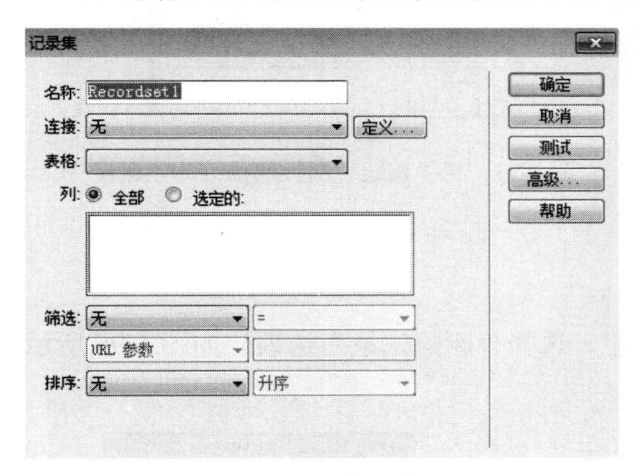

图 6-88　新建记录集

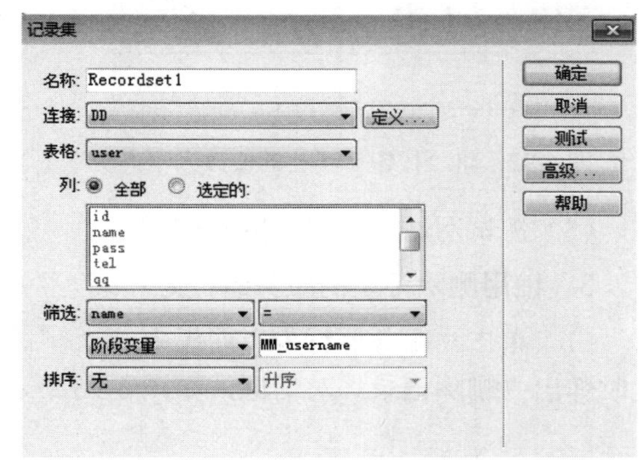

图 6-89　记录集相关设置

（2）在表单中插入记录集，如图 6-90 所示。

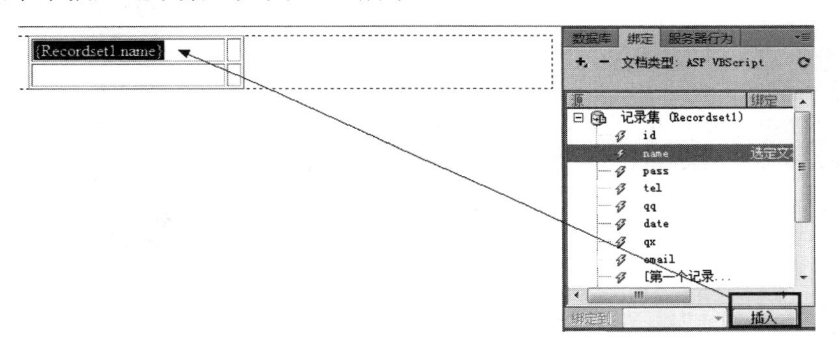

图 6-90　插入记录集

（3）选择“插入”→“表单”→“按钮”选项，如图 6-91 所示。

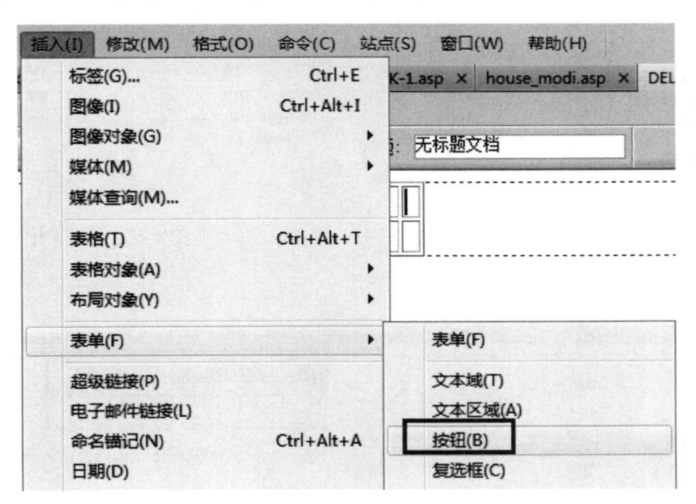

图 6-91　插入按钮

（4）插入按钮，并修改按钮的值，如图 6-92 和图 6-93 所示。

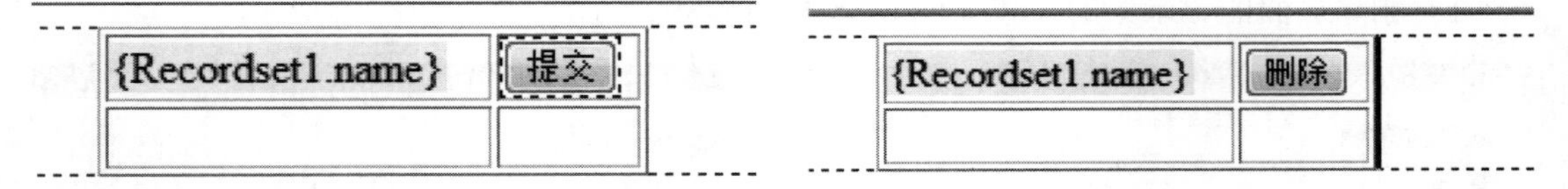

图 6-92　将“按钮”属性的值改为“提交”　　　图 6-93　将“按钮”属性的值改为“删除”

（5）测试网站，效果如图 6-94 所示。

3．使用删除记录的服务器行为

（1）单击“服务器行为”面板中的“+”按钮，选择“删除记录”选项，如图 6-95 所示，此时弹出“删除记录”对话框，如图 6-96 所示。

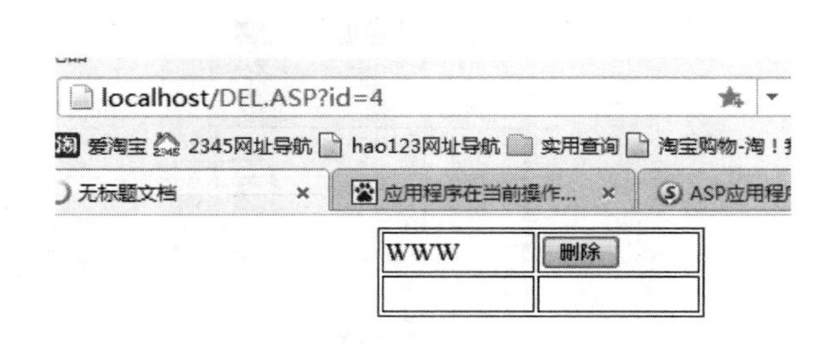

图 6-94　测试效果

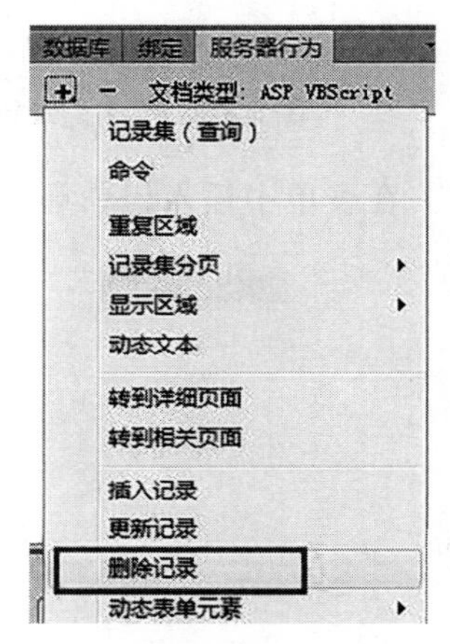

图 6-95　选择“删除记录”选项

（2）进行删除记录的相关设置，单击“确定”按钮，如图 6-97 所示。

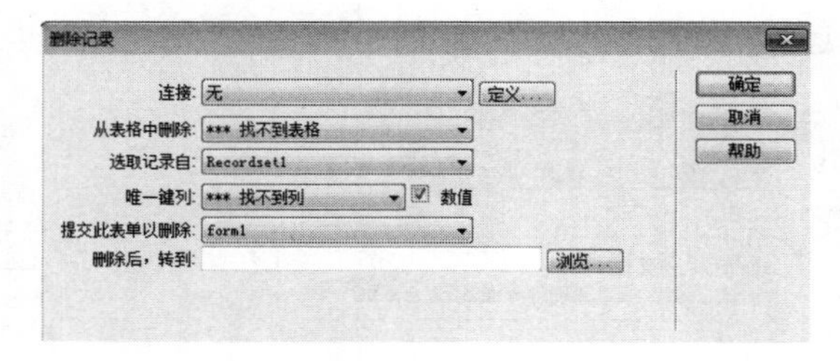

图 6-96　“删除记录”对话框

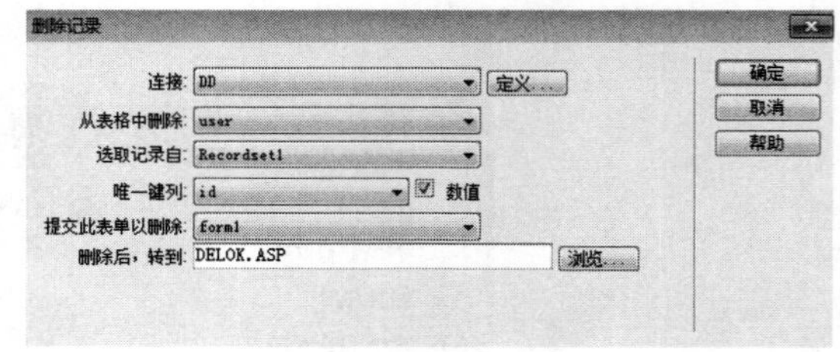

图 6-97　删除记录的设置

完成后的页面如图 6-98 所示。

图 6-98　完成后的页面

4．删除成功页面的设置

删除成功的页面如图 6-99 所示。

（1）保存删除成功页面，如图 6-100 所示。

删除成功，我要注册

图 6-99 删除成功的页面

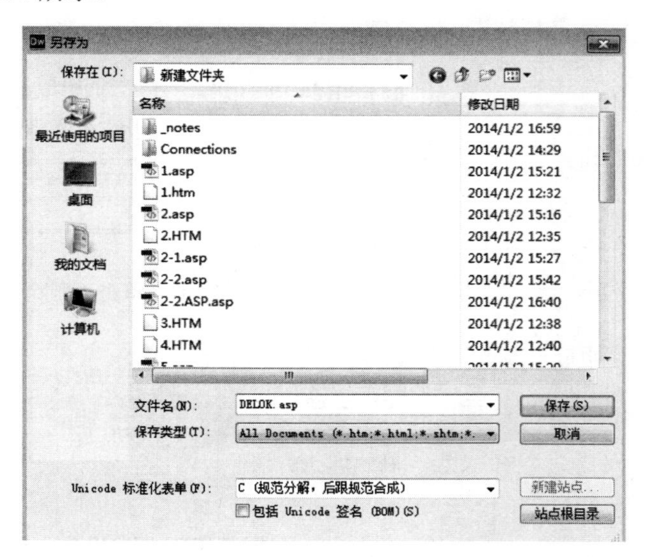

图 6-100 保存页面

（2）设置好其超链接，如图 6-101 所示。

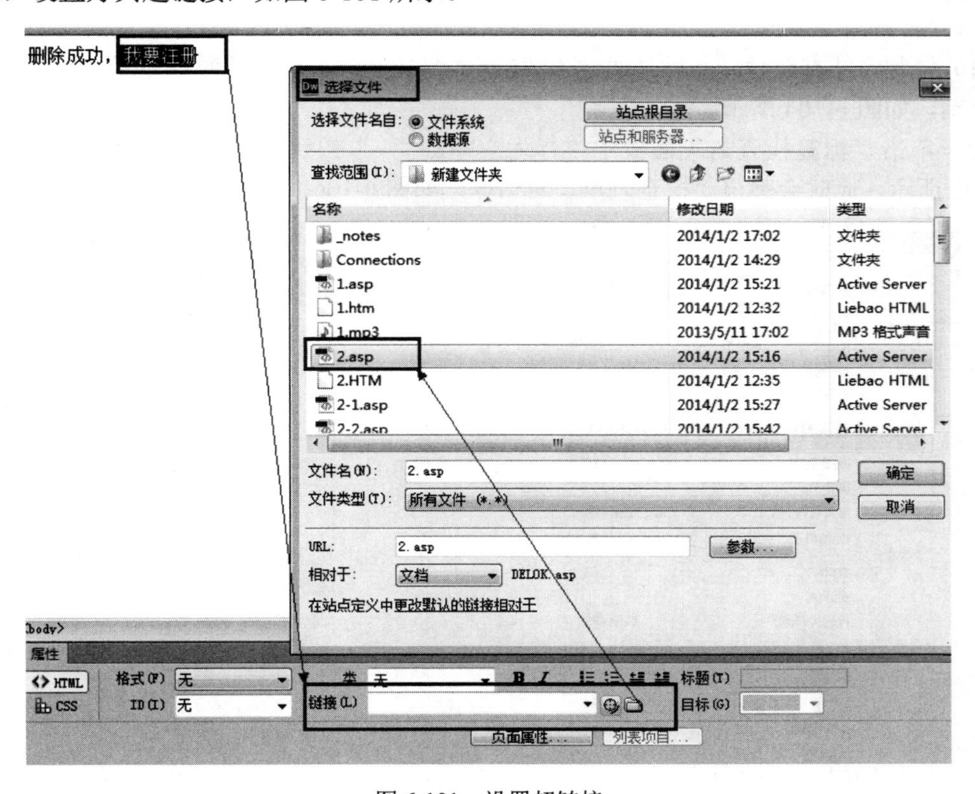

图 6-101 设置超链接

6.8.4 测试删除效果

测试“删除”按钮的效果，如图 6-102 所示，进入如图 6-103 所示的页面。

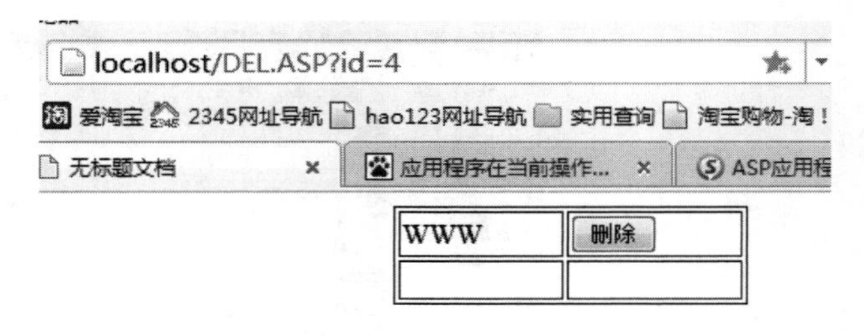

图 6-102 单击“删除”按钮

图 6-103 删除成功页面的效果

6.9 用户注册行为的检查

（1）控制方法有两种：一种是通过 JavaScript 来控制，另一种是通过 Dreamweaver 中的行为来控制，如图 6-104 所示。

（2）单击“标签检查器”面板中“行为”中的“+”按钮，选择“检查表单”选项，如图 6-105 所示，此时会弹出“检查表单”对话框，如图 6-106 所示。

图 6-104 选择“行为”选项

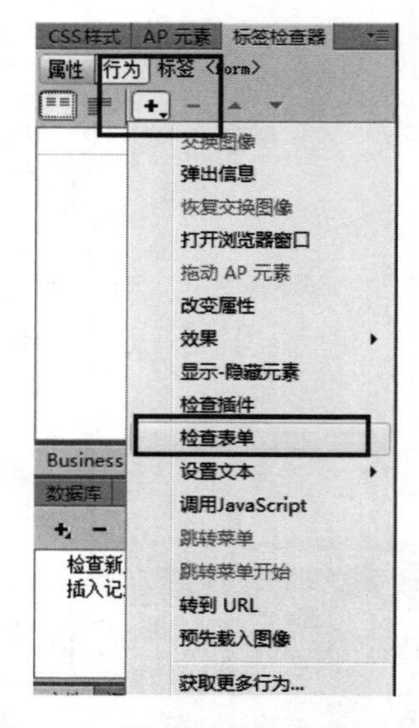

图 6-105 选择“检查表单”选项

（3）设置“name”的属性，如图 6-107 所示。

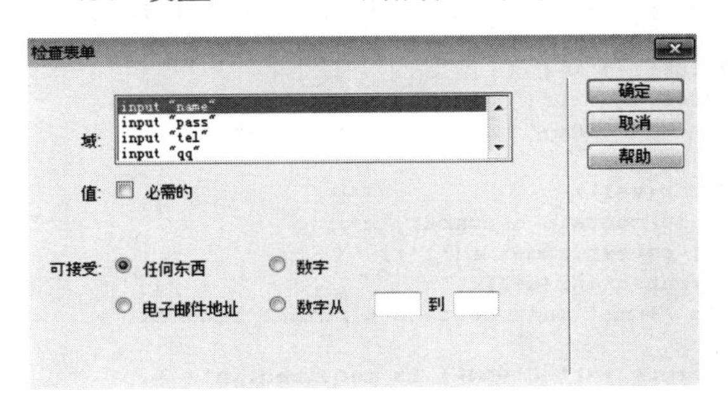

图 6-106 “检查表单”对话框

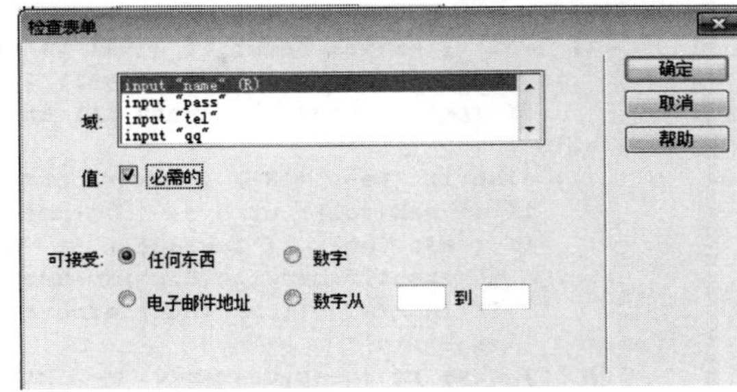

图 6-107 设置“name”的属性

（4）设置“pass”的属性，如图 6-108 所示。

（5）设置“tel”的属性，如图 6-109 所示。

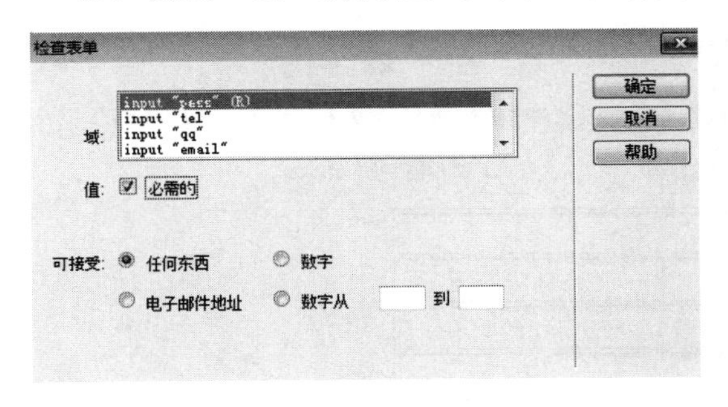

图 6-108 设置“pass”的属性

图 6-109 设置“tel”的属性

（6）设置“qq”的属性，如图 6-110 所示。

（7）设置“email”的属性，如图 6-111 所示。

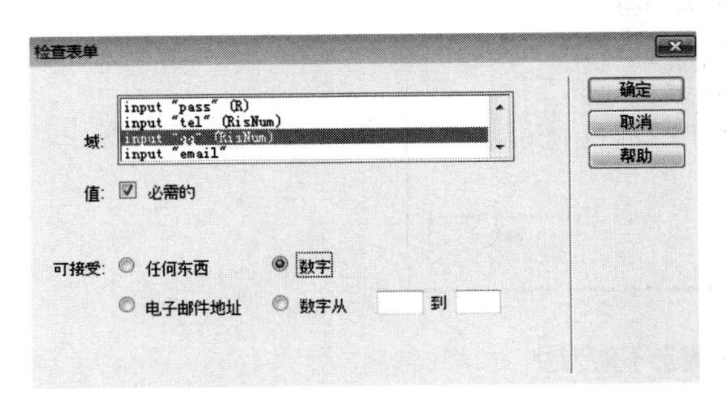

图 6-110 设置“qq”的属性

图 6-111 设置“email”的属性

（8）控制后台中必须输入内容，但是会以全英文显示。

查看这些代码，如图 6-112 所示。

（9）测试网站，弹出对话框，如图 6-113 所示。

（10）更改代码，如图 6-114 所示。

此时提示信息会变成中文，如图 6-115 所示。

```
    var i,p,q,nm,test,num,min,max,errors='',args=MM_validateForm.arguments;
    for (i=0; i<(args.length-2); i+=3) { test=args[i+2]; val=document.getElementById(
args[i]);
      if (val) { nm=val.name; if ((val=val.value)!="") {
        if (test.indexOf('isEmail')!=-1) { p=val.indexOf('@');
          if (p<1 || p==(val.length-1)) errors+='- '+nm+' must contain an e-mail
address.\n';
        } else if (test!='R') { num = parseFloat(val);
          if (isNaN(val)) errors+='- '+nm+' must contain a number.\n';
          if (test.indexOf('inRange') != -1) { p=test.indexOf(':');
            min=test.substring(8,p); max=test.substring(p+1);
            if (num<min || max<num) errors+='- '+nm+' must contain a number between '+
min+' and '+max+'.\n';
      } } } else if (test.charAt(0) == 'R') errors += '- '+nm+' is required.\n'; }
    } if (errors) alert('The following error(s) occurred:\n'+errors);
    document.MM_returnValue = (errors == '');
} }
</script>
```

图 6-112　查看后台代码

图 6-113　英文提示不能为空

```
min+' and '+max+'.\n';
      } } } else if (test.charAt(0) == 'R') errors += '- '+nm+' 不能为空.\n'; }
    } if (errors) alert('The following error(s) occurred:\n'+errors);
    document.MM_returnValue = (errors == '');
} }
</script>
</head>
```

图 6-114　更改代码

（11）输入用户信息，此时在“邮件”处输入“1”，提交信息后会弹出提示对话框，如

图 6-116 所示。

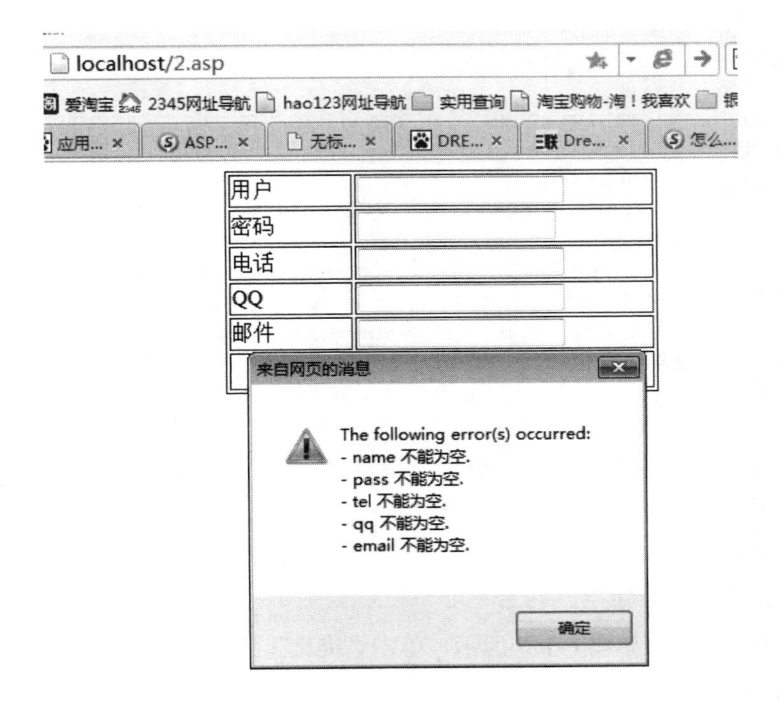

图 6-115　中文提示不能为空

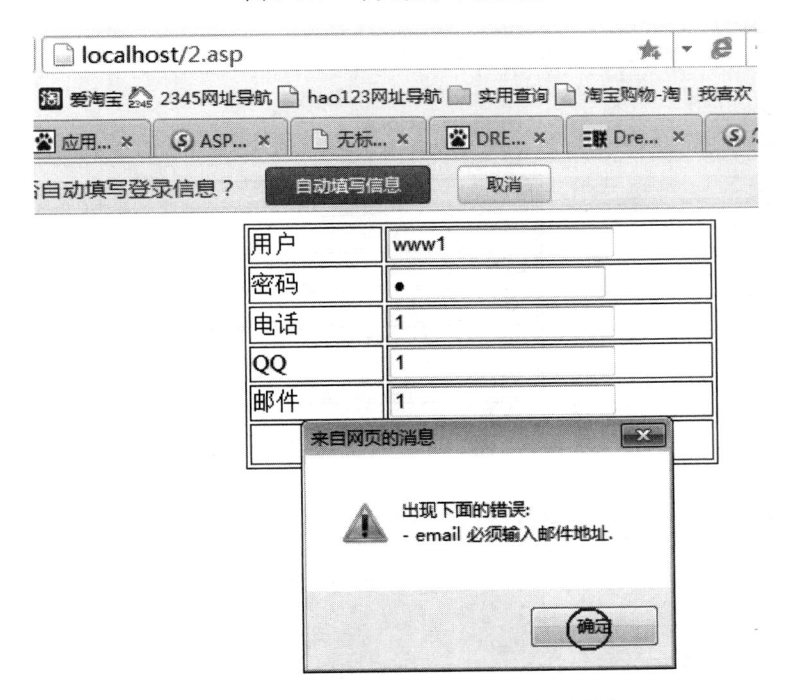

图 6-116　email 输入错误时弹出的对话框

其控制台的代码如下所示。

```
        <script type="text/javascript">
        function MM_validateForm() { //v4.0
          if (document.getElementById){
            var
i,p,q,nm,test,num,min,max,errors='',args=MM_validateForm.arguments;
            for (i=0; i<(args.length-2); i+=3) { test=args[i+2];
val=document.getElementById(args[i]);
              if (val) { nm=val.name; if ((val=val.value)!="") {
                if (test.indexOf('isEmail')!=-1) { p=val.indexOf('@');
                  if (p<1 || p==(val.length-1)) errors+='- '+nm+' 必须输入邮件地址.\n';
                } else if (test!='R') { num = parseFloat(val);
                  if (isNaN(val)) errors+='- '+nm+' 必须输入数字.\n';
                  if (test.indexOf('inRange') != -1) { p=test.indexOf(':');
                    min=test.substring(8,p); max=test.substring(p+1);
                    if (num<min || max<num) errors+='- '+nm+' 必须是数字 between '+min+'
and '+max+'.\n';
              } } } else if (test.charAt(0) == 'R') errors += '- '+nm+' 不能为空.\n'; }
            } if (errors) alert('出现下面的错误:\n'+errors);
            document.MM_returnValue = (errors == '');
        } }
        </script>
```

（12）输入用户信息，如图 6-117 所示，单击“提交”按钮，此时会进入如图 6-118 所示的页面。这表明测试成功。

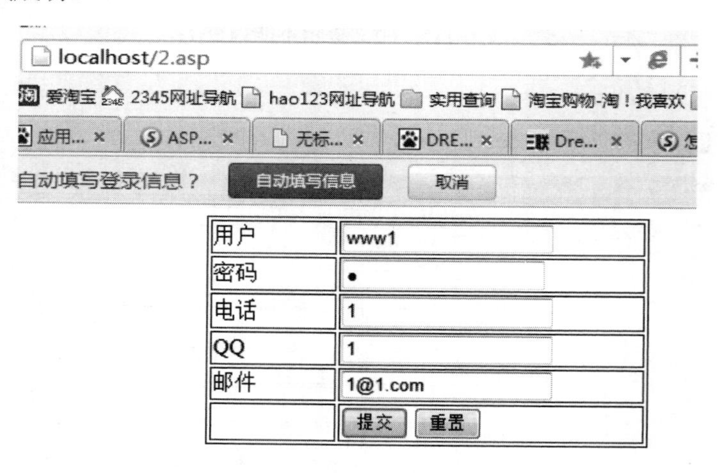

图 6-117　提交信息

无标题文档 - 猎豹安全浏览器
localhost/OK.asp
百度 毒霸网址大全 亚马逊 爱淘宝 2345网址导航 hao123网址导航
下次访问该网站时，是否自动填写登录信息？　自动填写信息
注册成功

图 6-118　注册成功

本章小结

本章介绍了通用网站的后台管理功能模块的设计，其中主要包含登录页面的设计，登录后进行用户资料的修改、删除；也介绍了转到详细页的两种设计方法，一种方法是通过主记录集来实现，另一种方法是通过转到详细页的服务器行为来实现。另外，本章还介绍了用户重名、用户注册页面的检查方法。

上机实习 6

1. 上机完成本章的案例。

2. 对第 5 章的用户注册、留言页面进行功能完善，即用户能够修改注册资料、修改留言，管理员可以删除用户、删除留言、回复留言。

动态网站开发部署全站实例——以酒店管理网站开发为例

本章介绍动态网站的综合开发案例，涉及网站的前台开发，后台开发等操作，很多知识点前文已经讲解，如有需要可以参考前面第 5 ~ 6 章。

学习目标

【知识能力目标】

1. 掌握“前台首页”“联系我们”的设计方法，尤其是数据的显示。
2. 掌握文本格式化的操作方法。
3. 掌握酒店管理前台制作方法。
4. 掌握酒店管理前台页面制作方法。
5. 掌握后台管理的制作方法，包括登录管理、删除记录、增加记录的使用方法。

【素养目标】

通过综合案例的开发，培养设计师需要的基本素养：团队合作、高效工作；注重保护网站的安全，严格客户信息的收集、归纳和总结。

7.1 首页前台的制作

（1）在 Dreamweaver 中打开 index.asp 页面，如图 7-1 所示。

（2）创建记录集。单击“绑定”面板中的“+”按钮，选择“记录集（查询）”选项，弹出“记录集”对话框，设置记录集名称为“sy”，连接到“conn1”数据库，使用其中的“jieshao”表格，单击“确定”按钮，如图 7-2 所示。

创建好的记录集如图 7-3 所示。

（3）向表单中插入“jieshao”和“neirong”两个字段。选中“jieshao”和“neirong”字段并分别单击“插入”按钮，如图 7-4 所示。

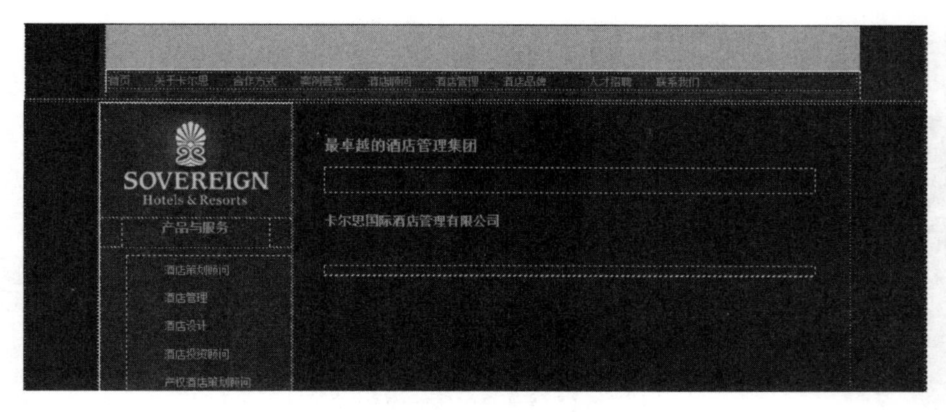

图 7-1　index.asp 页面

图 7-2　设置记录集

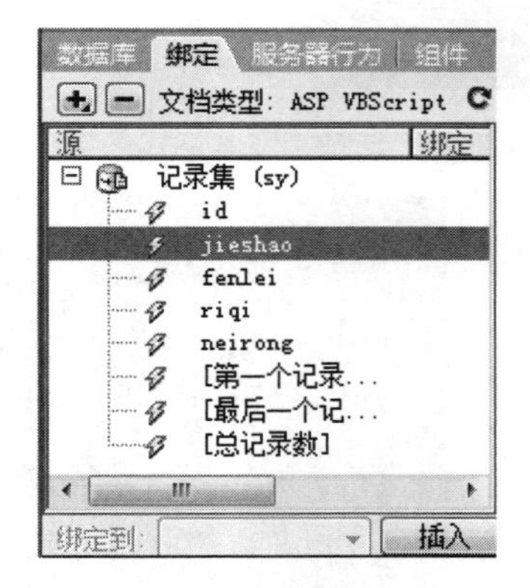

图 7-3　创建好的记录集

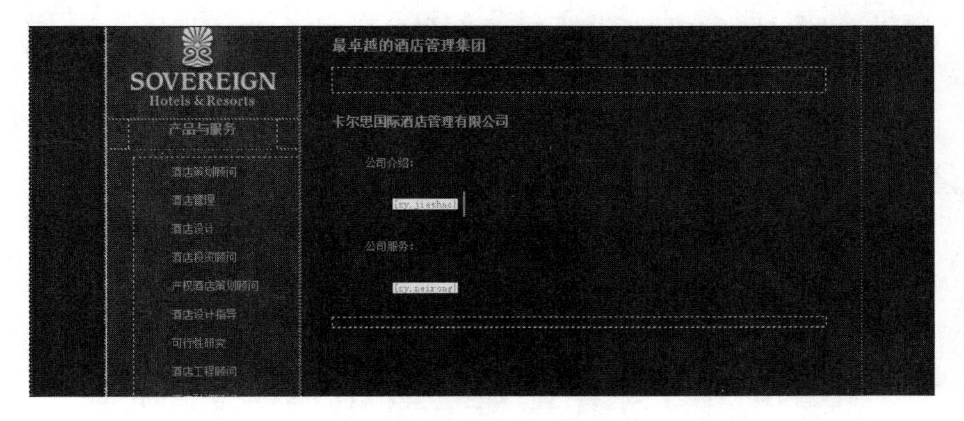

图 7-4　插入记录集

（4）格式化字段。

选中表单中的一个字段，单击“服务器行为”面板中的“+”按钮，选择“chinaPCschool NFENG”→“文本格式化”选项，如图 7-5 所示。

弹出“文本格式化”对话框，在“格式的字段”下拉列表中选择字段“jieshao”，单击“确定”按钮，如图 7-6 所示。

两个字段设置好后的效果如图 7-7 所示。

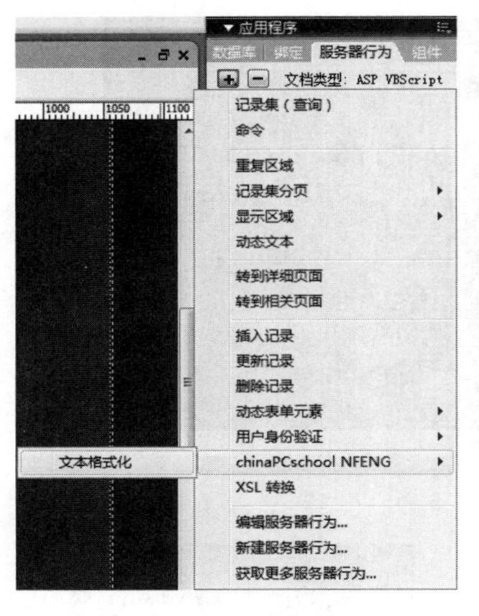

图 7-5　选择“文本格式化”选项

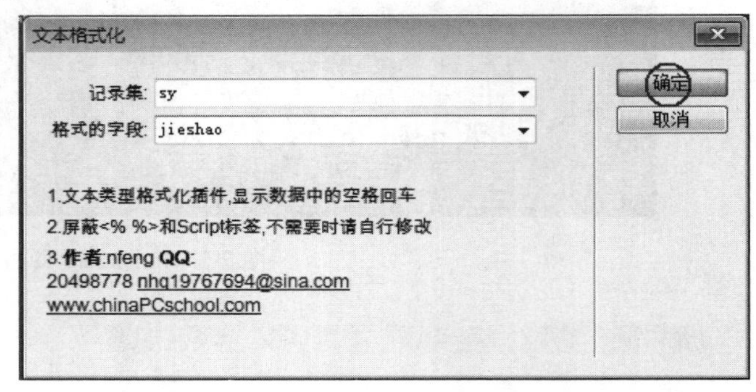

图 7-6　“文本格式化”对话框

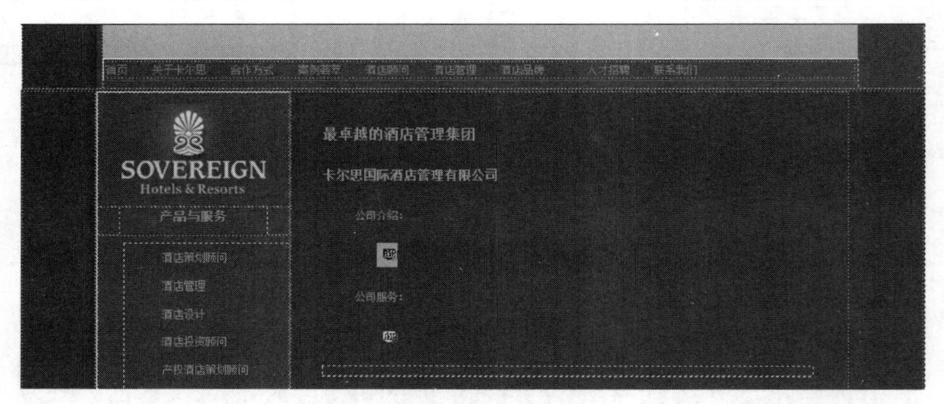

图 7-7　格式化后的文本

7.2　“联系我们”前台制作

（1）在 Dreamweaver 中打开“contactus.asp”页面，插入表格，如图 7-8 所示。

图 7-8　插入表格

（2）创建记录集。单击“绑定”面板中的“+”按钮，选择“记录集（查询）”选项，弹出“记录集”对话框，设置记录集名称为“zp”，连接到“conn1”数据库，使用其中的“us”表格，单击“确定”按钮，如图 7-9 所示。

创建好的记录集如图 7-10 所示。

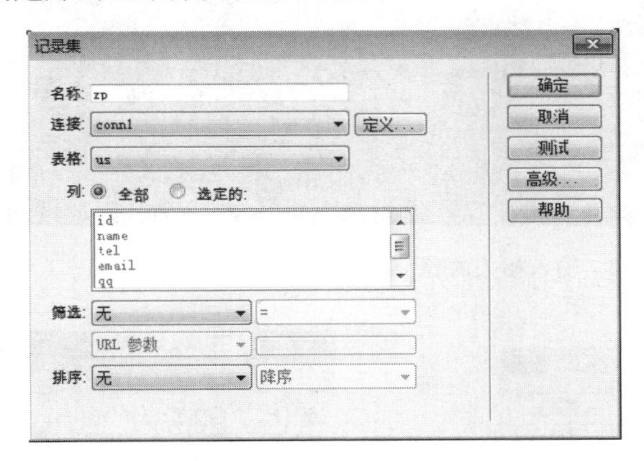

图 7-9　创建记录集

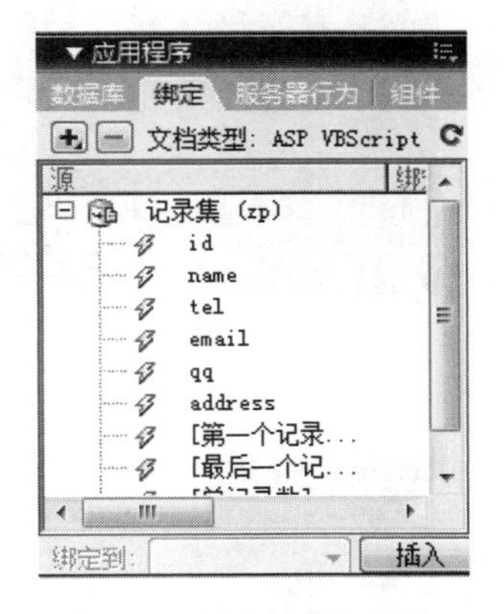

图 7-10　创建好的记录集

（3）在表单中分别插入“name”、“address”、“tel”、“qq”、“email”字段，如图 7-11 所示。

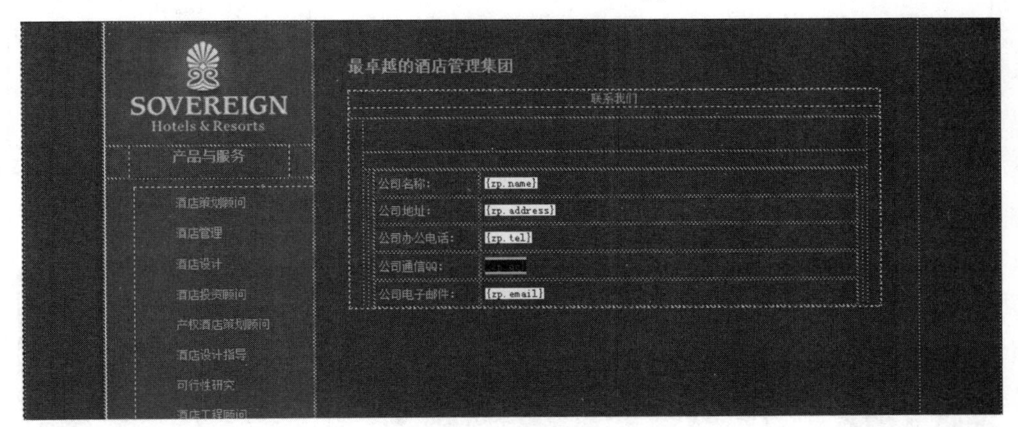

图 7-11　插入记录集字段

7.3　酒店管理前台制作

（1）在 Dreamweaver 中打开“producr.asp”页面，输入相关内容，如图 7-12 所示。

（2）创建记录集。单击“绑定”面板中的“+”按钮，选择“记录集（查询）”选项，弹出“记录集”对话框，设置记录集名称为“zp”，连接到“conn1”数据库，使用其中的“chanping”表格，单击“确定”按钮，如图 7-13 所示。

创建好的记录集如图 7-14 所示。

（3）向表单中插入“kailian”和“fanwei”两个字段。选中“kailian”和“fanwei”字段并分别单击“插入”按钮，如图 7-15 所示。

图 7-12　输入相关内容

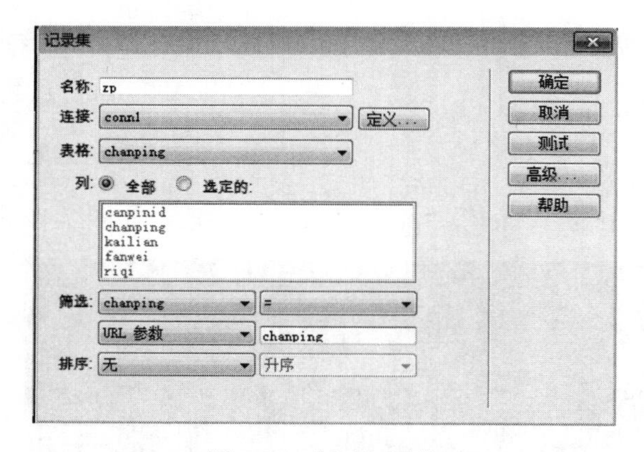

图 7-13　创建记录集

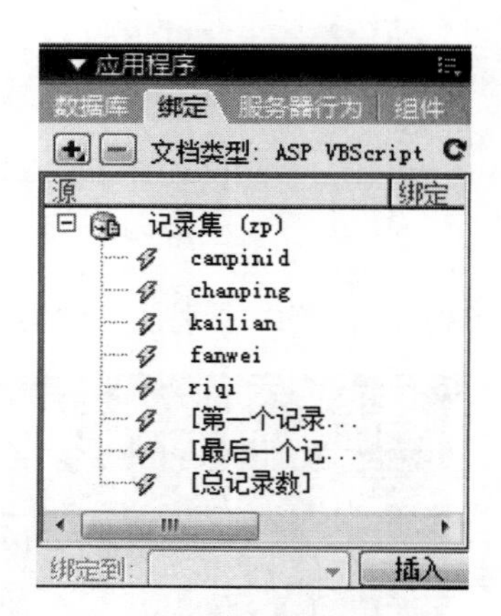

图 7-14　创建好的记录集

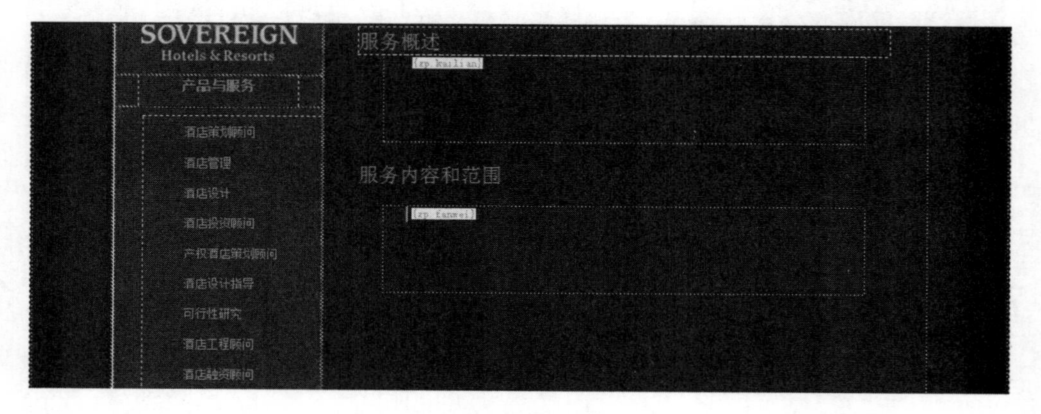

图 7-15　插入记录集字段

（4）格式化字段。选中表单中的一个字段，单击“服务器行为”面板中“+”按钮，选择“chinaPCschool NFENG”→“文本格式化”选项，如图 7-16 所示。

弹出“文本格式化”对话框，在“格式的字段”下拉列表中选择字段，单击“确定”按钮，如图 7-17 所示。

两个字段设置好后的效果如图 7-18 所示。

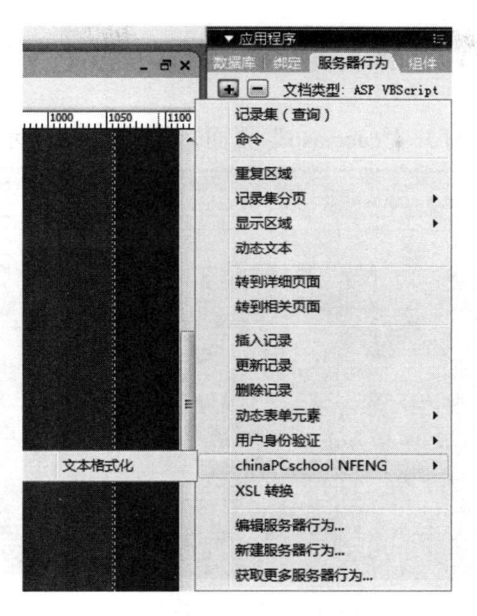

图 7-16 文本格式化

图 7-17 “文本格式化”对话框

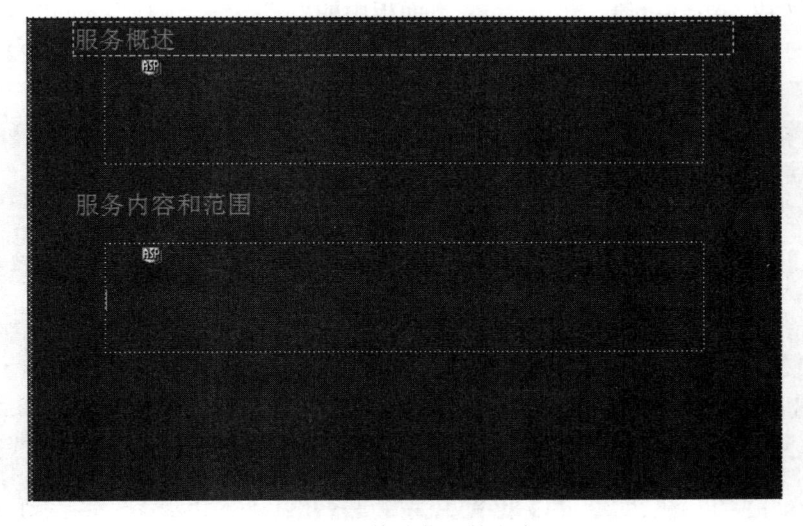

图 7-18 格式化后的文本

7.4 酒店案例管理前台制作

（1）在 Dreamweaver 中打开“cace.asp”页面，如图 7-19 所示。

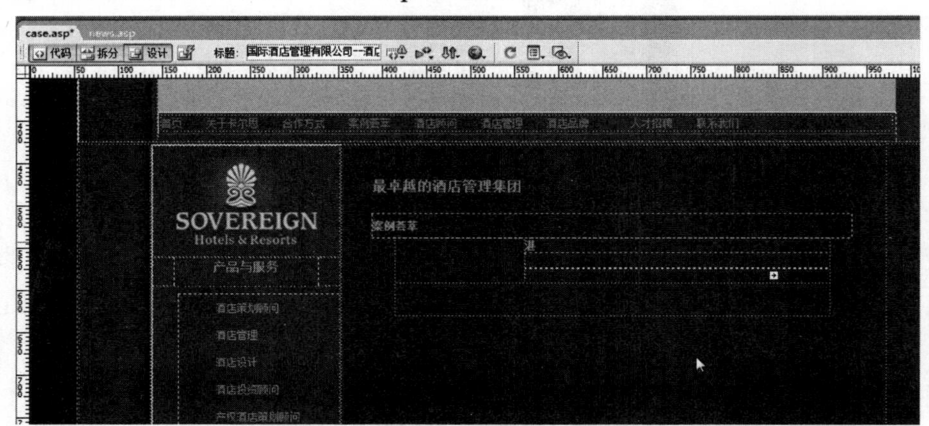

图 7-19　打开 cace.asp 页面

（2）创建记录集。单击“绑定”面板中的“+”按钮，选择“记录集（查询）”选项，弹出“记录集”对话框，设置记录集名称为“zp”，连接到“conn1”数据库，使用其中的“anli”表格，单击“确定”按钮，如图 7-20 所示。

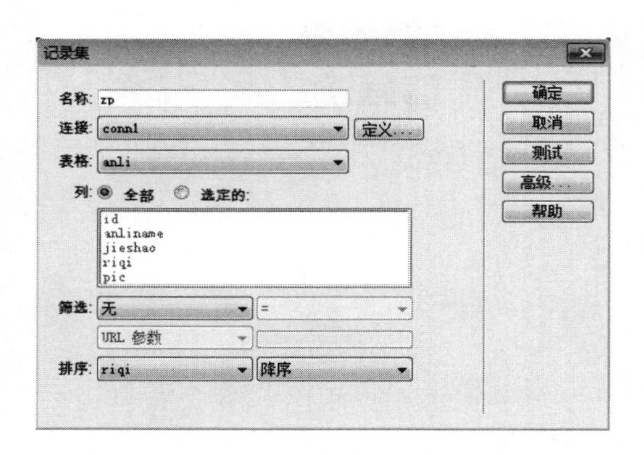

图 7-20　创建记录集

（3）向表单中插入“anliname”和“jieshao”两个字段。选中“anliname”和“jieshao”字段并分别单击“插入”按钮，如图 7-21 所示。

（4）格式化字段。

选中表单中的一个字段，单击“服务器行为”面板中的“+”按钮，选择“chinaPCschool NFENG”→“文本格式化”选项，如图 7-22 所示。

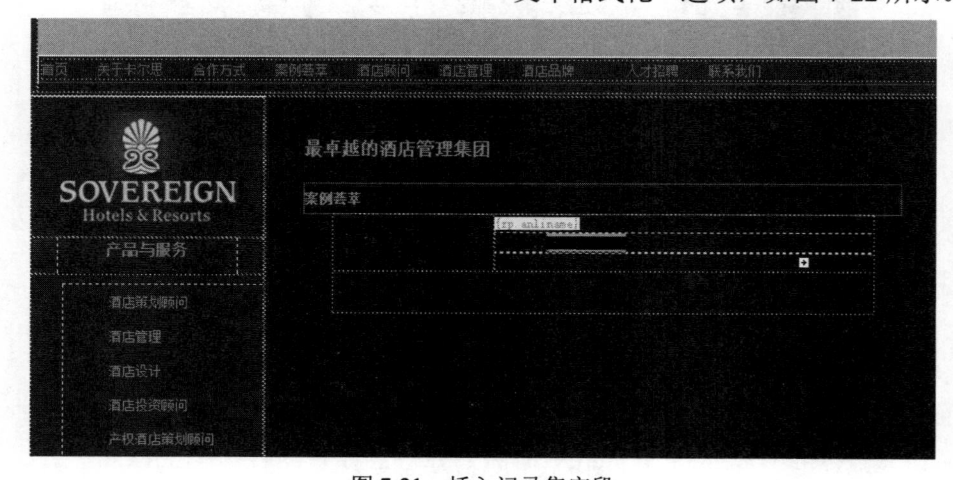

图 7-21　插入记录集字段

弹出“文本格式化”对话框，在“格式的字段”下拉列表中选择字段，单击“确定”按钮，如图 7-23 所示。

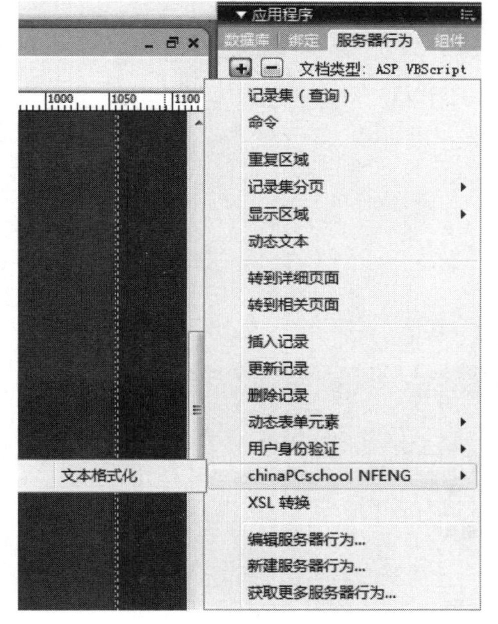

图 7-22 文本格式化

图 7-23 “文本格式化”对话框

（5）选中表格，设置重复区域，如图 7-24 所示。

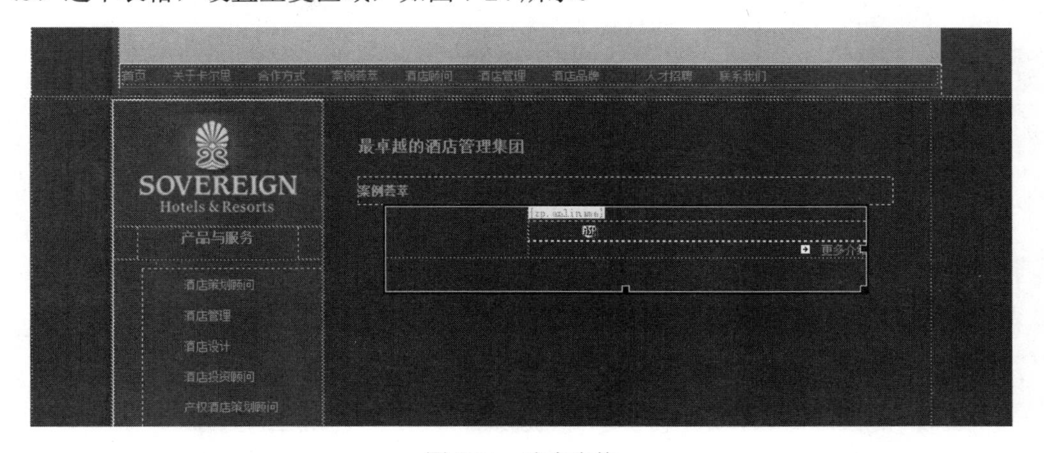

图 7-24 选中表格

单击“服务器行为”面板中的“+”按钮，选择“重复区域”选项，如图 7-25 所示。

弹出“重复区域”对话框，进行相关设置，单击“确定”按钮，如图 7-26 所示。

（6）设置记录集导航条。

选择“插入”→“应用程序对象”→“记录集分页”→“记录集导航条”选项，如图 7-27 所示。

弹出“记录集导航条”对话框。在“显示方式”选项组中选中“文本”单选按钮，单击“确定”按钮，如图 7-28 所示。

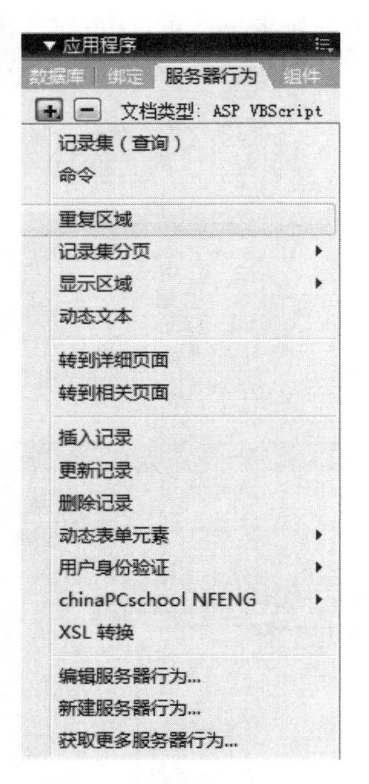

图 7-25　选择“重复区域”选项

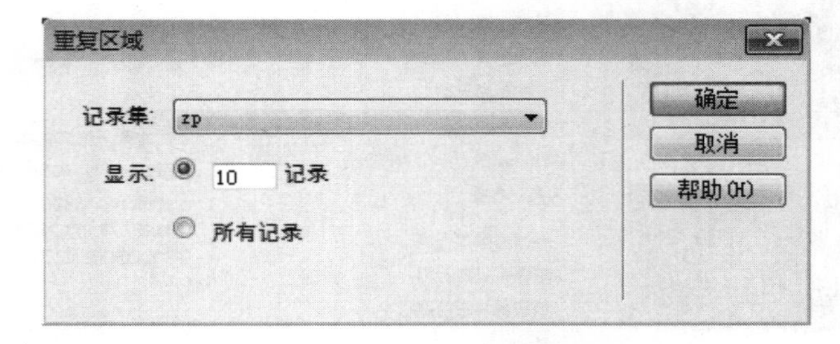

图 7-26　“重复区域”对话框

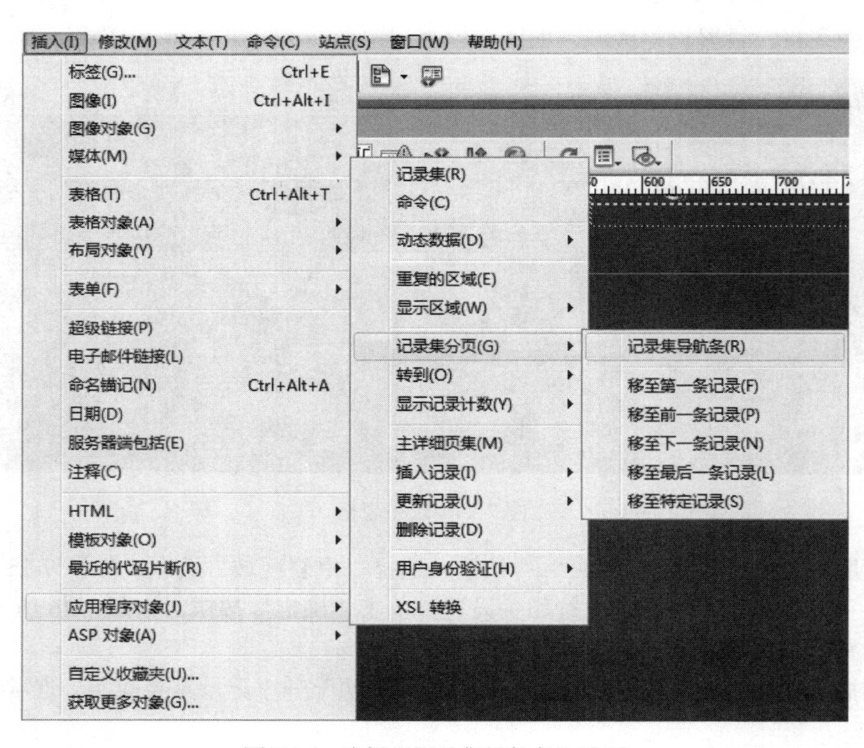

图 7-27　选择“记录集导航条”选项

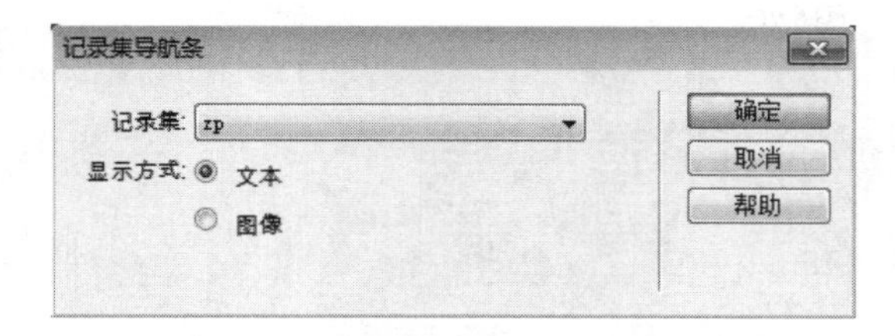

图 7-28　设置显示方式

“重复区域”和“记录集导航条”设置后的显示效果如图 7-29 所示。

图 7-29　显示效果

7.5　合作方式页面的制作

用 Dreamweaver 打开“cooperate.asp”页面，手动输入“合作方式”的相关内容，如图 7-30 所示。

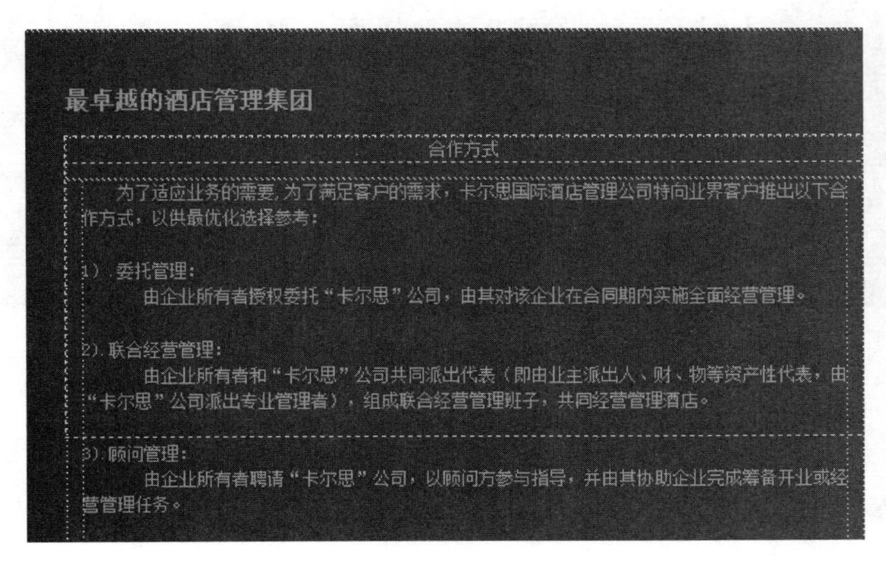

图 7-30　输入文字

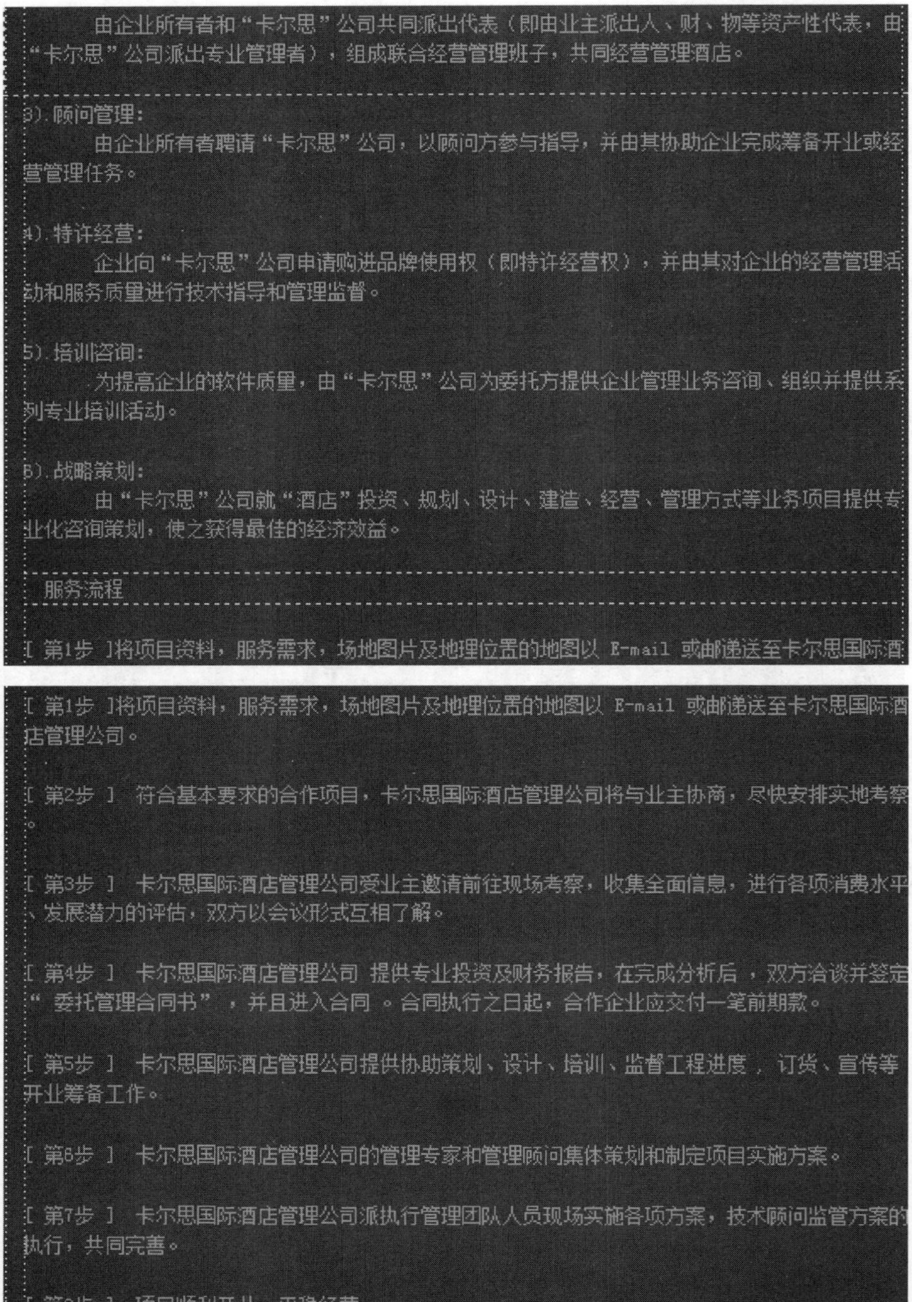

由企业所有者和“卡尔思”公司共同派出代表（即由业主派出人、财、物等资产性代表，由“卡尔思”公司派出专业管理者），组成联合经营管理班子，共同经营管理酒店。

3).顾问管理：

由企业所有者聘请“卡尔思”公司，以顾问方参与指导，并由其协助企业完成筹备开业或经营管理任务。

4).特许经营：

企业向“卡尔思”公司申请购进品牌使用权（即特许经营权），并由其对企业的经营管理活动和服务质量进行技术指导和管理监督。

5).培训咨询：

为提高企业的软件质量，由“卡尔思”公司为委托方提供企业管理业务咨询、组织并提供系列专业培训活动。

6).战略策划：

由“卡尔思”公司就“酒店”投资、规划、设计、建造、经营、管理方式等业务项目提供专业化咨询策划，使之获得最佳的经济效益。

服务流程

[第1步]将项目资料，服务需求，场地图片及地理位置的地图以 E-mail 或邮递送至卡尔思国际酒

[第1步]将项目资料，服务需求，场地图片及地理位置的地图以 E-mail 或邮递送至卡尔思国际酒店管理公司。

[第2步] 符合基本要求的合作项目，卡尔思国际酒店管理公司将与业主协商，尽快安排实地考察。

[第3步] 卡尔思国际酒店管理公司受业主邀请前往现场考察，收集全面信息，进行各项消费水平、发展潜力的评估，双方以会议形式互相了解。

[第4步] 卡尔思国际酒店管理公司 提供专业投资及财务报告，在完成分析后 ，双方洽谈并签定“ 委托管理合同书” ，并且进入合同 。合同执行之日起，合作企业应交付一笔前期款。

[第5步] 卡尔思国际酒店管理公司提供协助策划、设计、培训、监督工程进度， 订货、宣传等开业筹备工作。

[第6步] 卡尔思国际酒店管理公司的管理专家和管理顾问集体策划和制定项目实施方案。

[第7步] 卡尔思国际酒店管理公司派执行管理团队人员现场实施各项方案，技术顾问监管方案的执行，共同完善。

[第8步] 项目顺利开业，平稳经营。

图 7-30 输入文字（续）

7.6 新闻页面的制作

（1）在 Dreamweaver 中打开“news.asp”页面，如图 7-31 所示。

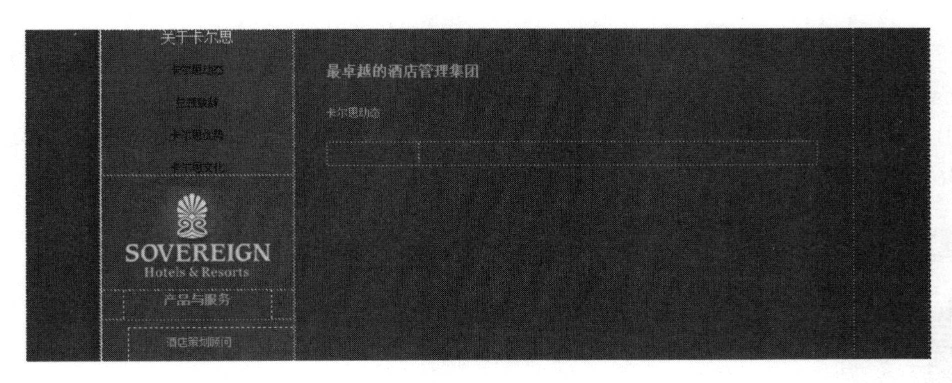

图 7-31　打开的页面

（2）创建记录集。单击“绑定”面板中的“+”按钮，选择“记录集（查询）”选项，弹出“记录集”对话框，设置记录集名称为“js”，连接到“conn1”数据库，使用其中的“jieshao”表格，筛选“id=URL 参数 id”，以“riqi”字段“降序”排序，单击“确定”按钮，如图 7-32 所示。

创建好的记录集如图 7-33 所示。

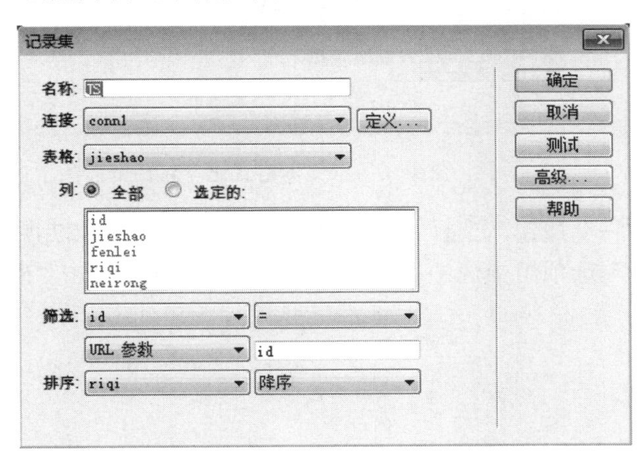

图 7-32　设置记录集

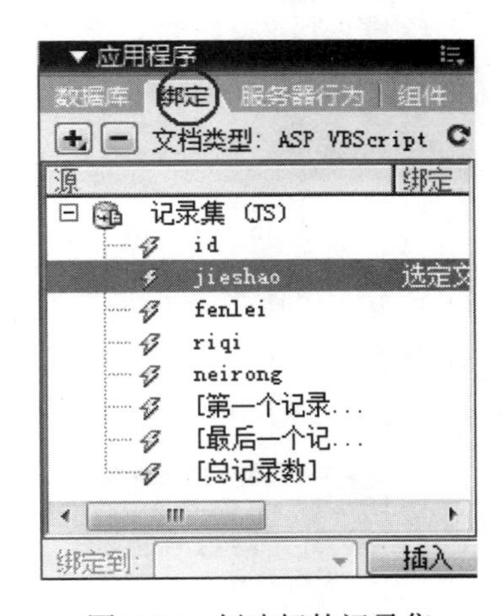

图 7-33　创建好的记录集

（3）向表单中插入“riqi”和“neirong”两个字段。选中“riqi”和“neirong”字段并分别单击“插入”按钮，如图 7-34 所示。

图 7-34　插入字段

（4）格式化字段。选中表单中的一个字段，单击“服务器行为”面板中的“+”按钮，选择“chinaPCschool NFENG”→“文本格式化”选项，如图 7-35 所示。

弹出“文本格式化”对话框，在“格式的字段”下拉列表中选择字段，单击“确定”按钮，如图 7-36 所示。

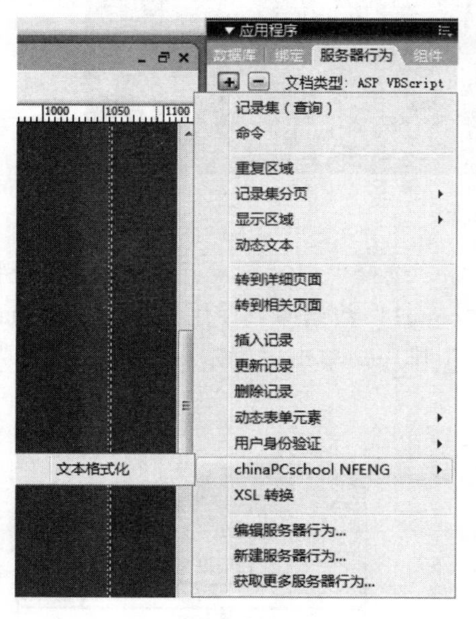

图 7-35　文本格式化

图 7-36　“文本格式化”对话框

（5）单击“服务器行为”面板中的“+”按钮，选择“重复区域”选项，如图 7-37 所示。

弹出“重复区域”对话框，在“显示”选项组中选中“所有记录”单选按钮，单击“确定”按钮，如图 7-38 所示。

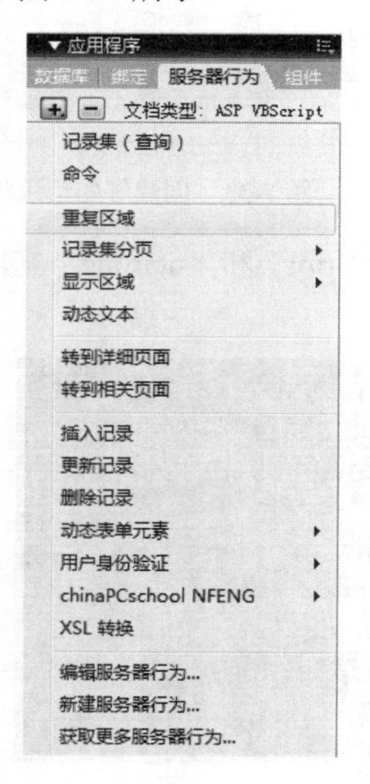

图 7-37　选择“重复区域”选项

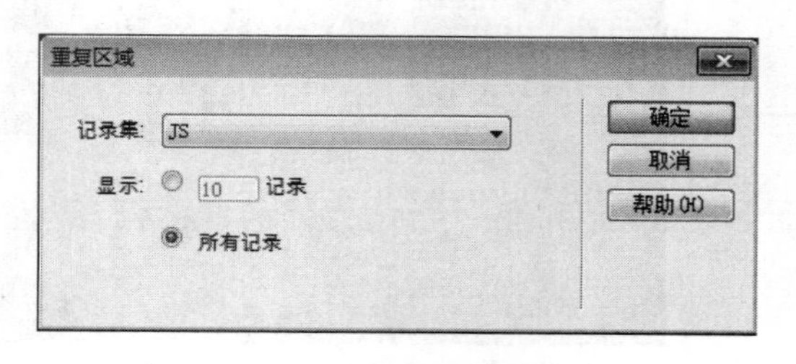

图 7-38　选择显示方式

7.7　酒店动态消息的制作

（1）用 Dreamweaver 打开“aboutus”页面。

（2）设置超链接。分别将“卡尔思动态”、“总裁致词”、“卡尔思优势”、“卡尔思文化”的超链接设置为“aboutus-1？fenlei=1”、“aboutus-1？fenlei=2”、“aboutus-1？fenlei=3”、“aboutus-1？fenlei=4”，如图 7-39 所示。

图 7-39　设置超链接

（3）创建记录集。单击“绑定”面板中的“+”按钮，选择“记录集（查询）”选项，弹出“记录集”对话框，记录集名称为“js”，连接到“conn1”数据库，使用其中的“jieshao”表格，筛选“id=URL 参数 id”，以“ripi”字段“降序”排序，单击“确定”按钮，如图 7-40 所示。

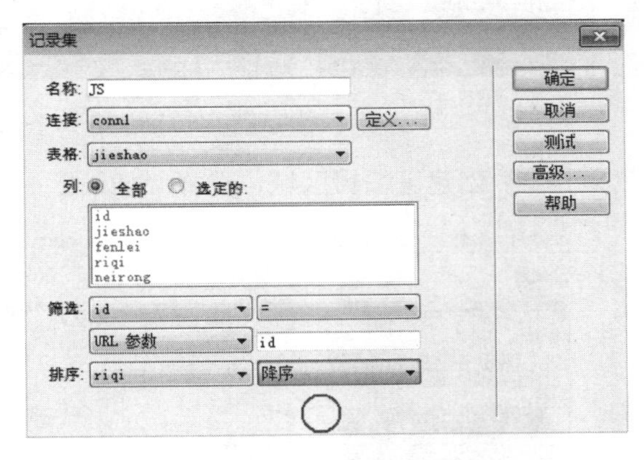

图 7-40　创建记录集

（4）向表单中插入“jieshao”和“neirong”两个字段。选中“jieshao”和“neirong”字段并分别单击“插入”按钮。

（5）选中表单中的一个字段，单击“服务器行为”面板中的“+”按钮，选择“chinaPCschool NFENG”→“文本格式化”选项，弹出“文本格式化”对话框，在“格式的字段”下拉列表中选择字段，单击“确定”按钮。

两个字段设置好后的效果如图 7-41 所示。

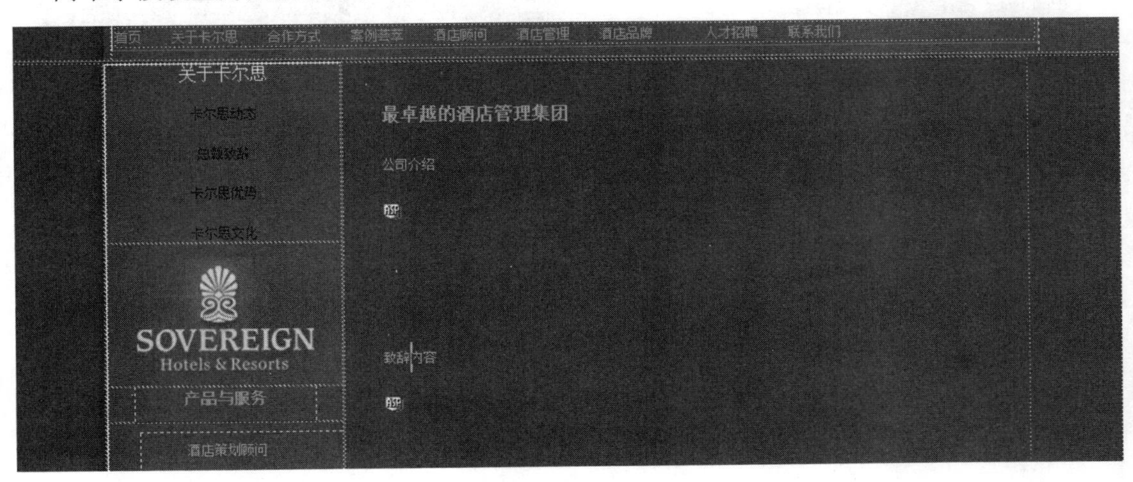

图 7-41　插入字段

7.8 关于前台的制作

（1）在 Dreamweaver 中打开“index.asp”页面，如图 7-42 所示。

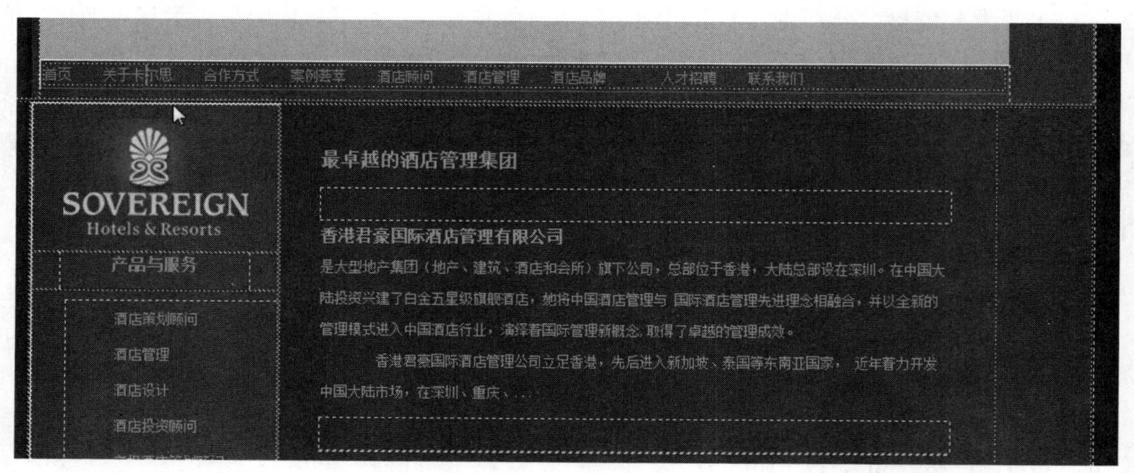

图 7-42　打开首页

（2）创建可编辑区域，选择“插入”→“可编辑区域”选项，如图 7-43 所示。

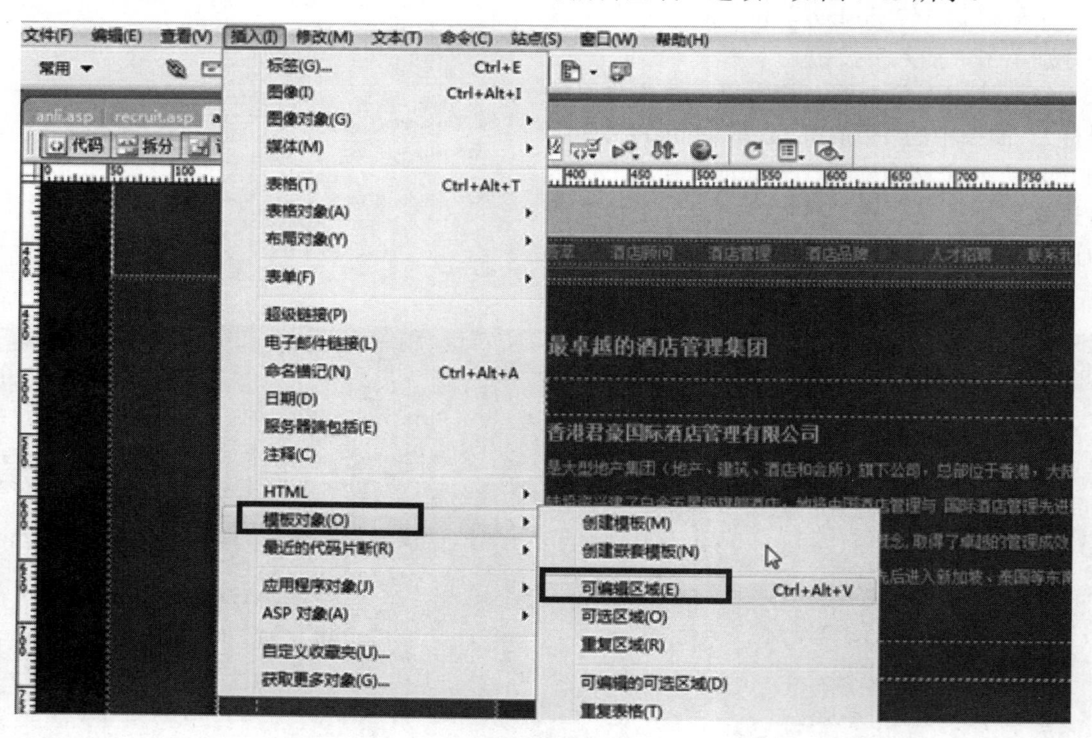

图 7-43　创建可编辑区域

（3）右击该 Logo 的表格，在弹出的快捷菜单中选择“表格”→“插入行”选项，如图 7-44 所示。

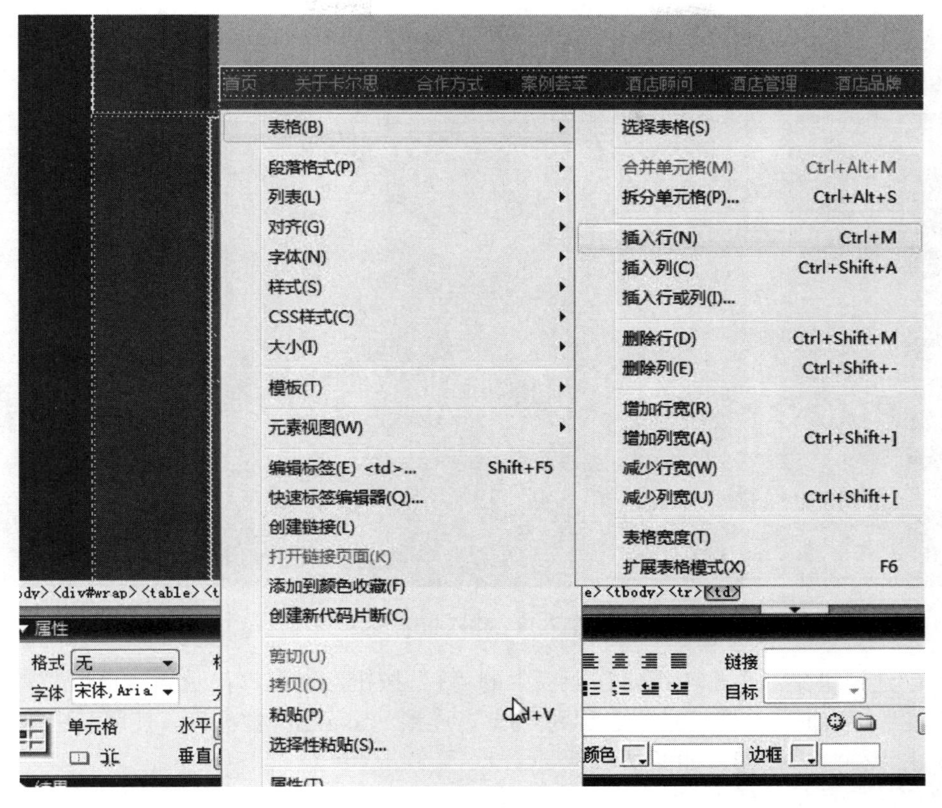

图 7-44　插入行

（4）选中添加行中的图片，按 Delete 键将其删除。

（5）将该单元格分割成两行，在第一行中输入“关于卡尔思”，在第二行中输入“卡尔思动态（链接为 news.asp?fenlei=1）”、“总裁致辞（链接为 aboutUS-1.asp?fenlei=2）”、“卡尔思优势（链接为 aboutUS-1.asp?fenlei=3）”、“卡尔思文化（链接为 aboutUS-1.asp?fenlei=4）”，如图 7-45 所示。

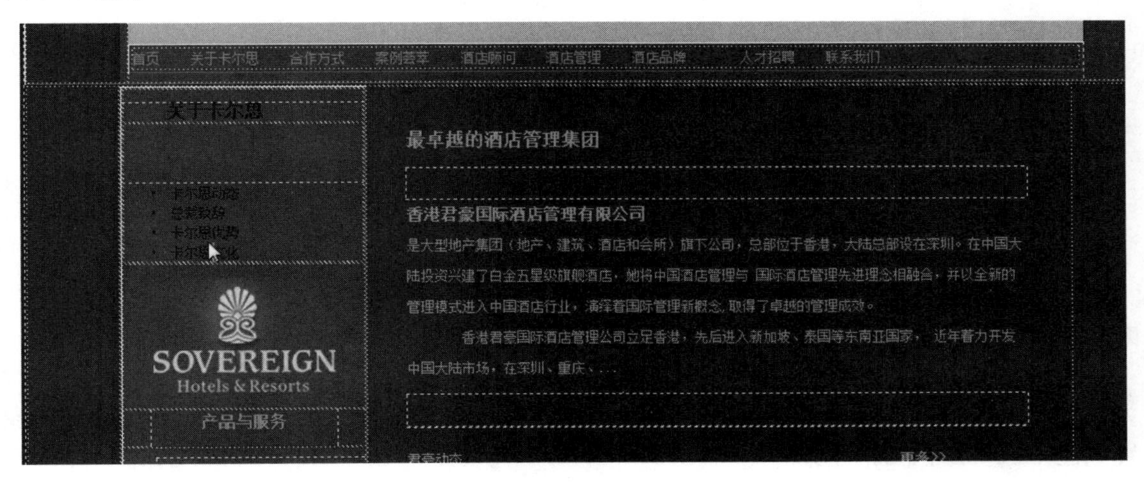

图 7-45　“关于卡尔思”区域的设计

（6）将右侧的文字和表格删除，留下文字“最卓越的酒店管理集团”，按Enter键，在其中输入文字“公司介绍”多按几次Enter键，再输入文字“经营内容”，如图7-46所示。

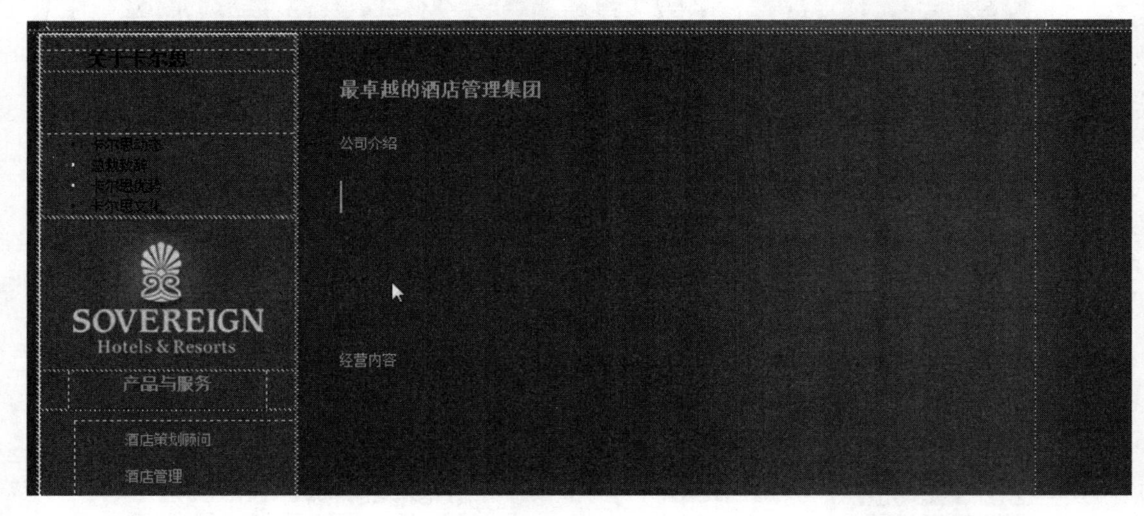

图7-46 输入相关内容

（7）创建记录集。单击“绑定”面板中的“+”按钮，选择“记录集（查询)”。选项，弹出“记录集”对话框，设置记录集名称为“JS”，连接“conn1”数据库，使用其中的“jieshao”表格，单击“确定”按钮，如图7-47所示。

创建好的记录集如图7-48所示。

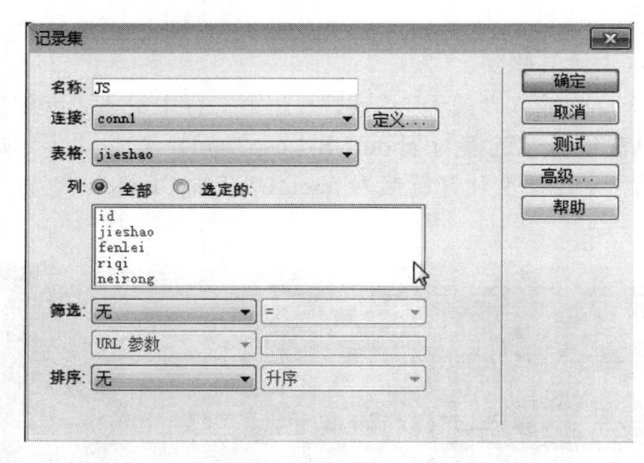

图7-47 创建记录集

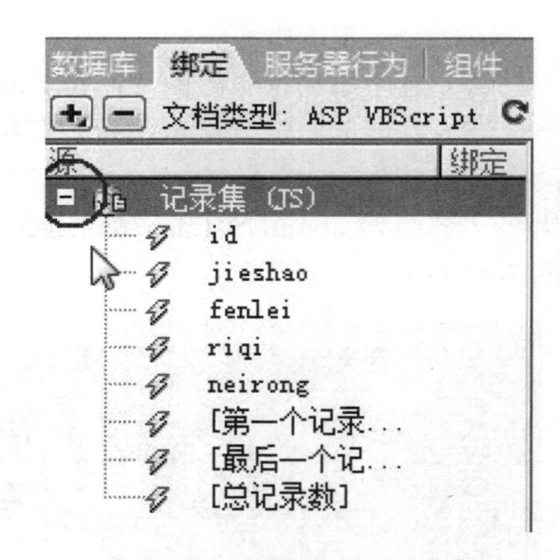

图7-48 创建好的记录集

（8）向表单中插入“jieshao”和“neirong”两个字段。选中“jieshao”和“neirong”字段并分别单击“插入”按钮，如图7-49所示。

（9）格式化字段。分别选中表单中的“jieshao”和“neirong”字段，单击“服务器行为”面板中的“+”按钮，选择“chinaPCschool NFENG”→“文本格式化”选项，具体设置如图7-50和图7-51所示。

图 7-49 插入记录集字段

图 7-50 文本格式化（jieshao）

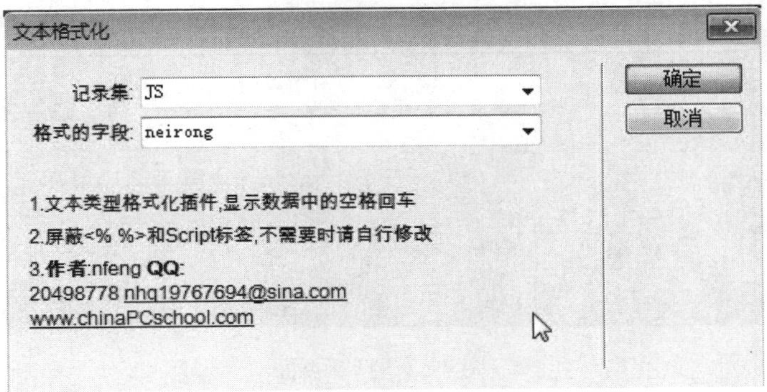

图 7-51 文本格式化（neirong）

文本格式化完成后，在表单中会显示如图 7-52 所示的效果。

图 7-52　文本格式化后的效果

7.9　人才招聘前台页面的制作

（1）在 Dreamweaver 中打开“recruit.asp”页面的，如图 7-53 所示。

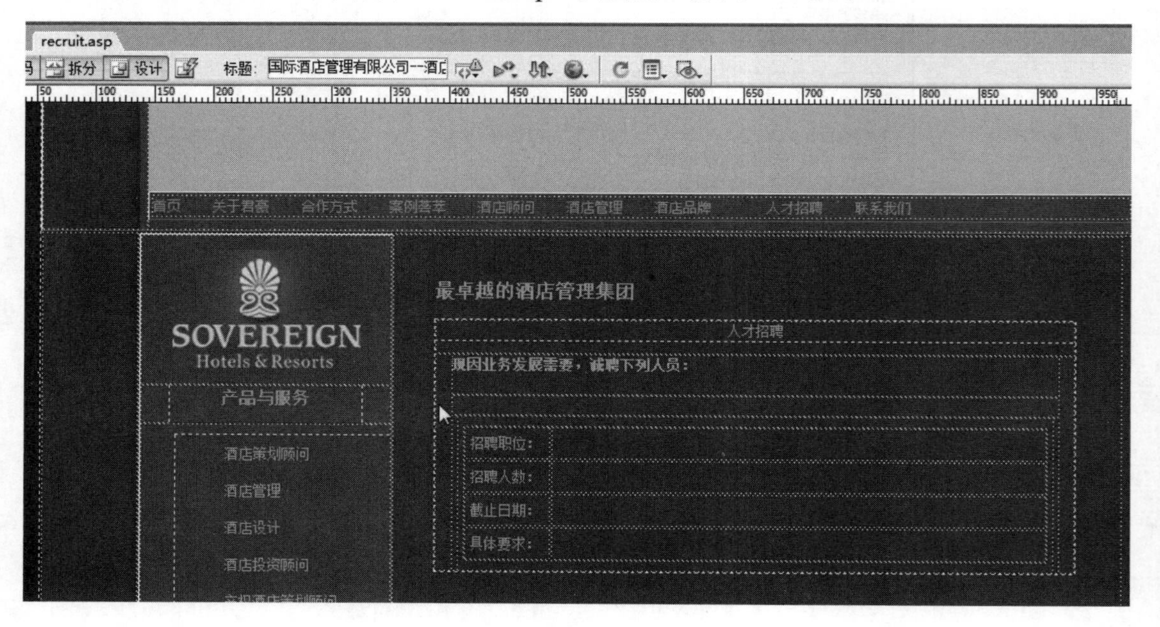

图 7-53　打开页面

（2）创建记录集。单击“绑定”面板中的“+”按钮，选择“记录集（查询）”选项，弹出“记录集”对话框，记录集名称为“zp”，连接 “conn”数据库，使用其中的“zhaoping”表格，以“riqi”字段降序排序，单击“确定”按钮，如图 7-54 所示。

创建好的记录集如图 7-55 所示。

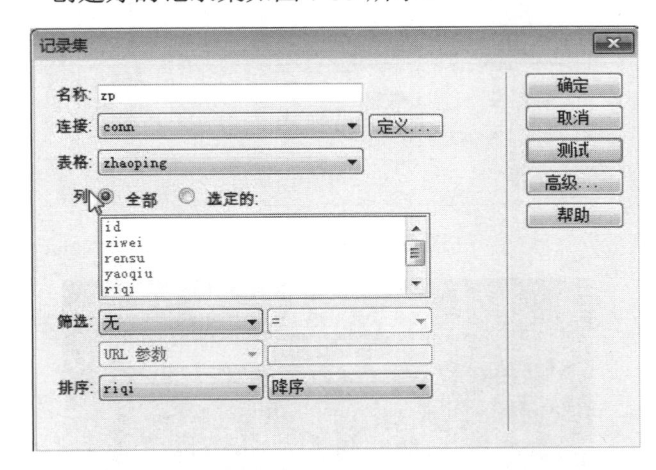

图 7-54　创建记录集

图 7-55　创建好的记录集

（3）向表单中插入“ziwei”、“rensu”、“yqx”和“yaoqiu”4 个字段。选中“ziwei”、“rensu”、“yqx”和“neirong”字段并分别单击“插入”按钮，如图 7-56 所示。

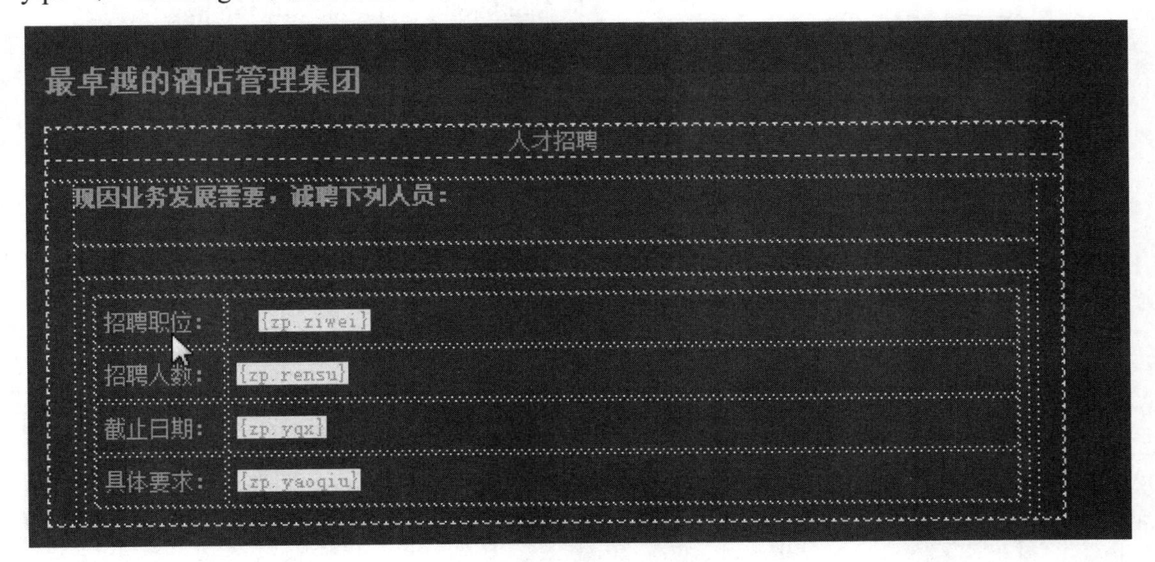

图 7-56　插入记录集字段

（4）重复区域。

选中添加的 4 个字段，包括前面的名称，单击“服务器行为”面板中的“+”按钮，选择“重复区域”选项，如图 7-57 所示。

弹出“重复区域”对话框，在“显示”选项组中选中“所有记录”单选按钮，如图 7-58 所示。

单击“确定”按钮后就可以通过网页浏览，如图 7-59 所示。

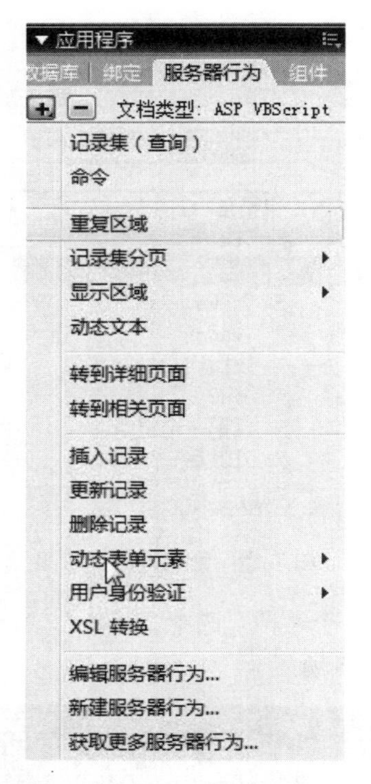

图 7-57　选择“重复区域”选项

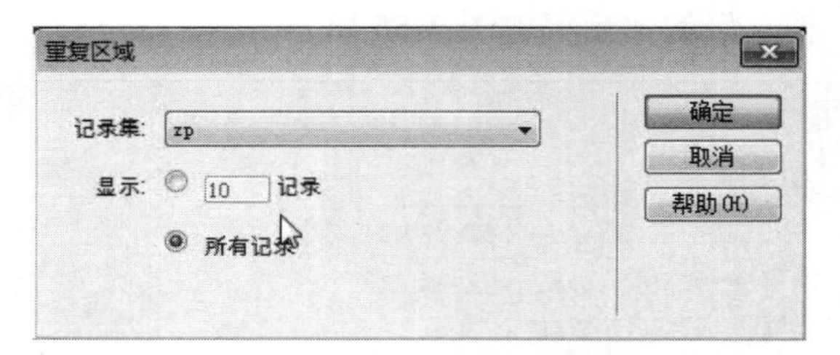

图 7-58　设置重复区域

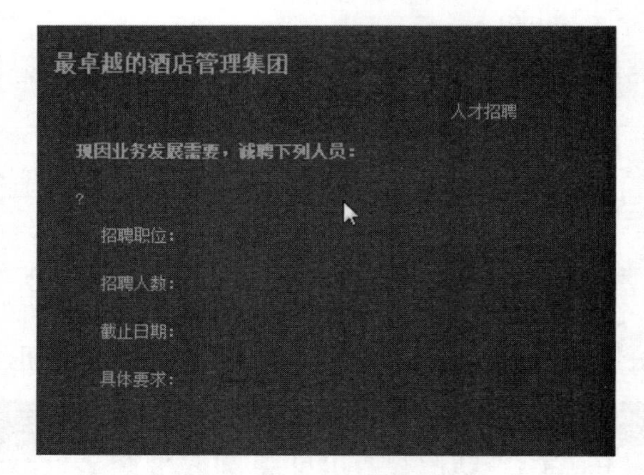

图 7-59　浏览网页

7.10　网站导航条、左侧区域和网页底部和头部区域的设计

（1）在 Dreamweaver 里打开 jiudiandel.asp 网页，如图 7-60 所示。

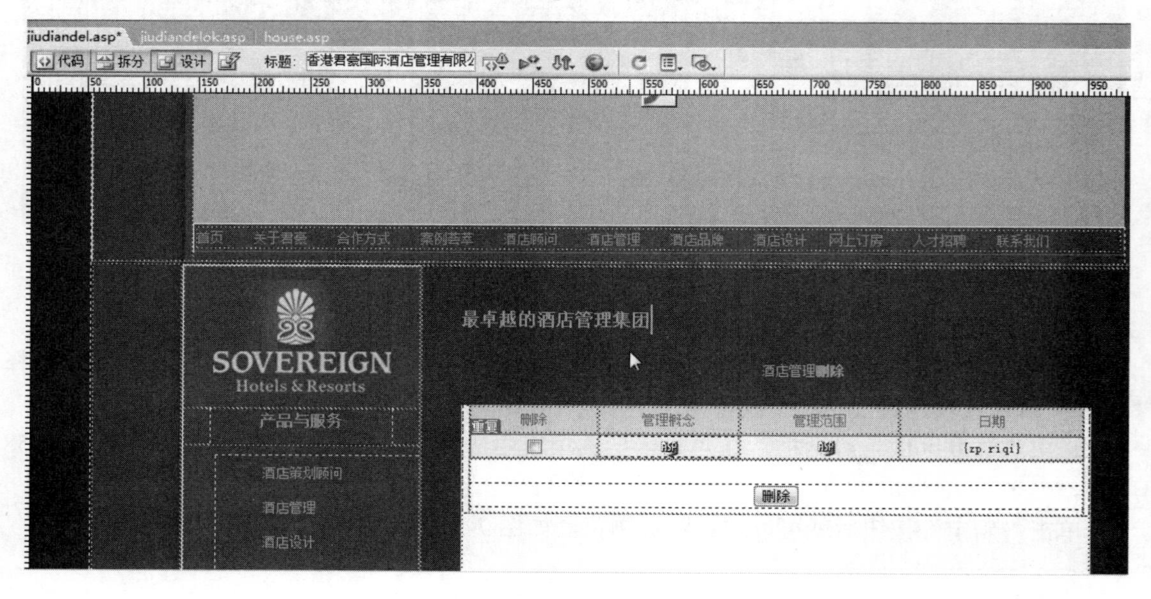

图 7-60　打开 jiudiandel.asp 网页

（2）选择“产品与服务”那一列表格，如图 7-61 所示，然后进行复制。

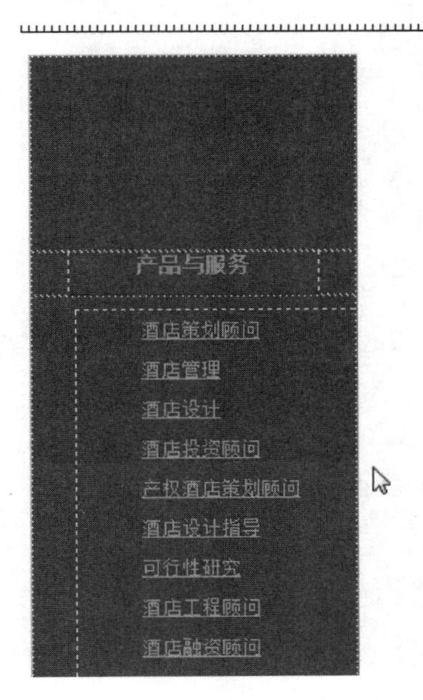

图 7-61　复制表格

（3）选择“文件”|“新建”，弹出“新建文档”对话框，选择“动态页”|“ASP VBScript”|“创建”，如图 7-62 所示。

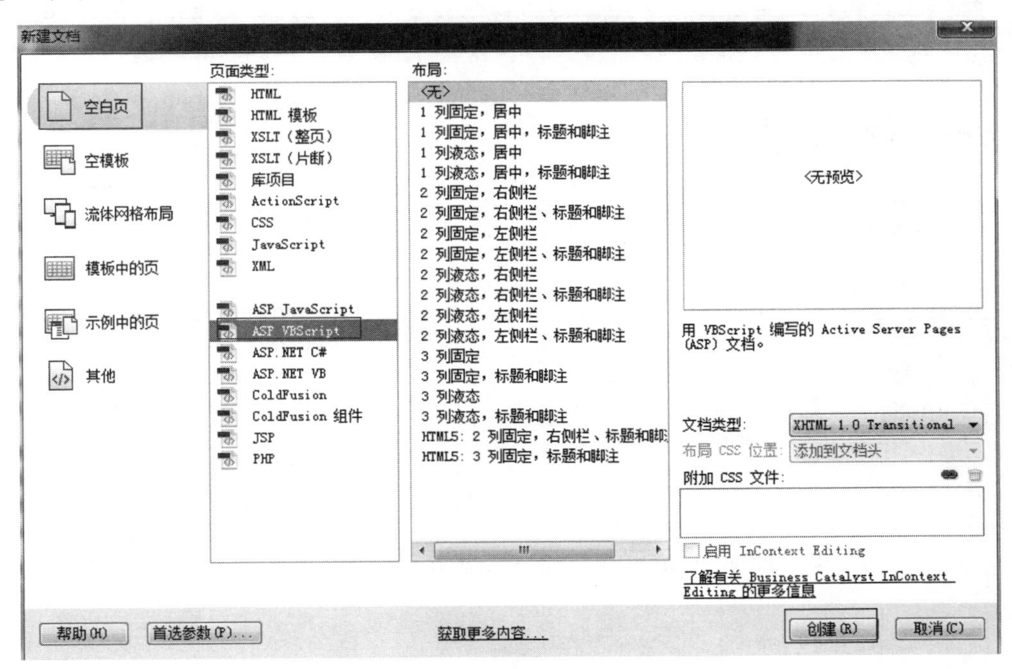

图 7-62　新建网页

（4）在新建的网页中选择“编辑”|“粘贴”选项，如图 7-63 所示。

粘贴完成后的效果如图 7-64 所示。

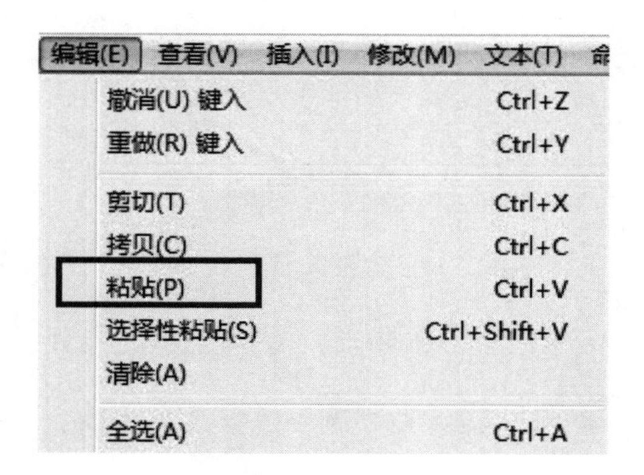

图 7-63　粘贴网页

图 7-64　粘贴后的效果

（5）将该网页另存为名为 left.asp，放在 admin 文件夹里面，如图 7-65 所示。

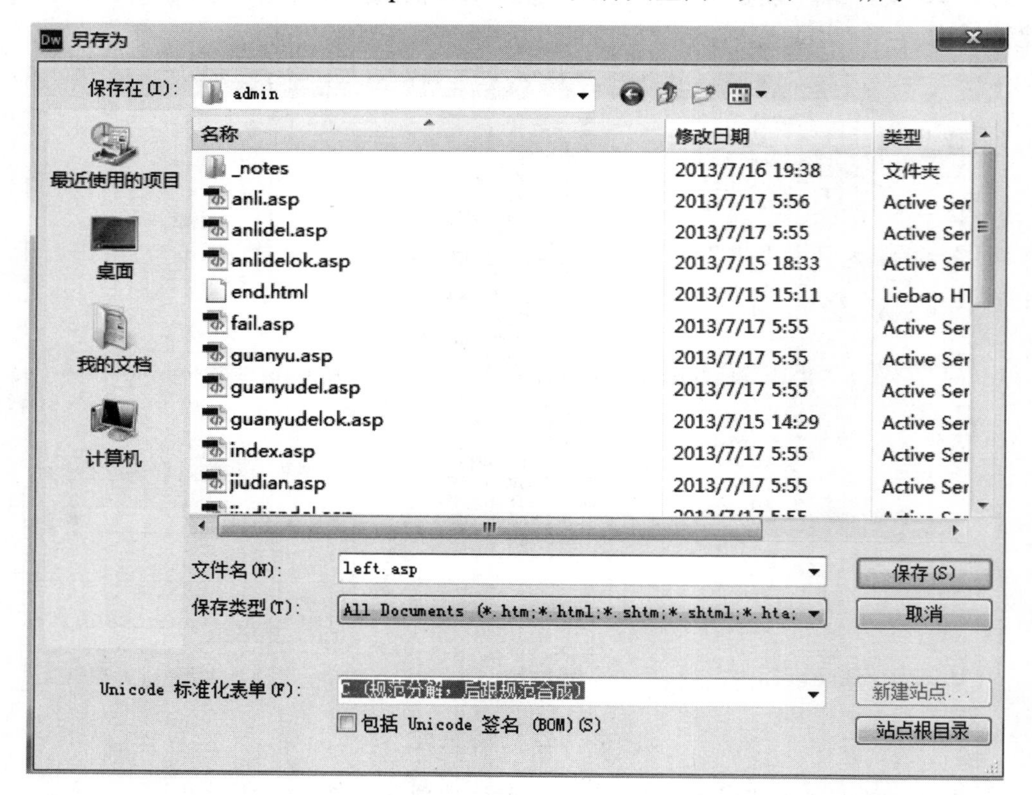

图 7-65　另存网页

（6）选中 jiudiandel.asp 网页中的版权所有以下的表格，如图 7-66 所示。

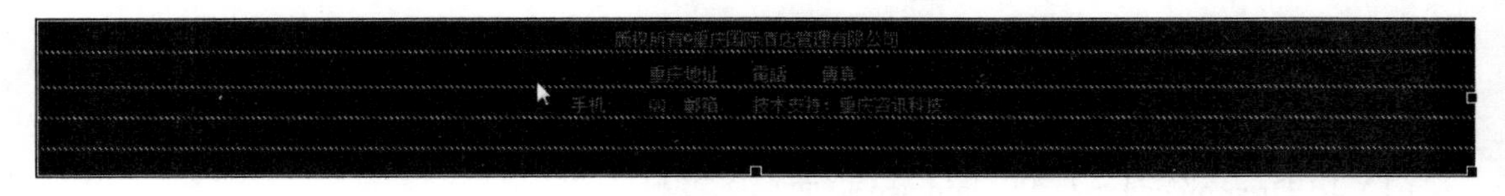

图 7-66　选择表格

（7）选择“文件”｜“新建”｜“基本页”｜“HTML”｜“创建”，创建网页，如图 7-67 所示。

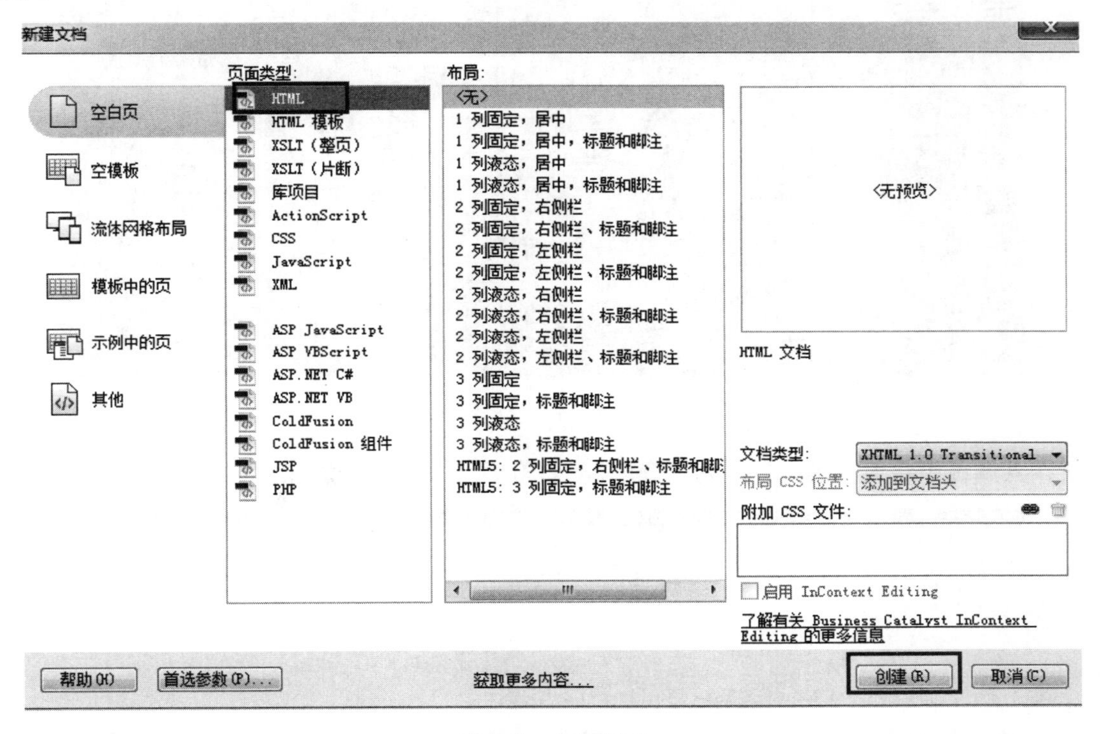

图 7-67　创建网页

其余与 left 网页一样，另存为的名字为 end.html。end.html 网页效果如图 7-68 所示。

版权所有©重庆国际酒店管理有限公司
重庆地址：　電話：　傳真：
手机：　QQ：郵箱：　技术支持：重庆资讯科技

图 7-68　创建 end.html 网页

（8）复制 jiudiandel.asp 网站的标题栏，如图 7-69 所示。

图 7-69　复制标题栏

（9）余下步骤与 left 网页的制作步骤相同。另存的名字为 top.asp。

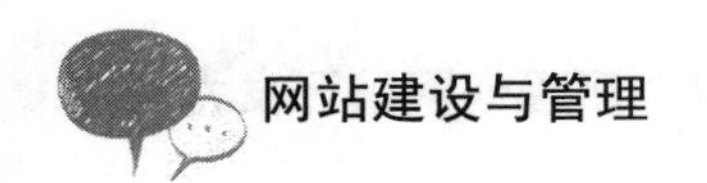

7.11 网站的后台管理

7.11.1 网站的后台登录页面设计

（1）用 Dreamweaver 打开 login.asp 页面。

（2）在 login.asp 里添加表格，如图 7-70 所示。

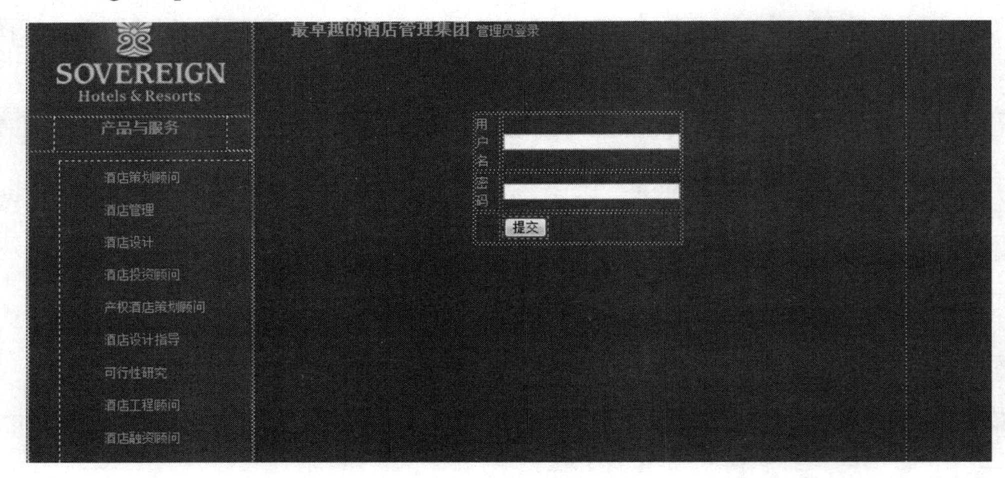

图 7-70　设置登录表格

在其属性中将值“提交”改为“登录”，如图 7-71 所示。

图 7-71　更改按钮

文本域分别改为 name 和 pass，如图 7-72 所示。

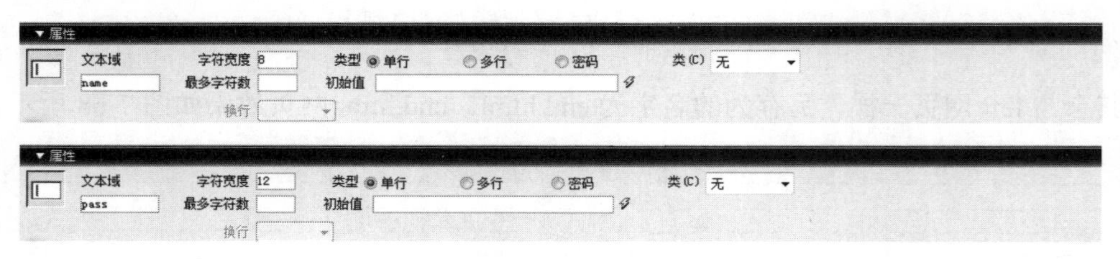

图 7-72　更改文本域

修改后的效果图如图 7-73 所示。

（3）链接数据库。

单击“应用程序”｜“数据库”｜“自定义连接字符串”，将连接数据库的字符串输入在“连接字符串”文本框中，在再 Dreamweaver 应连接选择“使用测试服务器行的驱动程序”最后单击“确定”按钮。如图 7-74 所示。

（4）设置身份验证。

先选择表格。然后单击“应用程序”｜“服务器行为”｜“用户身份验证”｜“登录用户”，选择登录用户，如图 7-75 所示。

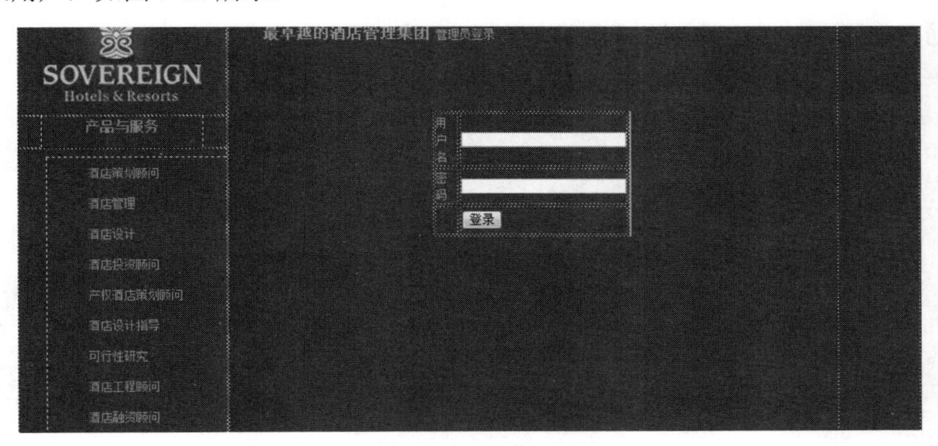

图 7-73　更改后的表格

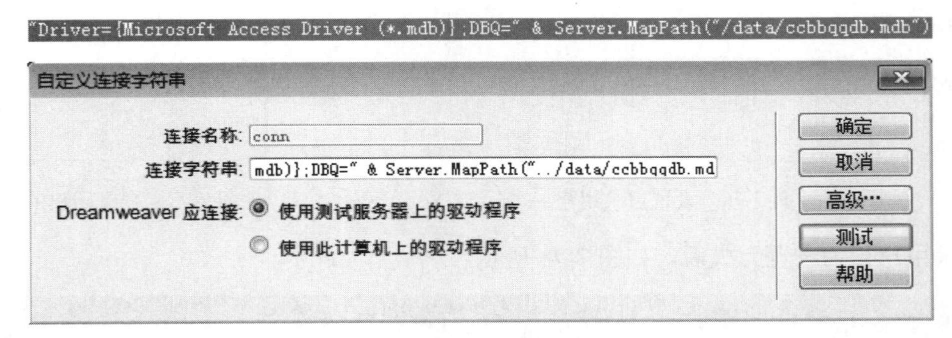

图 7-74　链接数据库

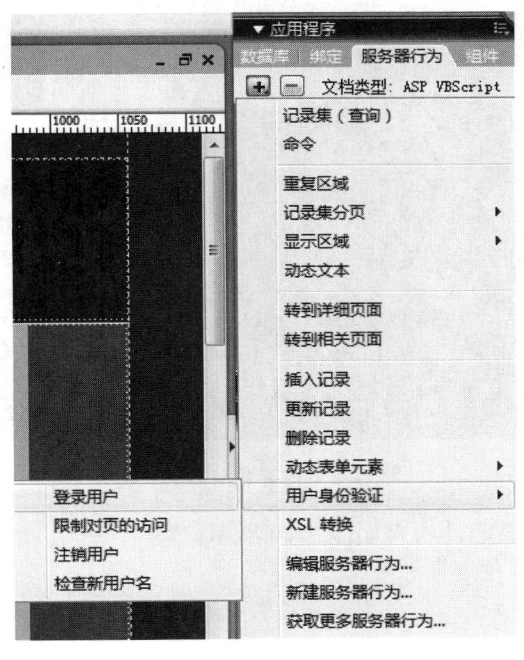

图 7-75　选择登录用户

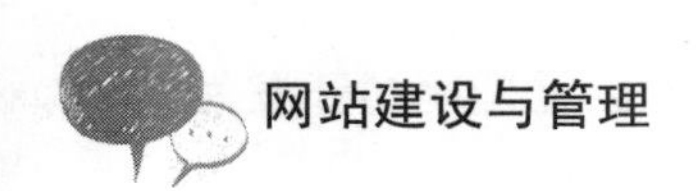

“登录用户”对话框中的参数：登录成功就转到首页，失败就提示出错，还有一点重要的设置访问权限，具体设置如图 7-76 所示。

设置成功后在应用程序服务器行为里可以看登录用户，如图 7-77 所示。

图 7-76　设置登录用户

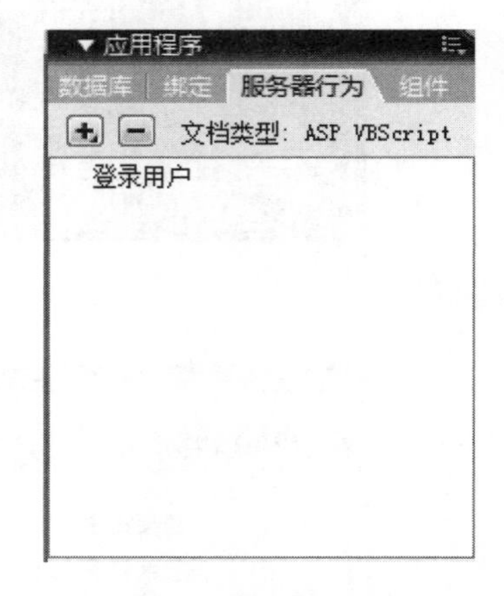

图 7-77　登录用户的行为

登录用户行为设置完成后，如图 7-78 所示。

图 7-78　设置登录后的表格

（5）制作“fail.asp”页面，内容如图 7-79 所示。

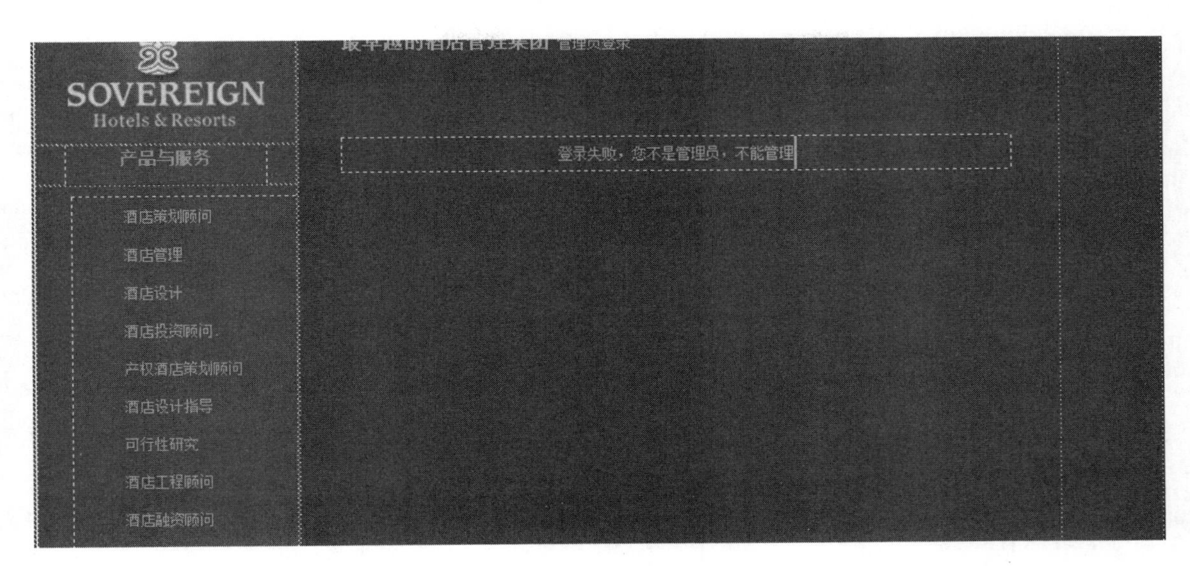

图 7-79　登录失败页面

7.11.2　网站后台管理首页设计

（1）在 Dreamweaver 中打开后台 index.asp 页面。

（2）在页面中输入文字，如图 7-80 所示。

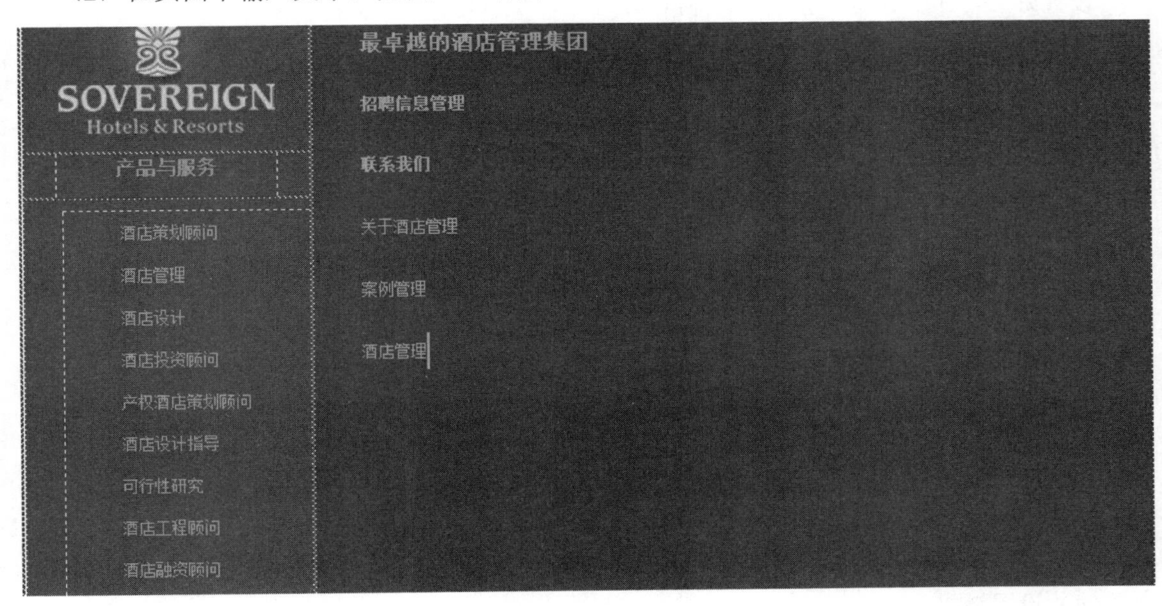

图 7-80　输入文字内容

（3）设置一个访问权限。

选中页面单击“应用程序”｜“服务器行为”｜“加号”｜“用户身份验证”｜“限制对页的访问”，弹出“限制对页的访问”对话框，设置“基于以下内容进行限制”“用户名、密码和访问级别”｜“选取级别”，级别可以自定义添加，如图 7-81 所示，如果访问被拒绝，则转到 fail.asp 页面，如图 7-82 所示。

图 7-81　设置访问级别

图 7-82　设置访问权限

设置好后，服务器行为里有“限制对页的访问”，如图 7-83 所示。

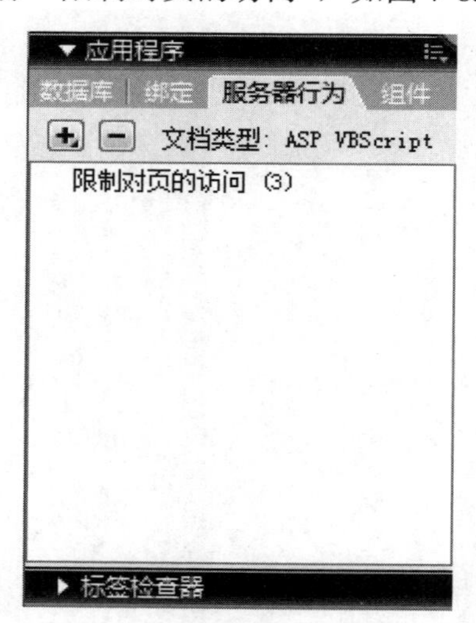

图 7-83　设置后的行为面板

（4）设置链接

对页面中的“招聘信息管理”、“联系我们”、“关于酒店管理”、“案例管理”、“酒店管理”分别设置链接“zhaoping.asp”、“us.asp”、“guanyu.asp”、“anli.asp”、“jiudian.asp”，这些都要在属性里一个一个进行设置，如图 7-84 所示。

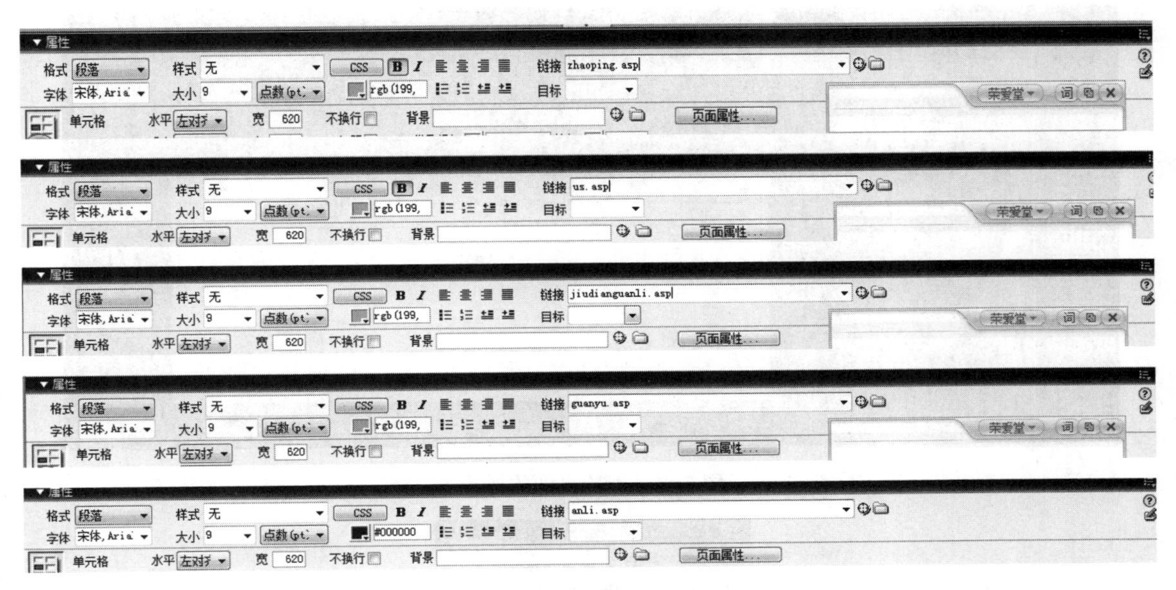

图 7-84　设置各个链接

设置好链接后的效果图如图 7-85 所示。

图 7-85　链接完成后的效果

7.11.3　联系方式删除页面的设计

（1）用 Dreamweaver 打开 usdel.asp 页面。

（2）单击“插入”｜“表单”，在再表单里插入 4 行 4 列的表格，如图 7-86 所示，输入文字，添加按钮。

（3）创建记录集。

单击“应用程序”｜“绑定”｜“加号”｜“记录集（查询）”。

记录集名称为“zp”连接“conn1”数据库，使用“us”表格，单击“确定”。这样记录集就添加好了。

创建好的记录集如图 7-87 所示。

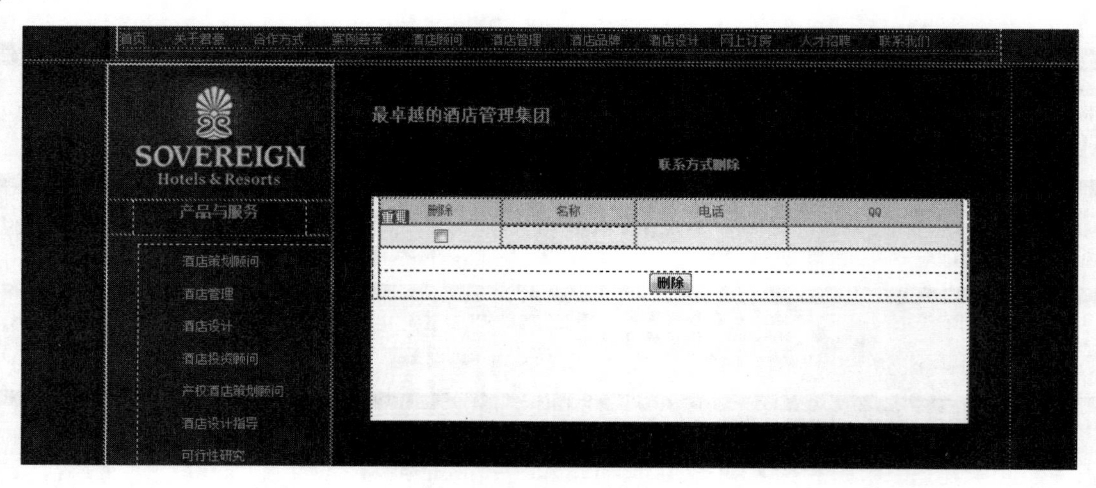

图 7-86　删除页面的样子

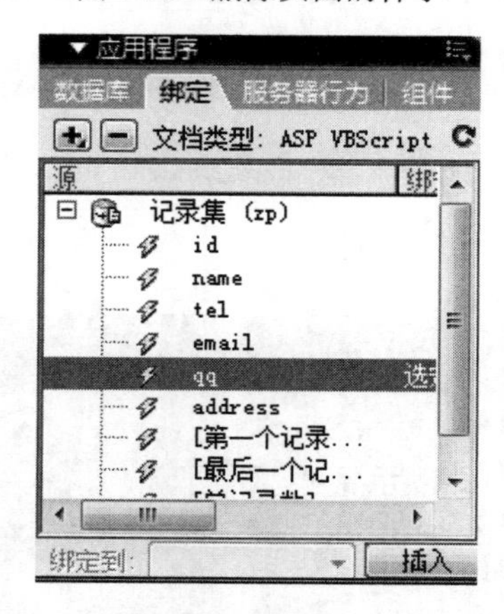

图 7-87　创建好的记录集

（4）向表单中插入“name”、“qq”和“del”三个字段。单击“name”、“qq”和“del”再分别单击“插入”，插入记录集后的效果如图 7-88 所示。

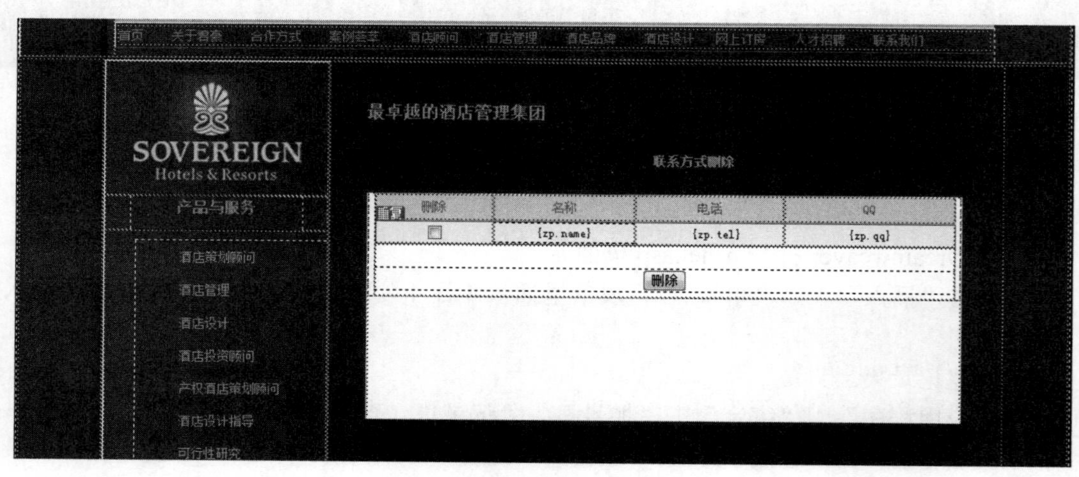

图 7-88　插入记录集后的效果

（5）设置重复区域。

（6）修改删除代码。usdel.asp 中复选框的设置如图 7-89 所示。

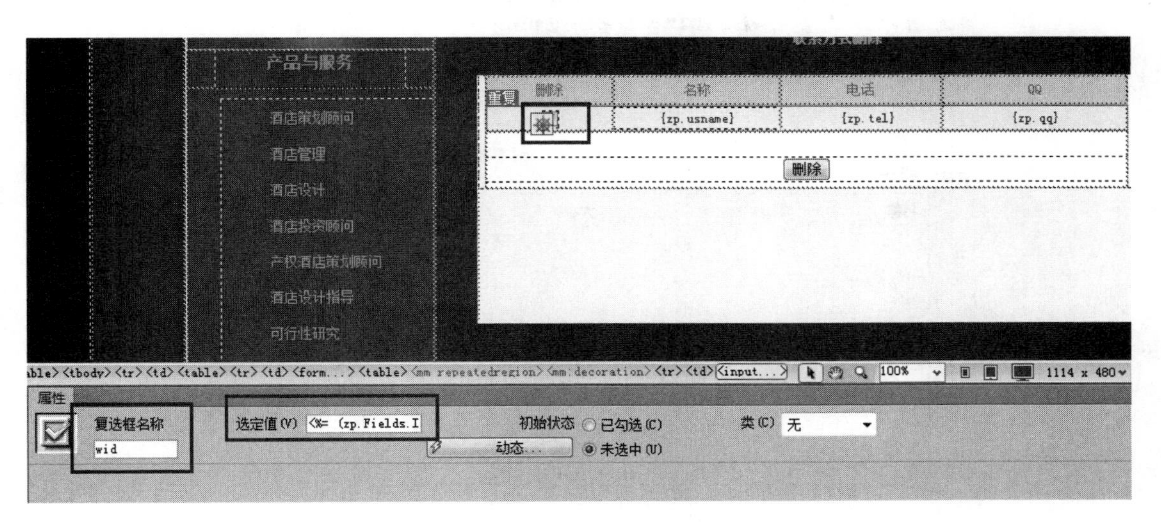

图 7-89　usdel.asp 中复选框的设置

复选框的选择代码为：

```
    ><input name="wid" type="checkbox" id="id2" value="<%=
(zp.Fields.Item("id").Value) %>" <%If (CStr((zp.Fields.Item("id").Value)) =
CStr((zp.Fields.Item("id").Value))) Then Response.Write("checked=""checked""") :
Response.Write("")%> />
```

设置表单的动作为：

```
    <form action="usdelok.asp" method="post" name="form1" id="form1">
```

usdelok.asp 删除成功页面的代码修改。

添加一个命令的行为，或者复制以下代码到 usdelok.asp 页面中。

```
<%

Set Command1 = Server.CreateObject ("ADODB.Command")
Command1.ActiveConnection = MM_conn_STRING
Command1.CommandText = "DELETE FROM zhaoping WHERE id  in ("&Request("wid")&")"
Command1.CommandType = 1
Command1.CommandTimeout = 0
Command1.Prepared = true
Command1.Execute()

%>
```

查看命令中的 SQL 语句，如图 7-90 所示。

命令

名称: Command1　　连接: conn　　定义...

类型: 删除　　返回具有以下名称的记录集:　　测试

SQL: DELETE FROM zhaoping
WHERE id in ("&Request("wid")&")

变量: + −

名称	类型	大小	运行值

数据库项: 表格 视图 预存过程　　添加到 SQL: DELETE WHERE

图 7-90　SQL 命令代码

更改为：

```
DELETE FROM us
WHERE id  in ("&Request("wid")&")
```

完成后的代码如下：

```
<%

Set Command1 = Server.CreateObject ("ADODB.Command")
Command1.ActiveConnection = MM_conn_STRING
Command1.CommandText = "DELETE FROM us WHERE id  in ("&Request("wid")&") "
Command1.CommandType = 1
Command1.CommandTimeout = 0
Command1.Prepared = true
Command1.Execute()

%>
```

usdel.asp 限制对页的访问。

在 usdel.asp 中选择“用户身份验证”｜“限制对页的访问”，在弹出的“限制对页的访问”对话框中进行设置，如图 7-91 所示。

图 7-91　“限制对页的访问”对话框

7.11.4 关于酒店删除的页面设计

（1）把 guanyu.asp 网页另存为 guanyudel.asp 网页，如图 7-92 所示。

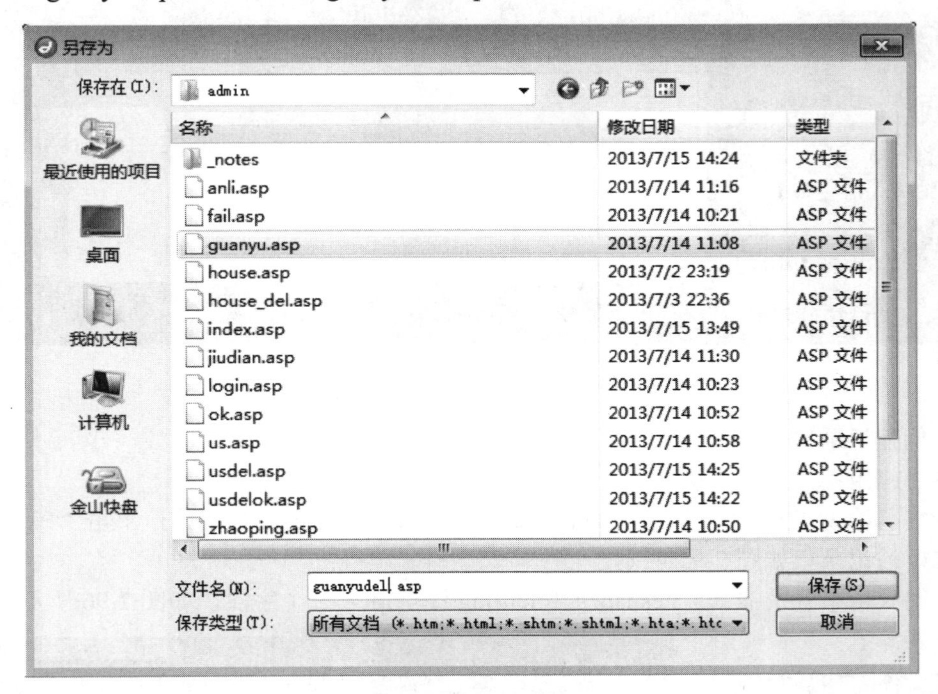

图 7-92　另存网页

另存后的网页如图 7-93 所示。

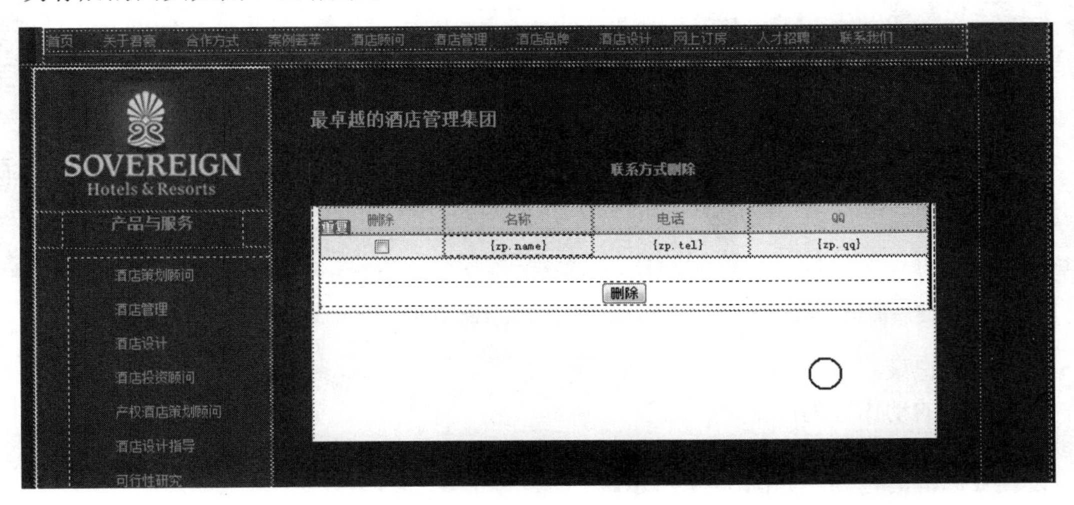

图 7-93 另存后的网页

（2）因为是另存为的网页 guanyudel.asp，所以有些要修改。

标题改为“关于酒店删除”如图 7-94 所示，对表格中插入的动态字段进行删除，表格里的小标题要进行修改。

图 7-94　更改为关于酒店删除

（3）创建记录集。

单击“应用程序”｜“绑定”｜“加号”｜“记录集（查询）”。

记录集名称为“zp”，连接 “conn1”数据库，使用“jieshao”表格，单击“确定”按钮。建立好的记录集如图 7-95 所示。

（4）向表格中分别插入“jieshao”、“neirong”、“ripi”三个字段，如图 7-96 所示。

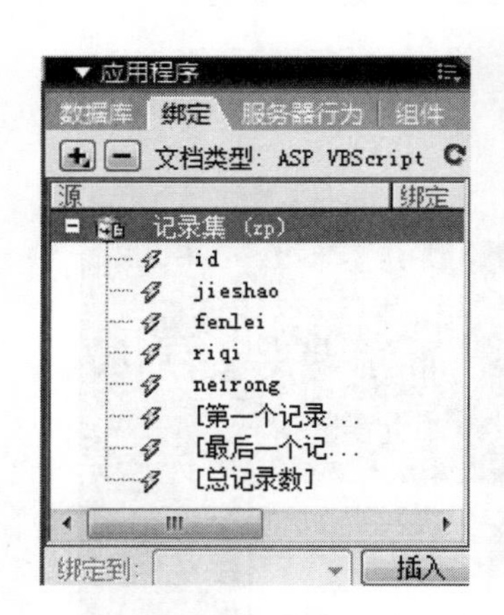

图 7-95　创建后的记录集

图 7-96　插入三个字段

（5）删除记录。

设置表单的动作行为：

```
<form action="guanyudelok.asp" method="post" name="form1" id="form1">
```

设置复选框的行为，如图 7-97 所示。

复选框的选择代码为：

```
    ><input name="wid" type="checkbox" id="id2" value="<%=
(zp.Fields.Item("id").Value) %>" <%If (CStr((zp.Fields.Item("id").Value)) =
CStr((zp.Fields.Item("id").Value))) Then Response.Write("checked=""checked""") :
Response.Write("")%> />
```

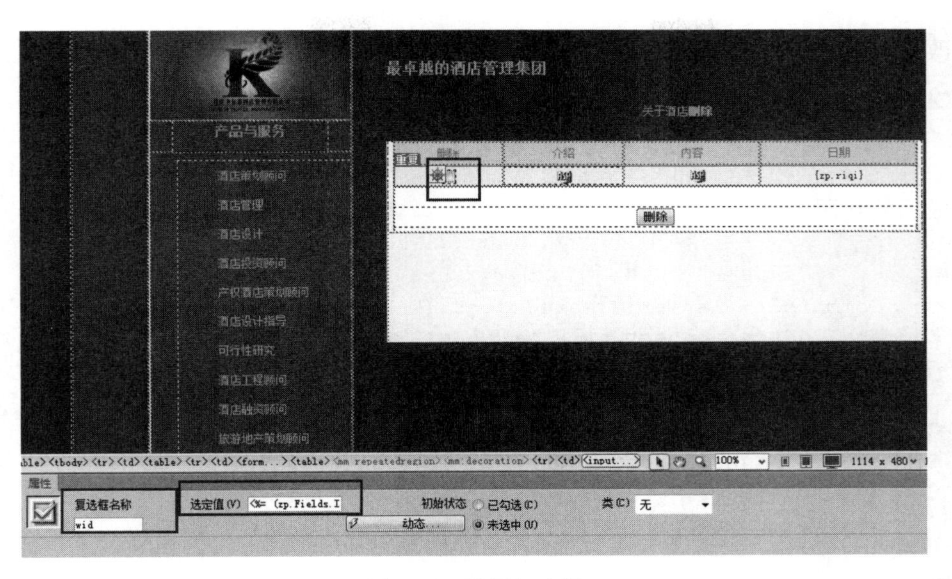

图 7-97　设置复选框

guanyudelok.asp 删除成功页面的代码修改：

```
<%

Set Command1 = Server.CreateObject ("ADODB.Command")
Command1.ActiveConnection = MM_conn_STRING
Command1.CommandText = "DELETE FROM us WHERE id  in ("&Request("wid")&") "
Command1.CommandType = 1
Command1.CommandTimeout = 0
Command1.Prepared = true
Command1.Execute()

%>
```

查看命令中的 SQL 语句，如图 7-98 所示。

图 7-98　SQL 命令

更改为：

```
SQL: DELETE FROM jieshao
     WHERE id  in ("&Request("wid")&")
```

完成后的代码如下：

```
<%

Set Command1 = Server.CreateObject ("ADODB.Command")
Command1.ActiveConnection = MM_conn_STRING
Command1.CommandText = "DELETE FROM jieshao WHERE id  in ("&Request("wid")&")
"
Command1.CommandType = 1
Command1.CommandTimeout = 0
Command1.Prepared = true
Command1.Execute()

%>
```

guanyudel.asp 限制对页的访问。

在 guanyudel.asp 中选择“用户身份验证” | “限制对页的访问”，在弹出的“限制对页的访问”对话框中进行设置，如图 7-99 所示。

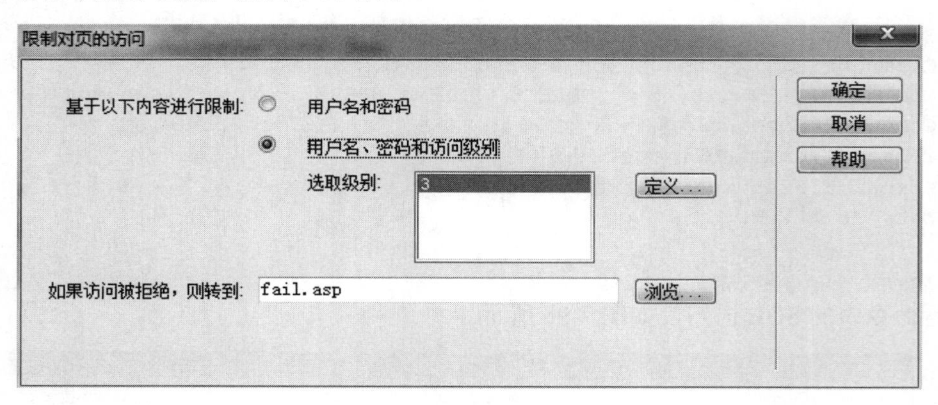

图 7-99 “限制对页的访问”对话框

这是删除后跳转的页面，返回的链接是“guanyudel.asp”，如图 7-100 所示。

图 7-100 删除成功的页面

7.11.5　招聘管理设计

（1）把“index.asp”另存为“zhaoping.asp”，如图 7-101 所示。

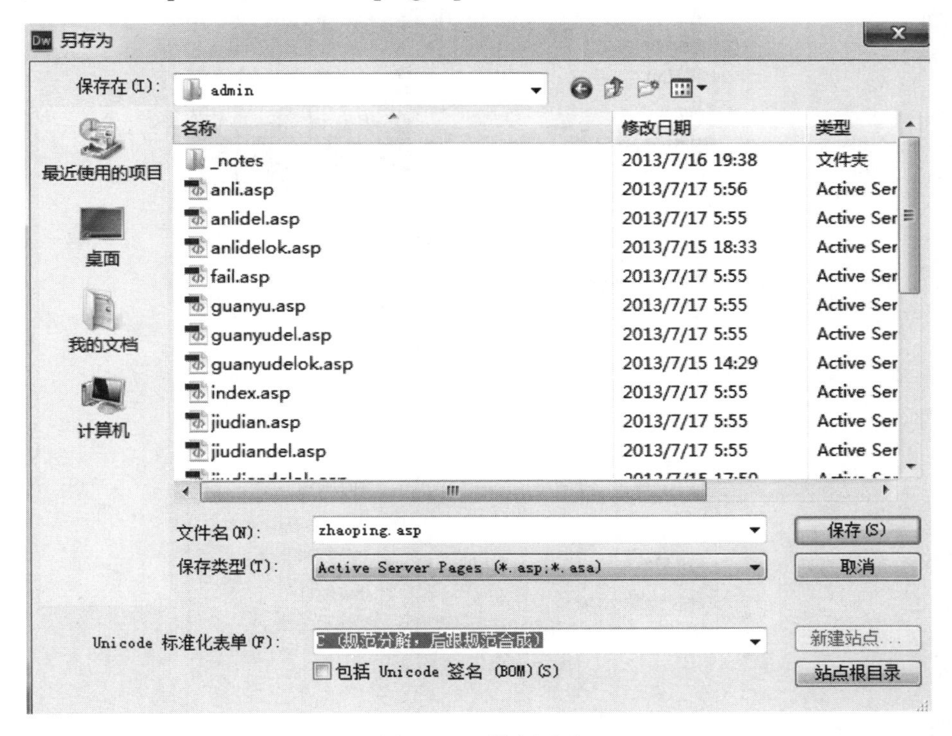

图 7-101　另存网页

另存的网页效果如图 7-102 所示。

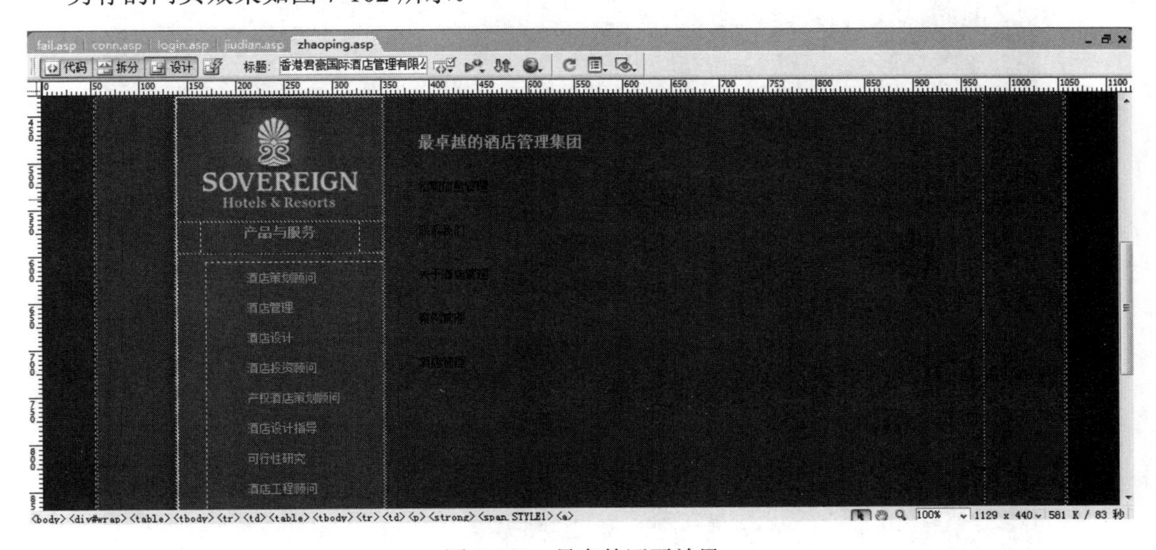

图 7-102　另存的网页效果

（2）对网页进行修改，将里面的文字改为“招聘管理”。

（3）添加表单。

单击“插入”|“表单”|“表单”选项，如图 7-103 所示。

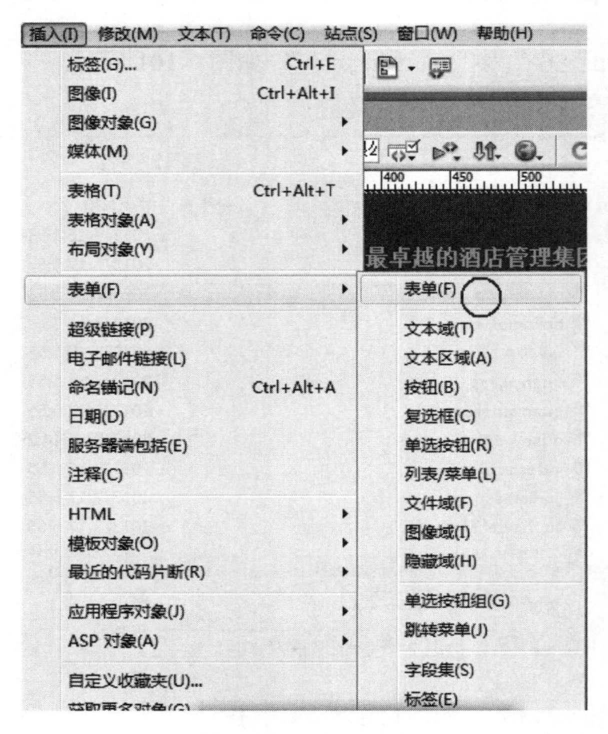

图 7-103　添加表单

添加表单后的效果如图 7-104 所示。

图 7-104　添加表单后的效果

（4）在表单中添加表格。

插入一个 6 行 2 列的“表格”，具体操作如图 7-105 和图 7-106 所示。

图 7-105　添加表格

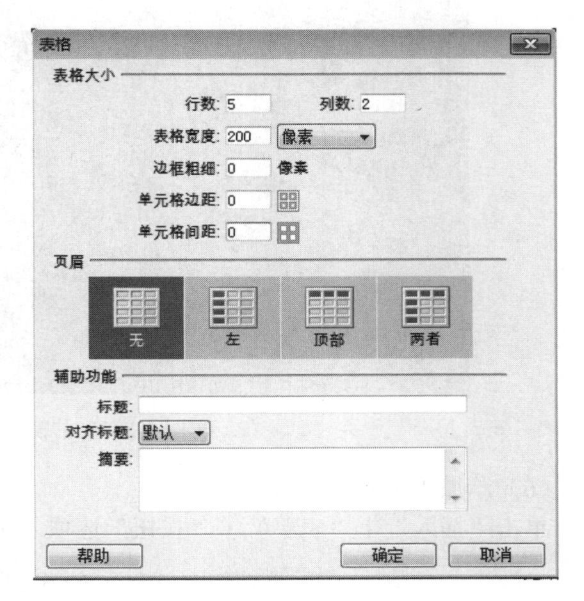

图 7-106　设置表格

添加表格后的网页效果如图 7-107 所示。

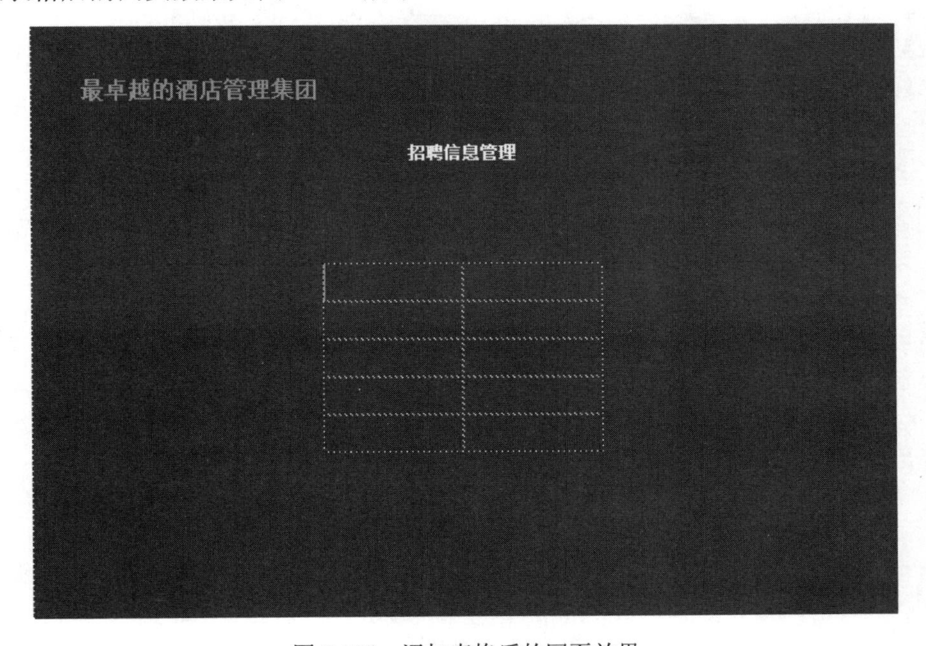

图 7-107　添加表格后的网页效果

（5）在表格中输入文字，如图 7-108 所示。

招聘信息管理

招聘职位	
招聘人数	
招聘要求	
招聘有效期	
发布日期	

图 7-108　在表格中输入文字

（6）添加“发布”按钮。

单击“插入”｜“表单”｜“按钮”选项，如图 7-109 所示。

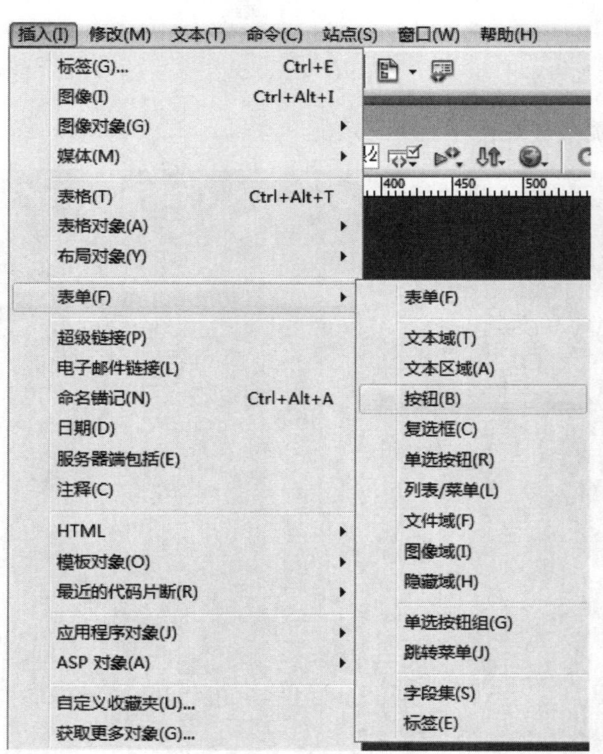

图 7-109　选择插入按钮

插入按钮后的网页效果如图 7-110 所示。

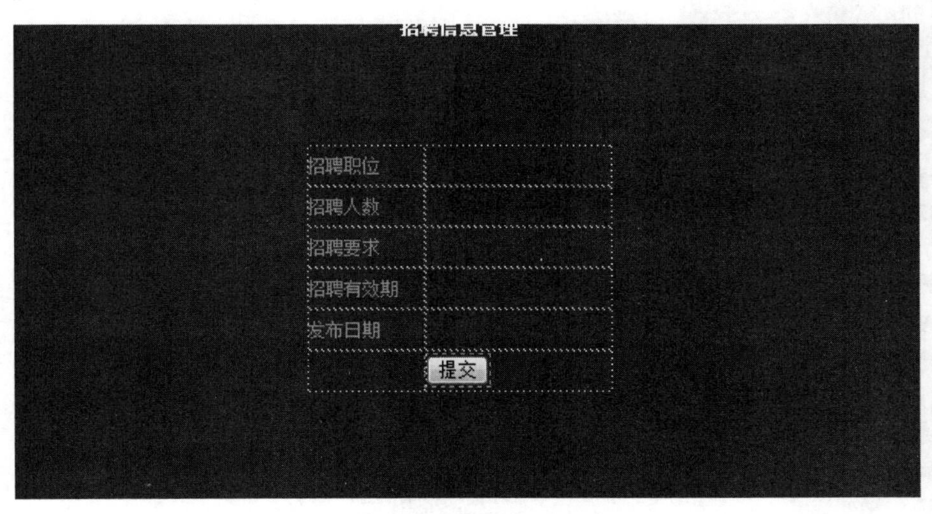

图 7-110　插入按钮后的网页效果

（7）在表中添加文本域和文本区域，如图 7-111 所示。

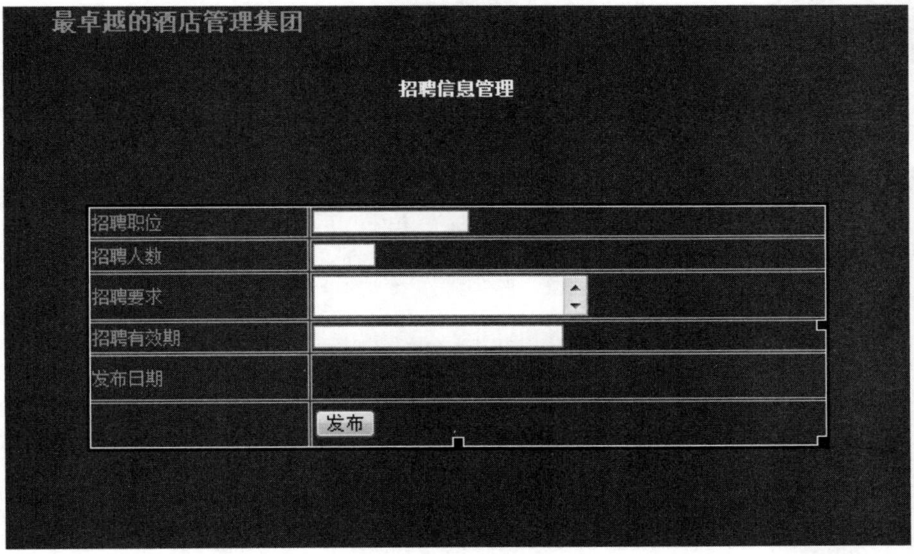

图 7-111　添加文本域和文本区域

（8）是数据插入到数据库。

首先选中整个表单，然后单击“应用程序”｜“服务器”｜“插入记录”，选项，如图 7-112 所示。

在弹出的“插入记录”对话框中进行设置，如图 7-113 所示。

（9）跳转后的“ok.asp”页面。

将 index.asp 页面另存为“ok.asp”页面，如图 7-114 所示。

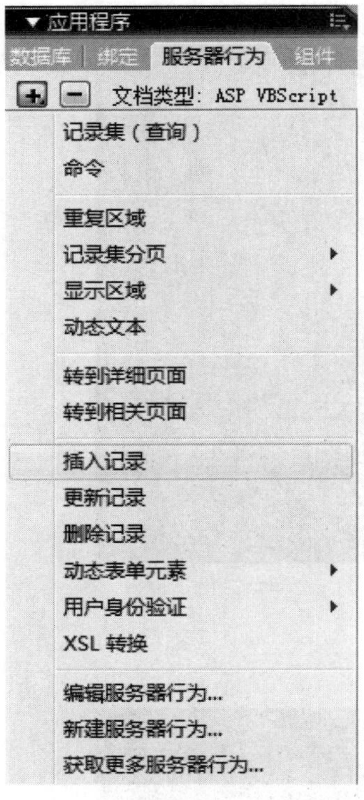

图 7-112　选择插入记录

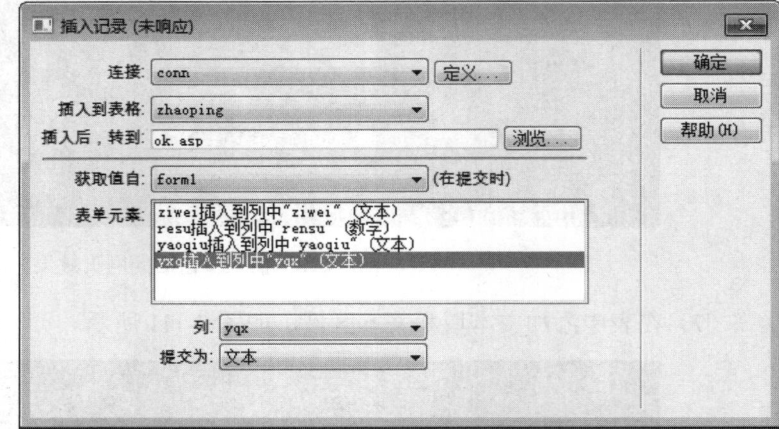

图 7-113　“插入记录”对话框

图 7-114　另存网页

将“返回到管理首页”超链接到 “index.asp”，如图 7-115 所示。.

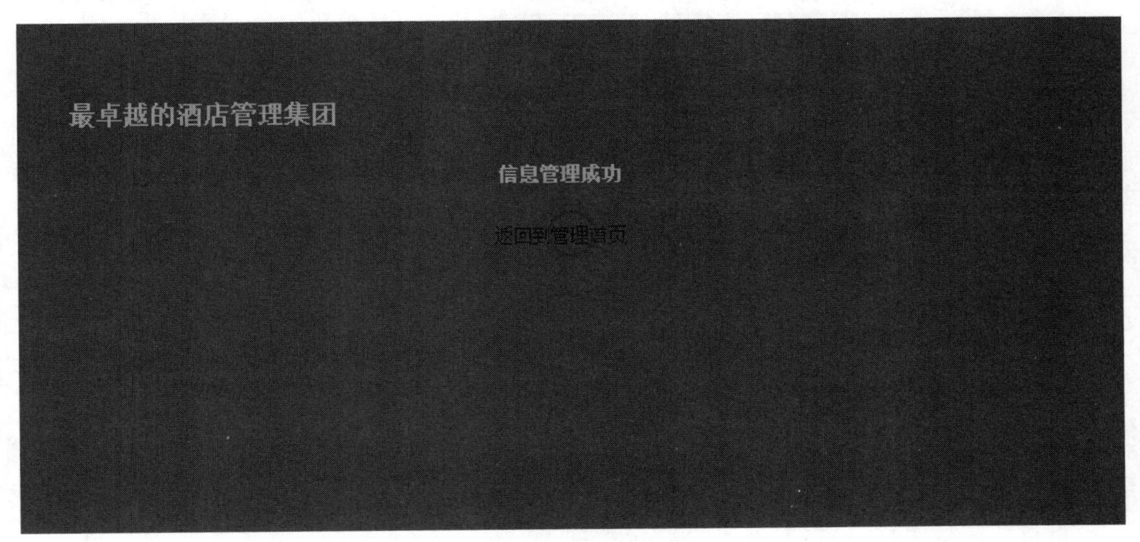

图 7-115　设置超链接

7.11.6　案例删除设计

（1）把“anli.asp”另存为“anlidel.asp”，“guanyudelok.asp”另存为“anlidelok.asp”，如图 7-116 和图 7-117 所示。

图 7-116　另存网页

图 7-117　另存网页

另存的网页效果如图 7-118 所示。

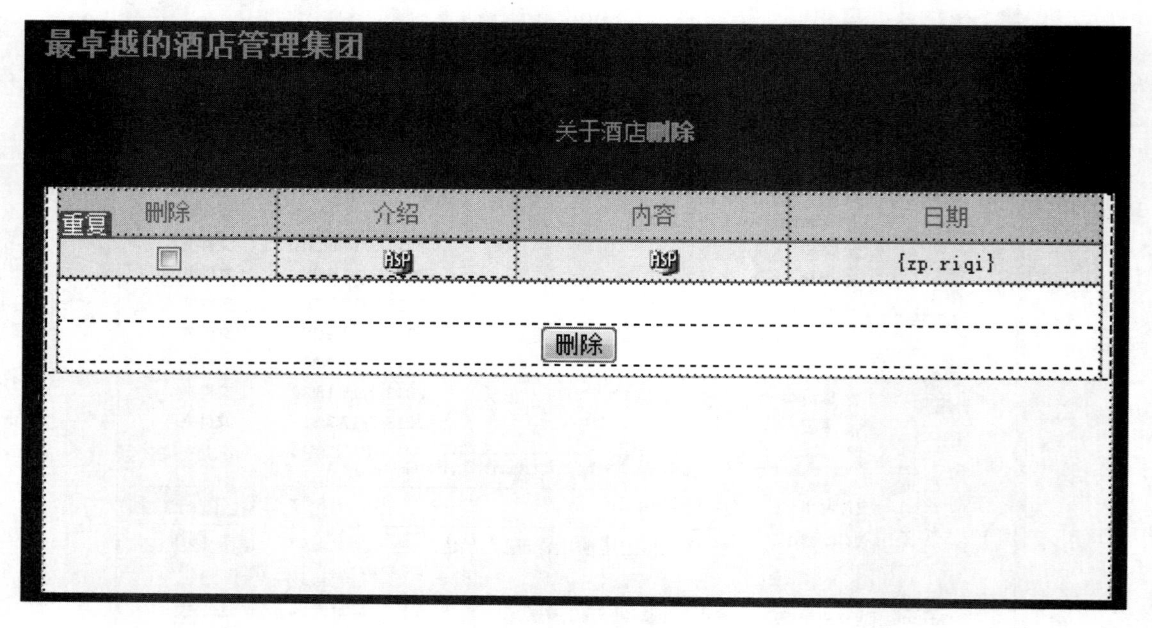

图 7-118　另存的网页效果

（2）将“关于酒店删除”修改为“案例删除”，如图 7-119 所示。

（3）修改记录集。

单击“应用程序”｜“绑定”｜“加号”｜“记录集（查询）”选项。

记录集名称为“zp”，连接 “conn1”数据库，使用“anli”表格，单击“确定”按钮，弹出“记录集”对话框，如图 7-120 所示。

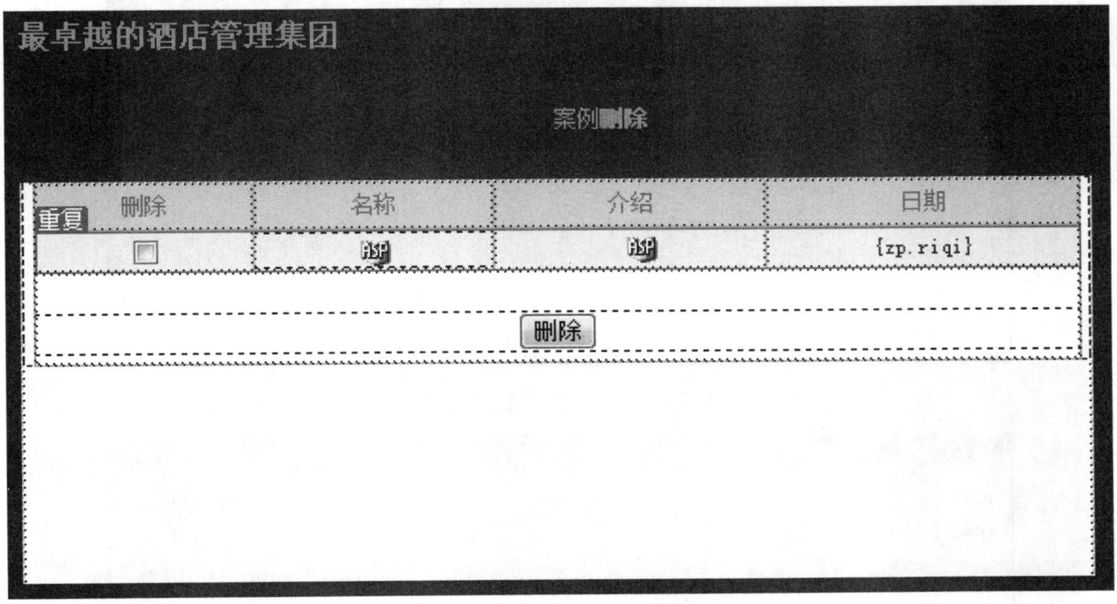

图 7-119　修改为案例删除

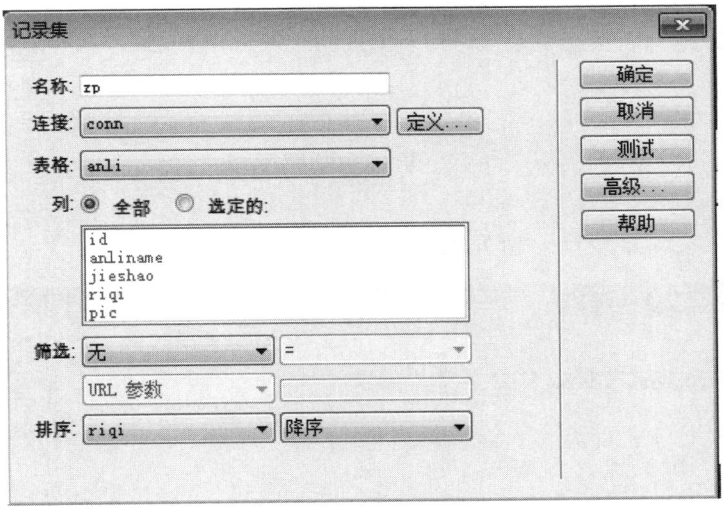

图 7-120　“记录集”对话框

（4）修改表中的字段。

双击表中的“ASP”，如图 7-121 所示。打开“编辑内容”对话框，如图 7-122 所示，修改代码，如图 7-123 所示。

图 7-121　双击表中的“ASP”

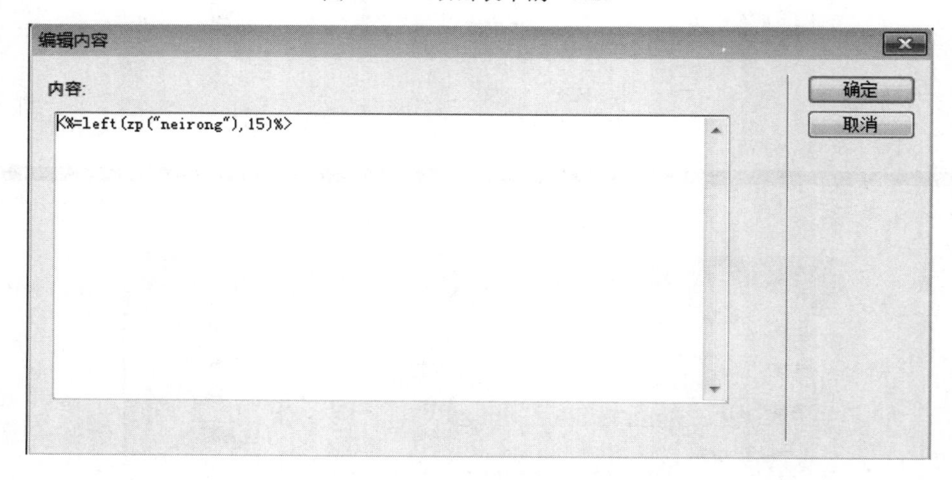

图 7-122　“编辑内容”对话框

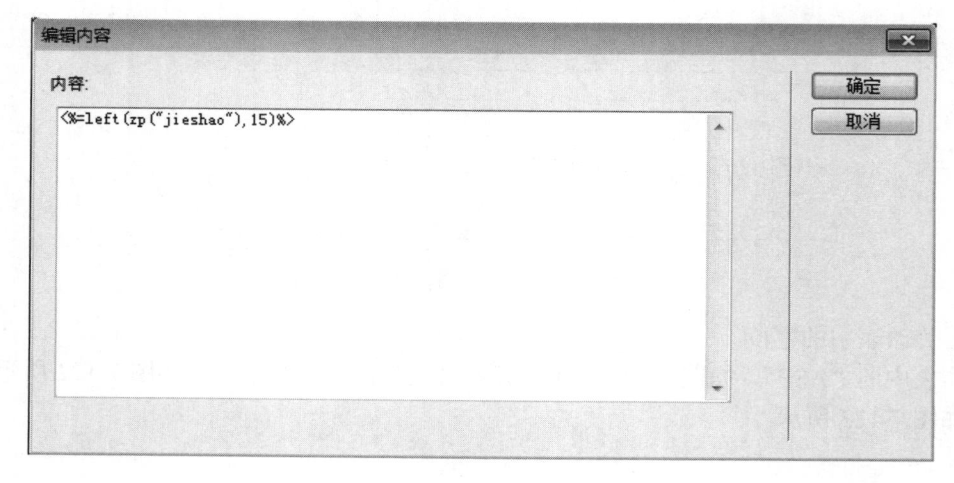

图 7-123　修改代码

（5）修改“anlidelok.asp”中的命令代码。

单击“应用程序”｜“服务器行为”｜双击“命令（Command1）”选项，如图 7-124 所示。

图 7-124　“服务器行为”选项卡

打开的“命令”对话框如图 7-125 所示。

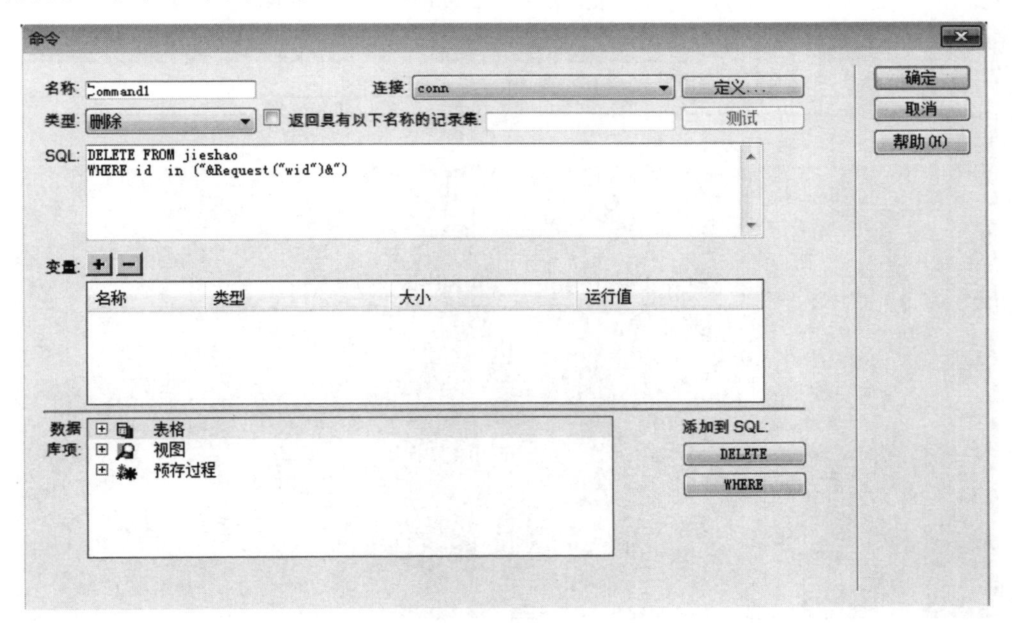

图 7-125　“命令”对话框

将其“jieshao”改为“anli”，如图 7-126 所示。

其他的案例删除页面 anlidel.asp 中的复选框的设置与前面介绍的操作方法相同，此处从略。

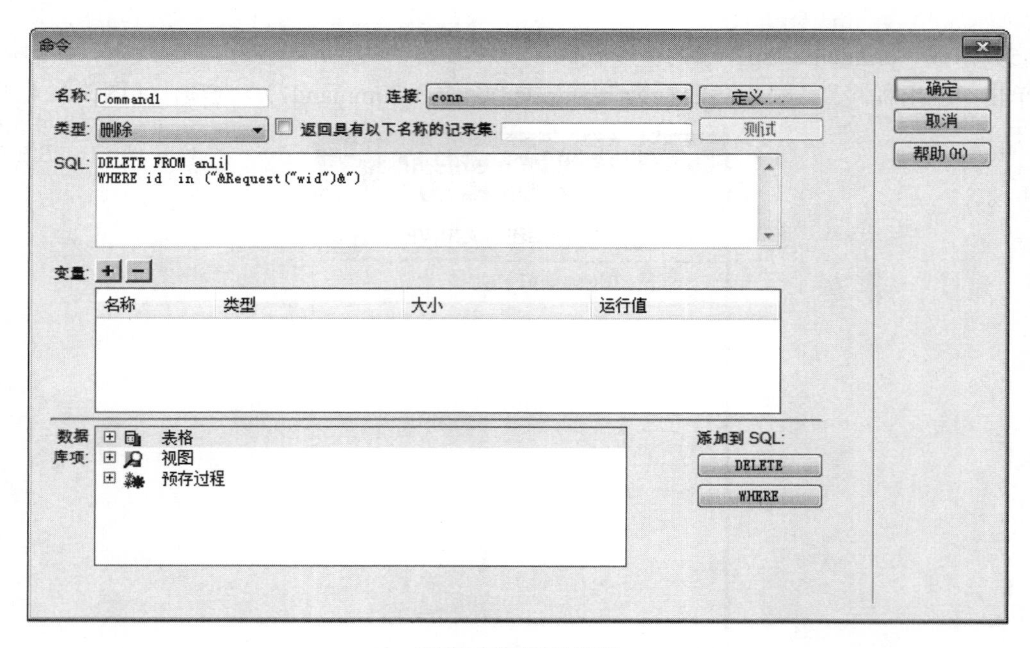

图 7-126　更改设置

7.11.7　关于酒店发布的设计

（1）在 Dreamweaver 中打开 guanyu.asp 网页。如图 7-127 所示。

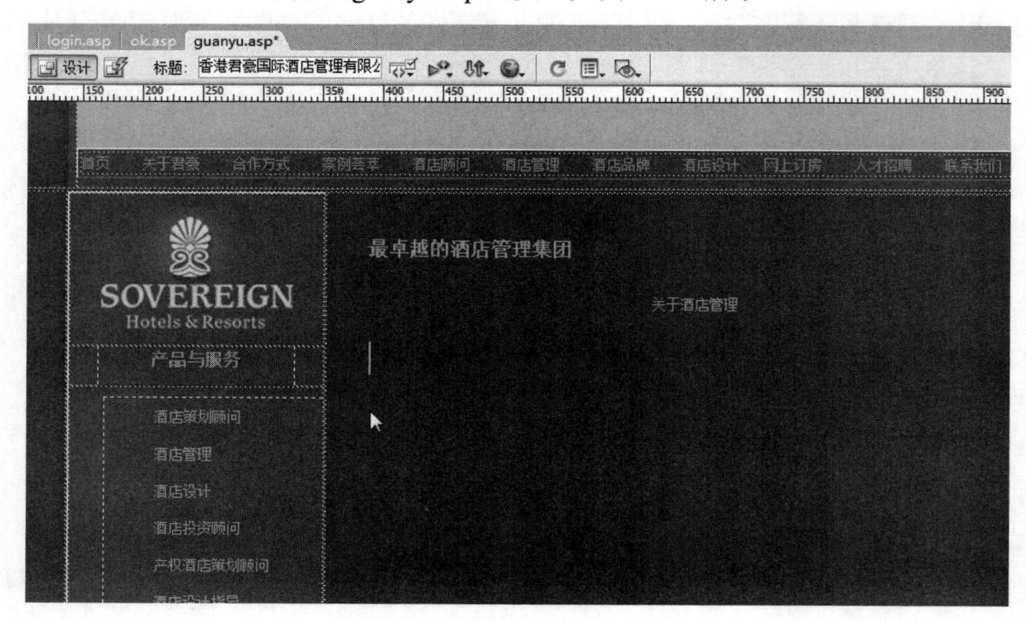

图 7-127　打开 guanyu.asp 网页

（2）在 Dreamweaver 菜单栏中单击“插入”｜“表单”｜“表单”选项，如图 7-128 所示。插入表单后的效果如图 7-129 所示。

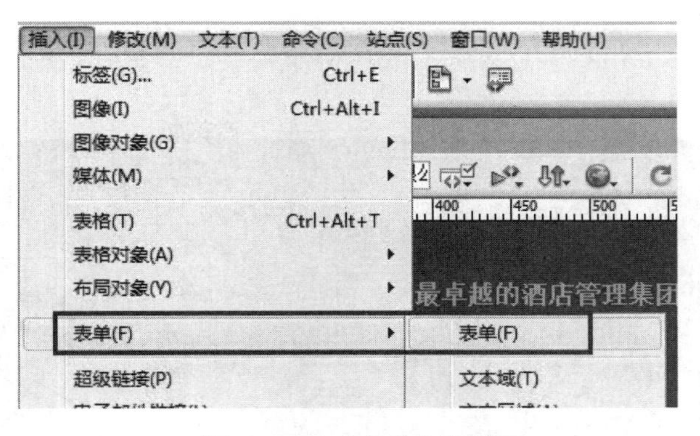

图 7-128　“表单”选项

图 7-129　插入表单后的效果

（3）在表单中插入一个 5 行 2 列的表格，让表格居中对齐，如图 7-130 所示。

图 7-130　设置表格

（4）在表格中输入“公司简介”、“发布类型”、“发布内容”，并添加一个“递交”按钮，如图 7-131 所示。

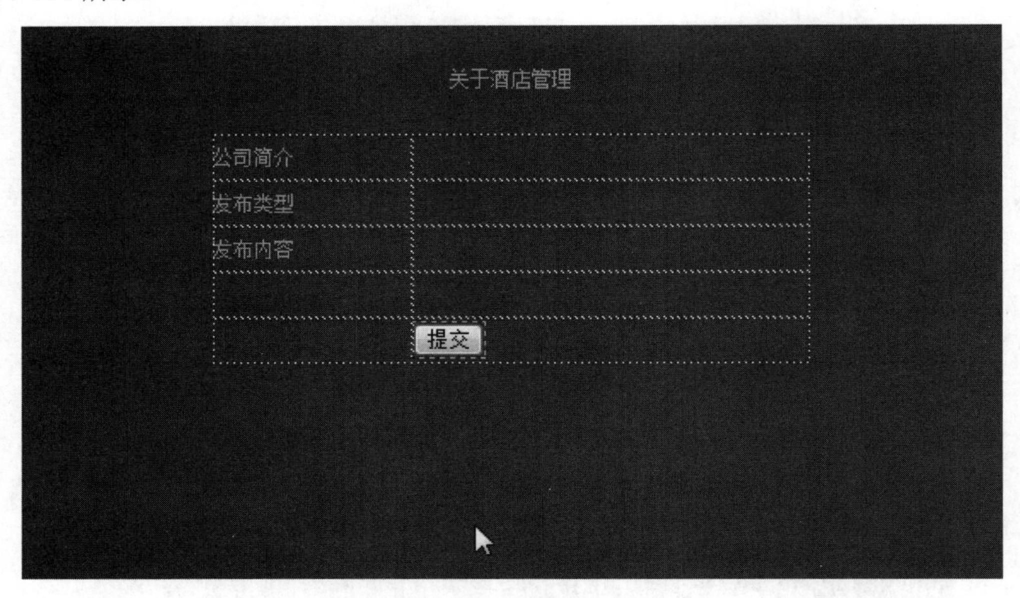

图 7-131　输入内容并添加按钮

（5）选择“插入”|“表单”|“文本域”选项，在公司简介中插入文本域，如图 7-132 所示。

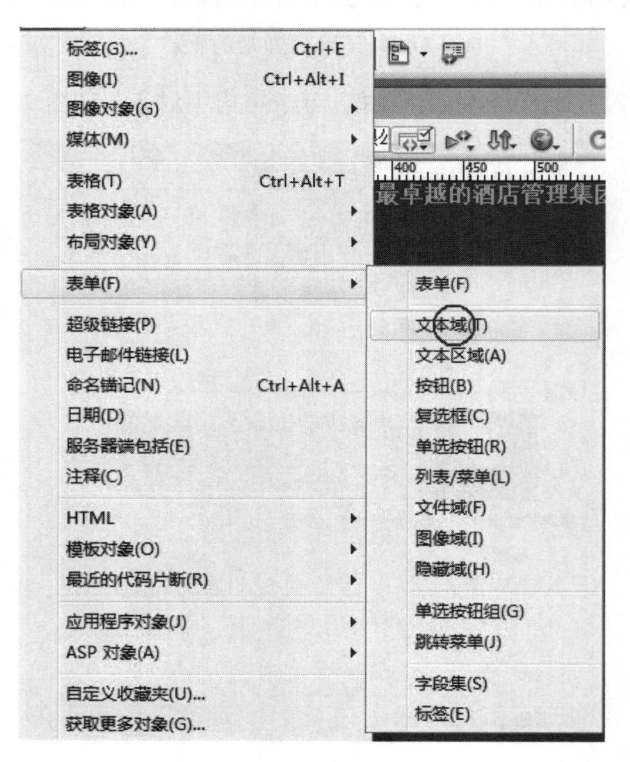

图 7-132　插入文本域

选择“插入”|“表单”|“列表/菜单”选项，在发布类型中插入文本域，如图 7-133 所示。

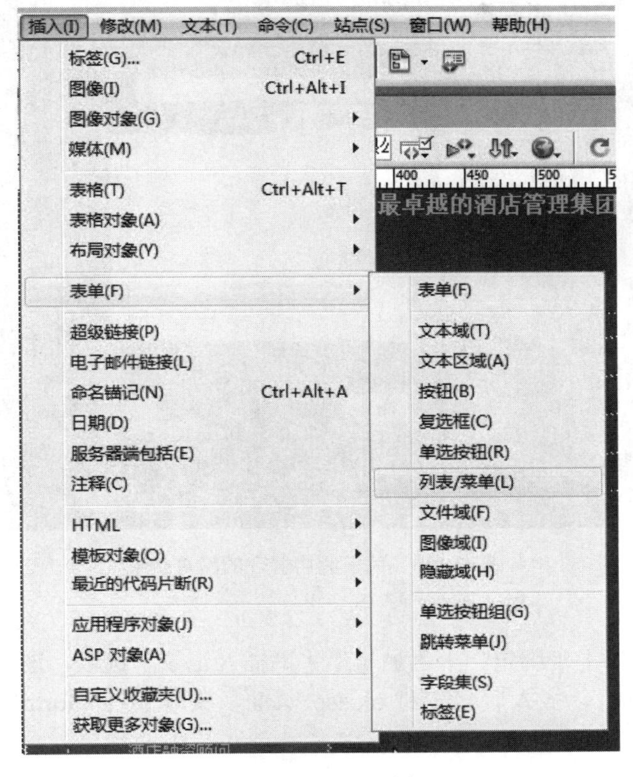

图 7-133　插入列表

在“列表/菜单”的属性中选择“列表值”，在“列表值”中输入以下内容，如图 7-134 所示。

选择“插入”|“表单”|“文本区域”选项，在发布内容中插入文本区域，文本区域设置为 10 行，如图 7-135 所示。

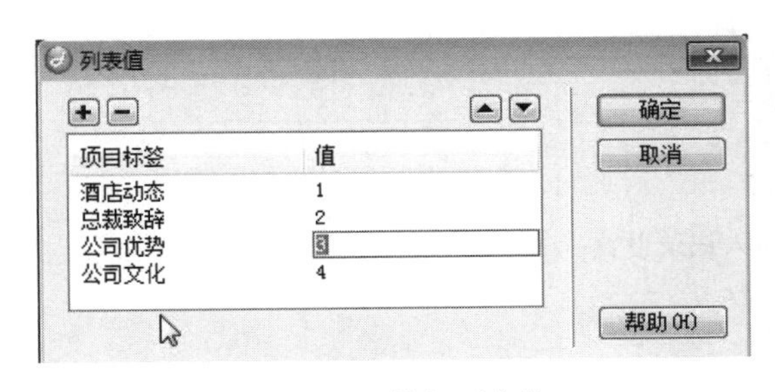

图 7-134　输入列表值

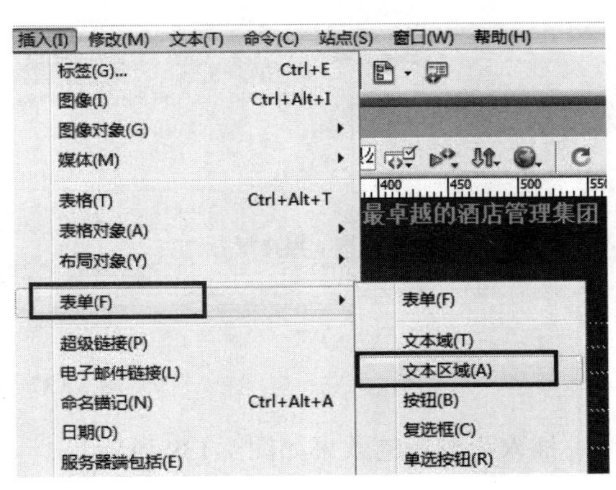

图 7-135　插入文本区域

关于酒店管理的网页效果如图 7-136 所示。

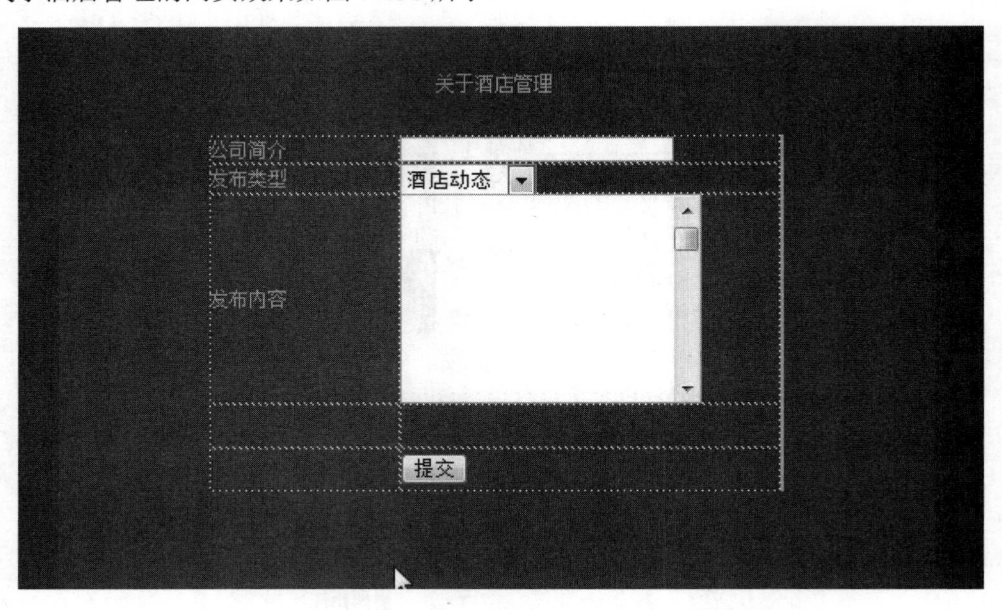

图 7-136 关于酒店管理的网页效果

插入记录。

单击“应用程序”|“绑定”|“加号”|“插入记录”选项，连接“conn”数据库，插入到表格选择“jieshao”，插入后，转到 ok.asp 页面，获取值自“form1”，表单元素的设置如图 7-137 所示。

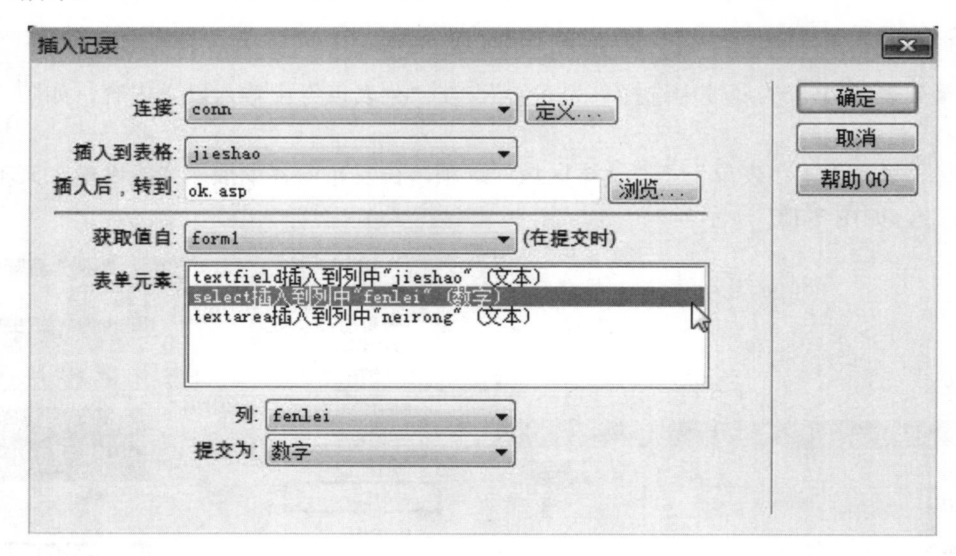

图 7-137 插入记录设置

插入记录后的效果如图 7-139 所示。

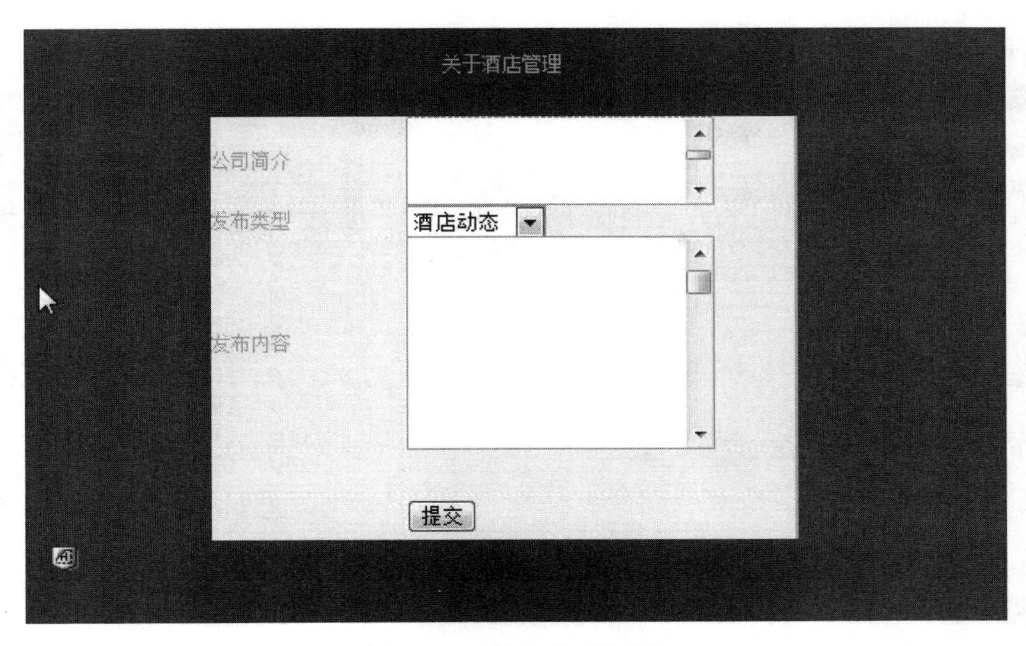

图 7-138　插入记录后的效果

7.11.8　酒店管理删除设计

（1）在 Dreamweaver 中将关于酒店或联系方式删除的页面另存为 jiudiandel.asp，然后修改相关的文字和记录集。jiudiandel.asp 网页如图 7-139 所示。

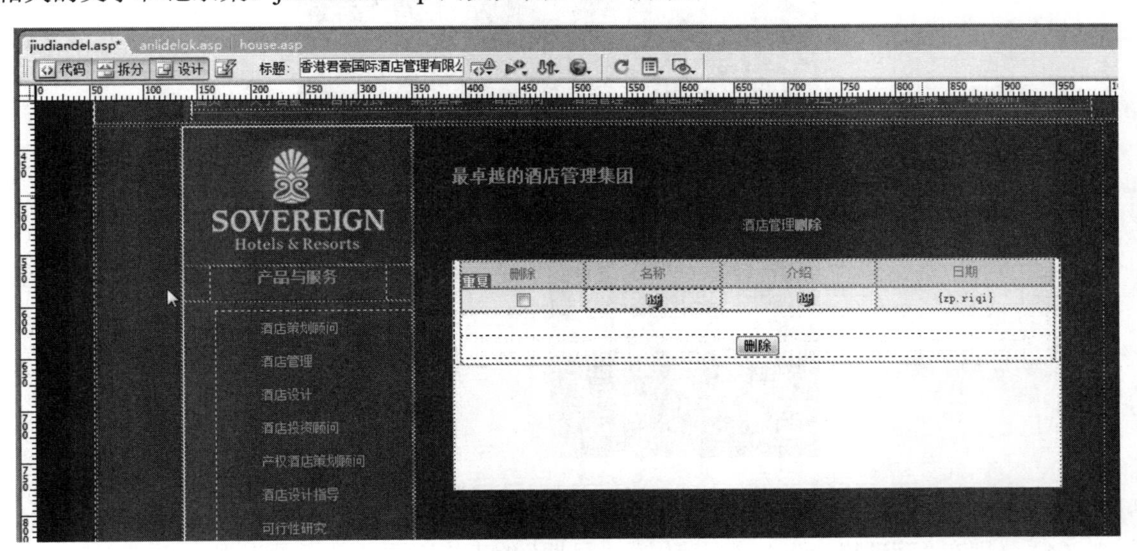

图 7-139　另存网页

（2）创建记录集。

选择“应用程序”｜“绑定”｜“加号”｜“记录集（查询）”选项，记录集名称为“zp”连接 “conn”数据库，使用“chanping”表格，排序选择“riqi”为“降序”，单击“确定”按钮，如图 7-140 所示。

完成后的记录集如图 7-141 所示。

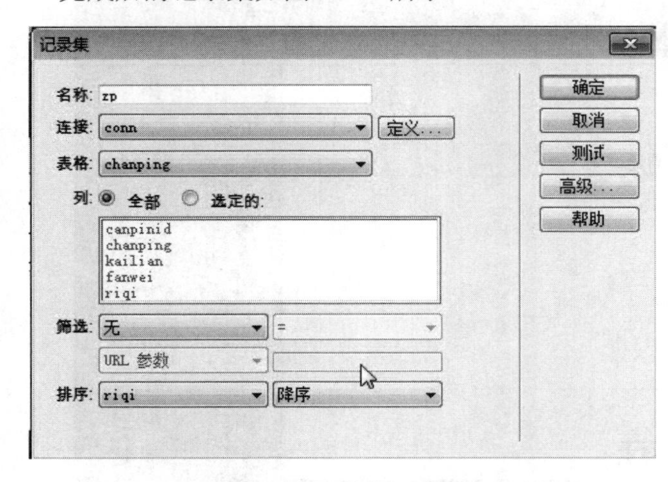

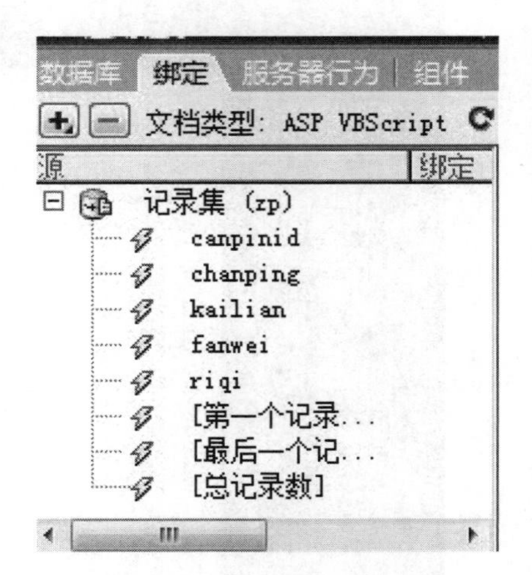

图 7-140　创建记录集　　　　图 7-141　完成后的记录集

（3）选择“插入”｜“表单”｜“复选按钮”选项，添加一个复选框，如图 7-142 所示。

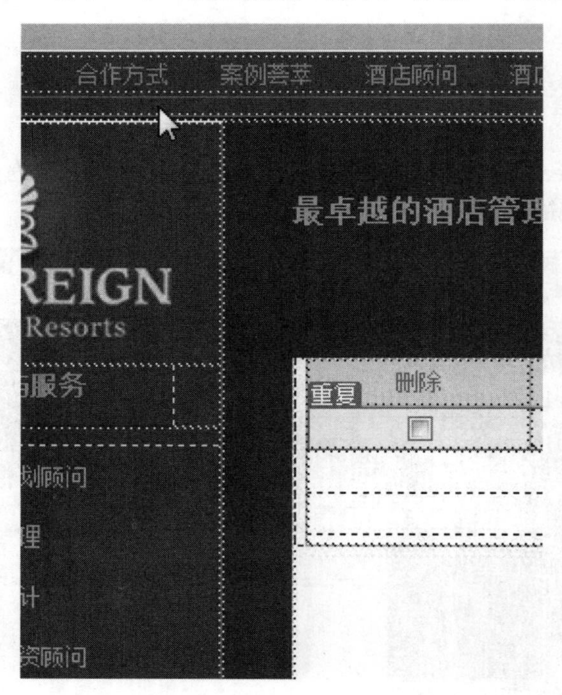

图 7-142　添加一个复选框

（4）分别在“管理概念”、“管理范围”、“日期”的表格下面插入记录为“kailian”、“fanwei”、“riqi” 的字段，如图 7-143 所示。

（5）重复区域。

选择“应用程序”｜“服务器行为”｜“加号”｜“重复区域”选项，如图 7-144 所示。

打开“重复区域”对话框，将里面显示的记录改为“所有记录”，如图 7-145 所示。

图 7-143　插入记录集字段

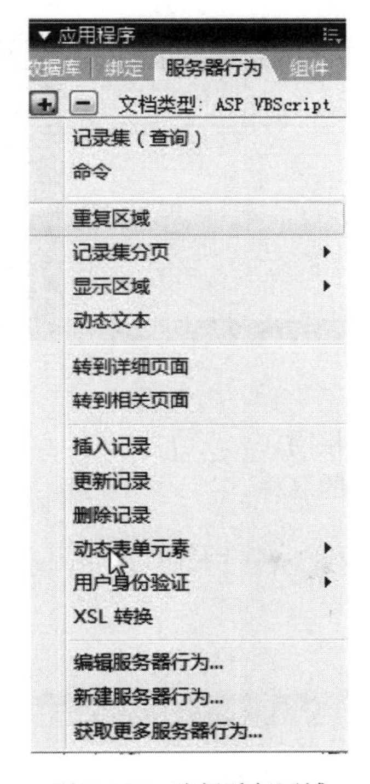

图 7-144　选择重复区域

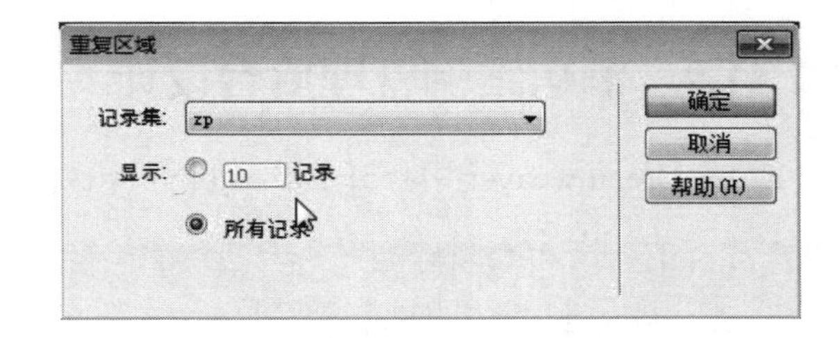

图 7-145　设置重复区域

（6）完成后的效果如图 7-146 所示。

图 7-146　完成后的效果

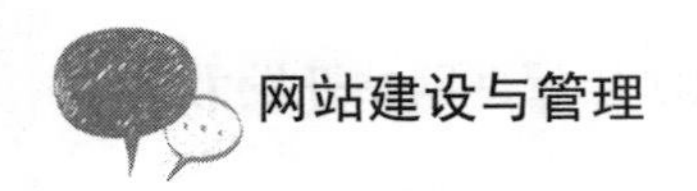

（7）网页中进行预览，效果如图 7-147 所示。

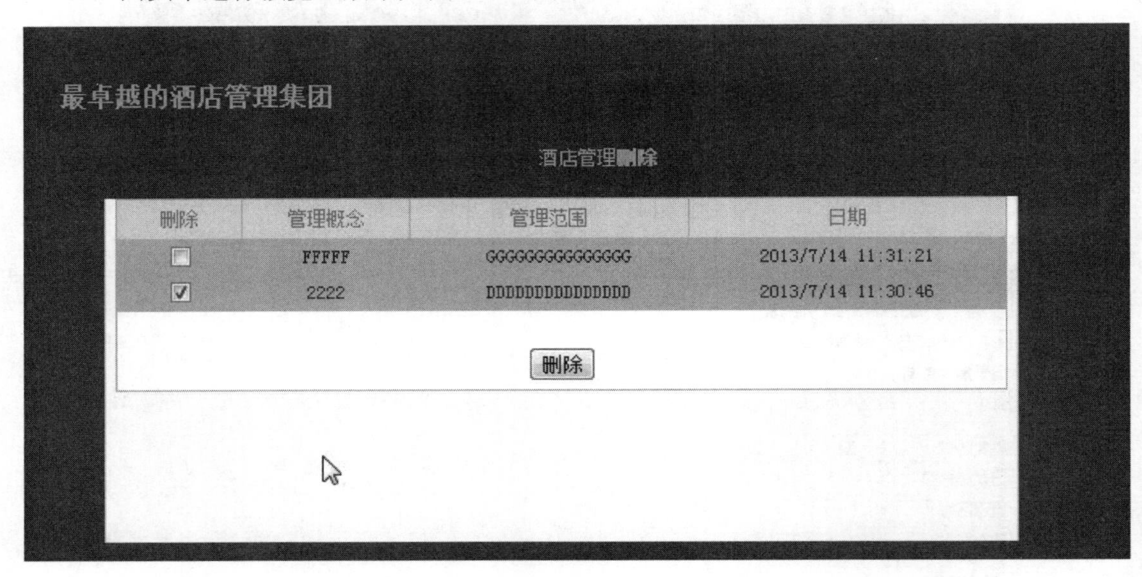

图 7-147　浏览网页效果

（8）jiudiandel.asp 中复选框的设置与前面介绍的删除页面相同。
（9）jiudiandelok.asp 删除命令行为的修改，同样是只改表的名称。

7.11.9　酒店案例管理后台设计

（1）在 Dreamweaver 中打开 anli.asp 网页，如图 7-148 所示。

图 7-148　打开 anli.asp 网页

（2）在 Dreamweaver 的菜单栏中单击“插入”｜“表单”｜“表单”选项，如图 7-149 所示。插入表单后的效果如图 7-150 所示。

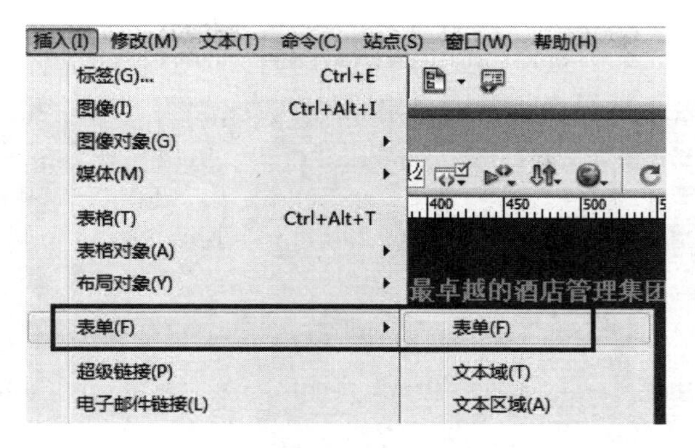

图 7-149 “表单”选项

图 7-150 插入表单后的效果

（3）在表单中插入一个 5 行 2 列的表格，让表格居中对齐，如图 7-151 所示。

图 7-151 设置表格

（4）在表格中输入“案例名称”和“案例介绍”，在该表格中插入按钮，如图 7-152 所示。

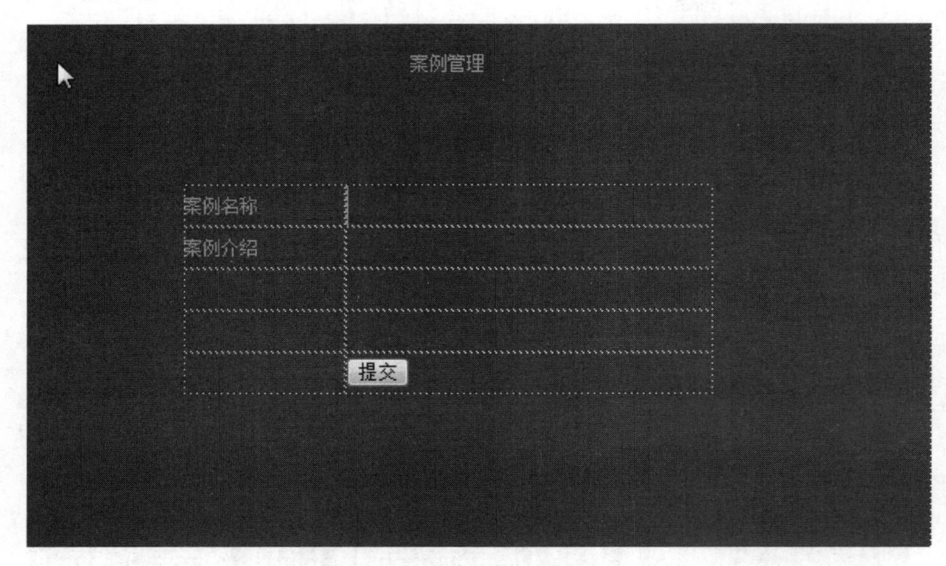

图 7-152 在表格中插入按钮

（5）选择“插入”｜“表单”｜“文本域”选项，在案例名称中插入文本域，如图 7-153 所示。

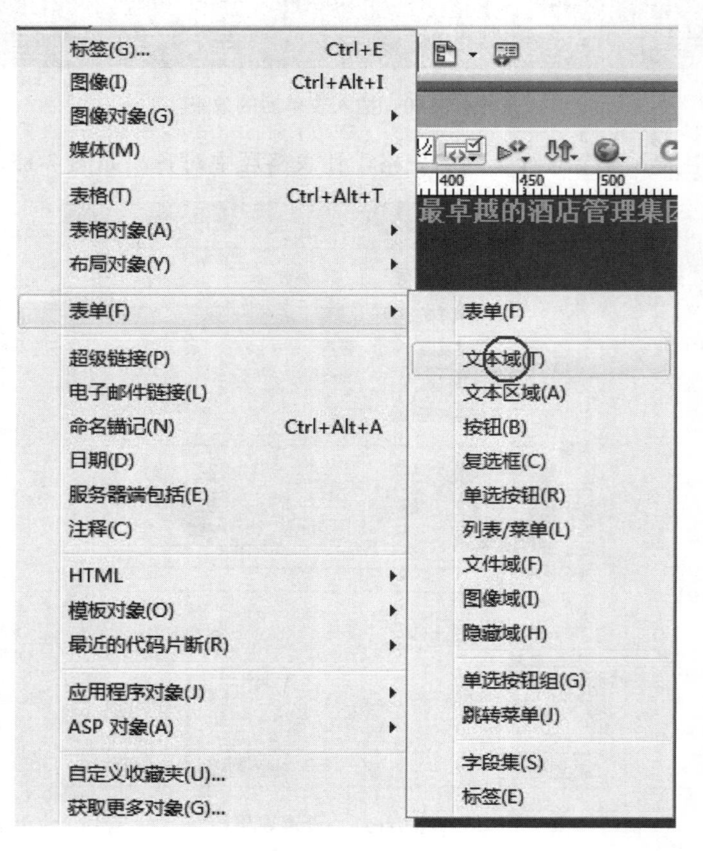

图 7-153 插入文本域

选择“插入”｜“表单”｜“文本区域”选项，在案例介绍中插入文本区域，将该文本区域设置为 15 行，完成后的效果如图 7-154 所示。

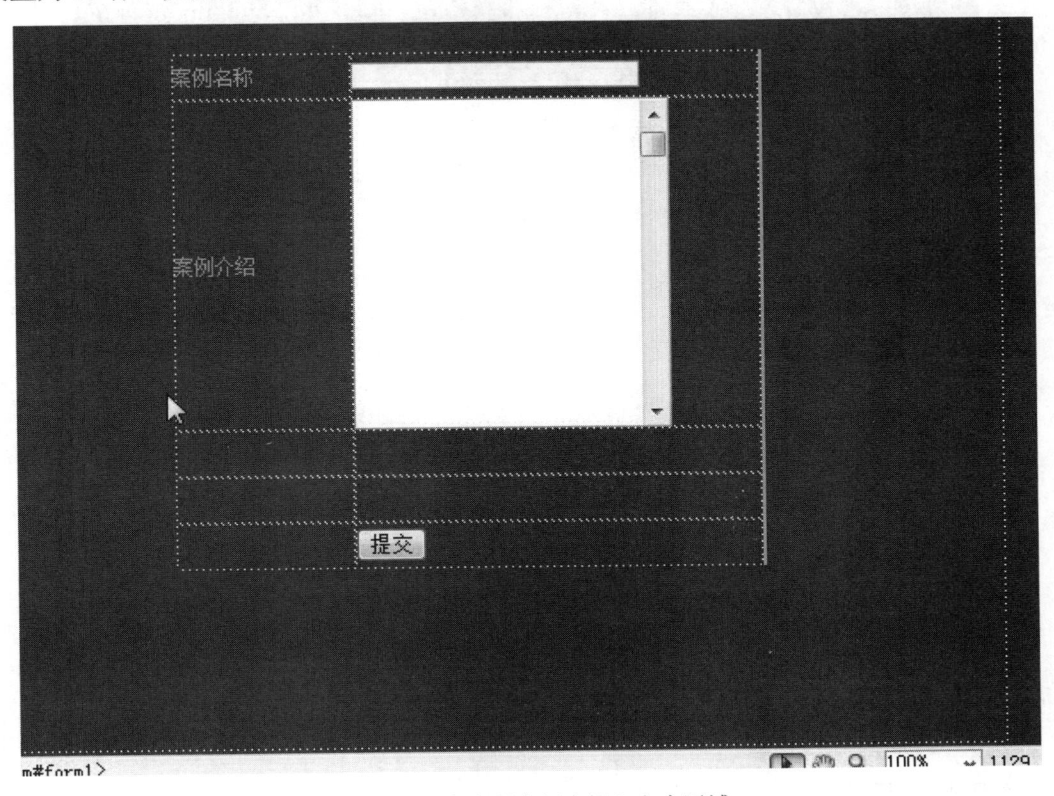

图 7-154　在案例介绍中插入文本区域

（6）插入记录。

单击“应用程序”｜“绑定”｜“加号”｜“插入记录”选项，在打开的“插入记录”对话框中进行设置。连接 “conn”数据库，插入到表格选择“anli”，插入后，转到“ok.asp”页面，获取值自“form1”，表单元素的设置如图 7-155 所示。

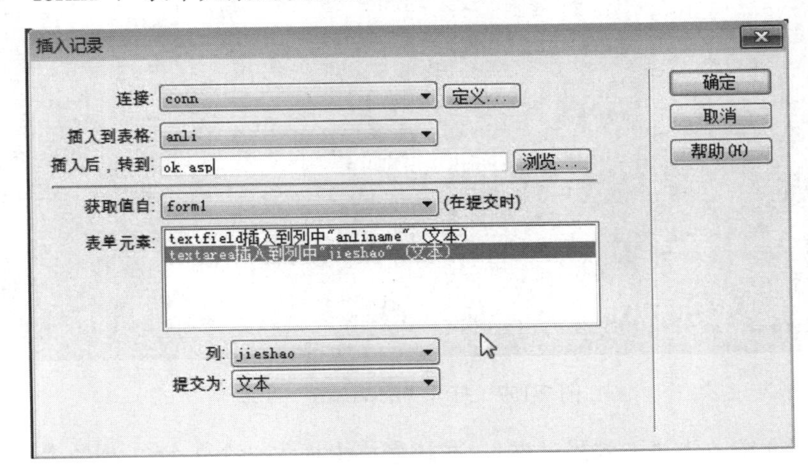

图 7-155　“插入记录”对话框

插入记录的效果如图 7-156 所示。

图 7-156　插入记录的效果

7.11.10　新闻发布设计

（1）在 Dreamweaver 中打开“news.asp”网页，如图 7-157 所示。

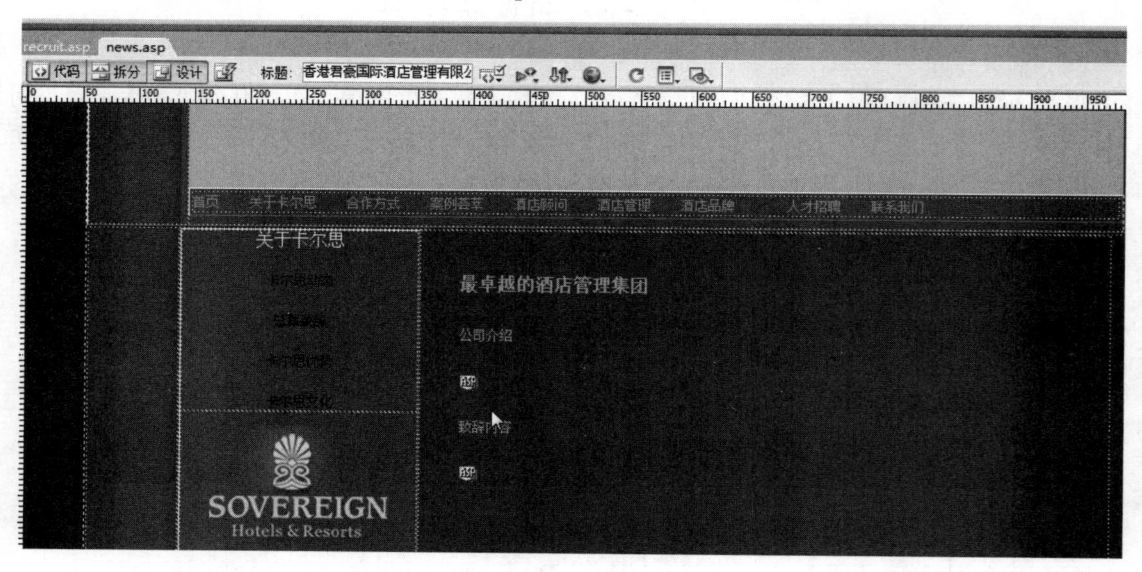

图 7-157　打开“news.asp”网页

（2）将公司介绍改为“卡尔思动态”，在该表格中插入一个 1 行 2 列的表格，具体设置如图 7-158 所示。

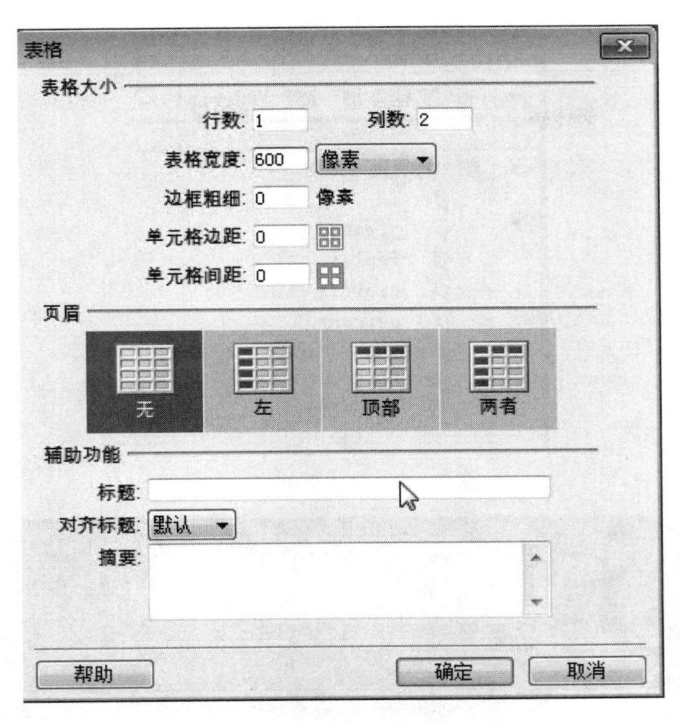

图 7-158　设置表格

（3）创建记录集。

单击“应用程序”｜“绑定”｜“加号”｜“记录集（查询）”选项，在打开的“记录集”对话框中时行设置。记录集名称为“JS”，连接 “conn1”数据库，使用“jieshao”表格，单击“确定”，如图 7-159 所示。

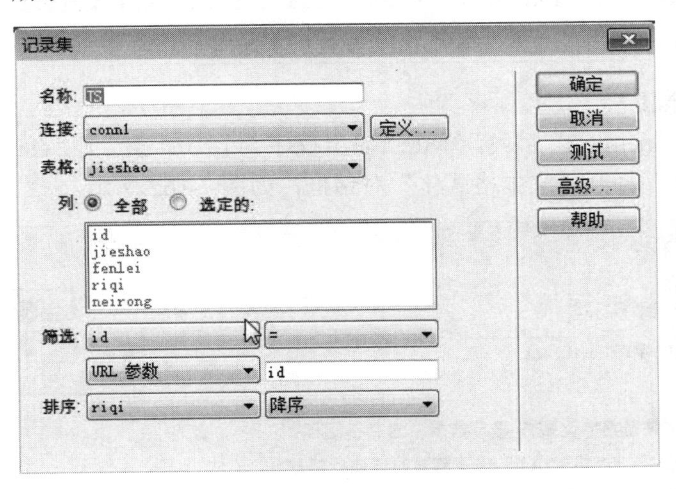

图 7-159　创建记录集

完成后的记录集如图 7-160 所示。

（4）将记录集里面的“日期”和“内容”分别插入到步骤（2）里面的表格中，插入记录集字段后的效果如图 7-161 所示。

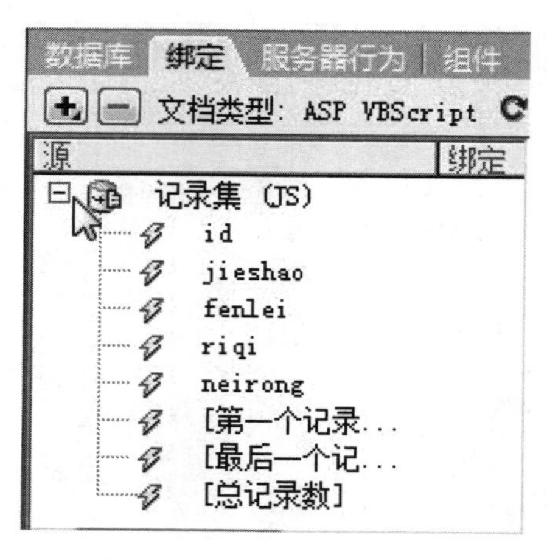

图 7-160 完成后的记录集

图 7-161 插入记录集字段

（5）格式化字段。

选中表单中的“neirong”字段，单击“应用程序”|“加号”|“chinapcschool nfeng”|“文本格式化”选项，打开“文本格式化”对话框，如图 7-162 所示。

图 7-162 “文本格式化”对话框

格式化完成后 news.asp 中的显示效果如图 7-163 所示。

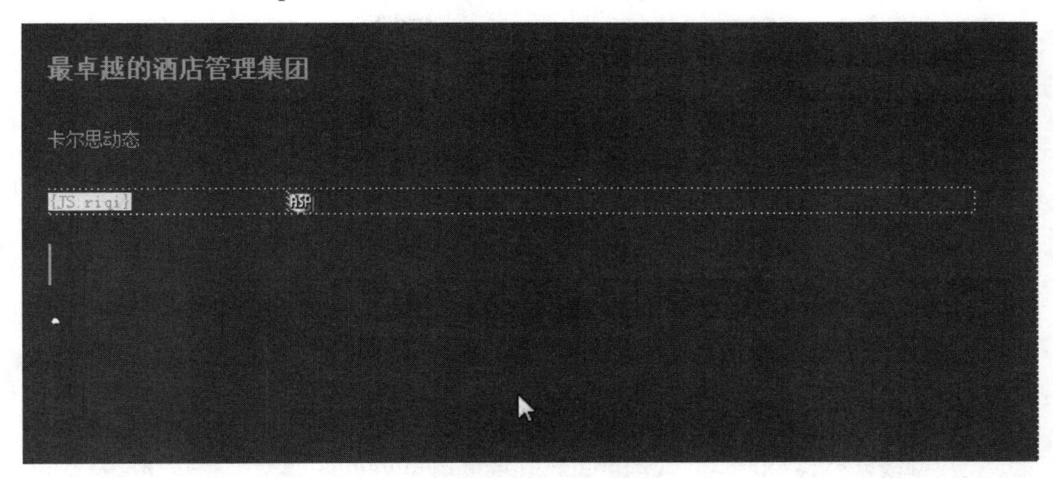

图 7-163　格式化后的显示

（6）重复区域。

选中表格，单击“应用程序”｜“服务器行为”｜“加号”｜“重复区域”选项，如图 7-164 所示。

在打开的“重复区域”对话框中，将里面显示的记录改为“所有记录”，如图 7-165 所示

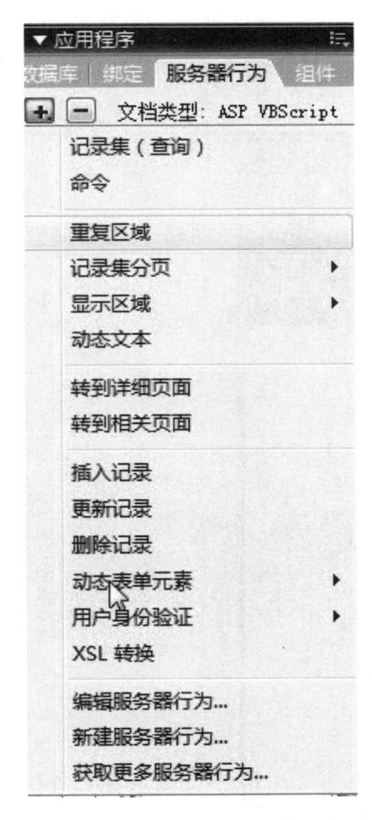

图 7-164　选择“重复区域”选项

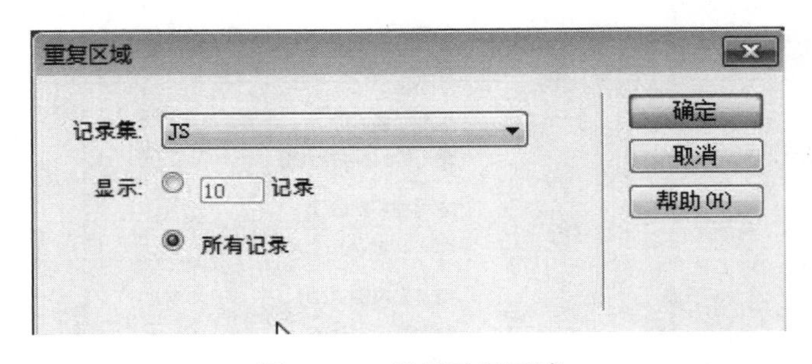

图 7-165　设置重复区域

7.11.11 酒店产品管理设计

（1）在 Dreamweaver 中打开“jiudian.asp”网页，如图 7-166 所示。

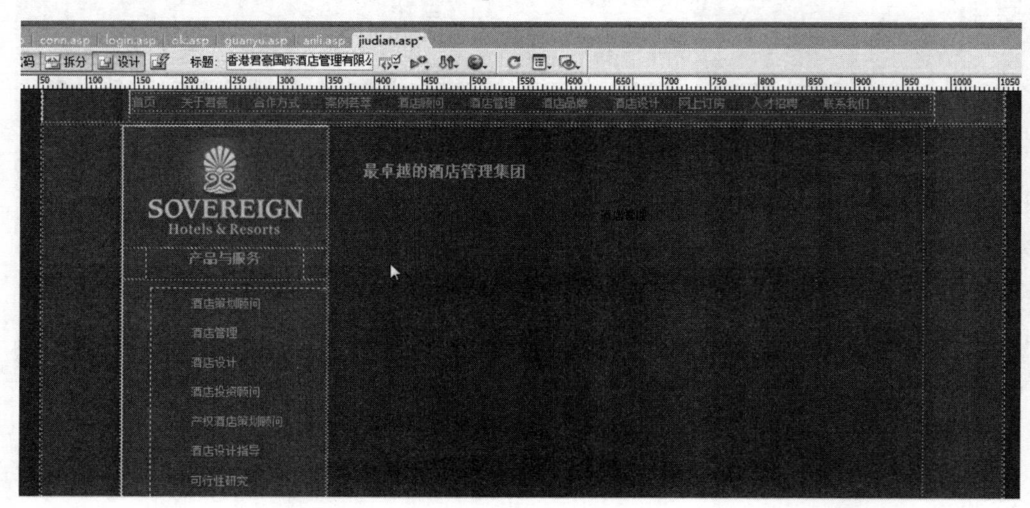

图 7-166 打开“jiudian.asp”网页

（2）在 Dreamweaver 的菜单栏中选择“插入”｜“表单”｜“表单”选项，如图 7-167 所示。

图 7-167 “表单”选项

（3）在 Dreamweaver 菜单栏中选择“插入”｜“表格”选项，在打开的“表格”对话框中，插入一个 5 行 2 列的表格，具体设置如图 7-168 所示。

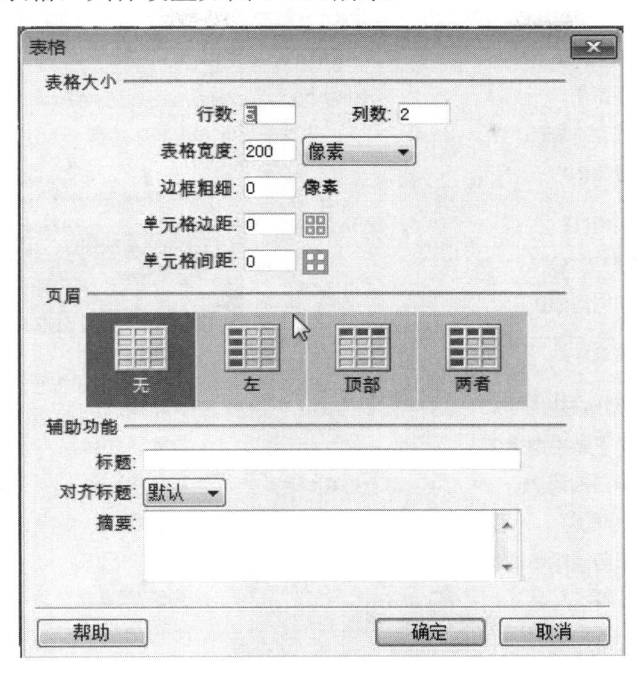

图 7-168　设置表格

（4）插入表格后，在表格中输入文字，如图 7-169 所示。

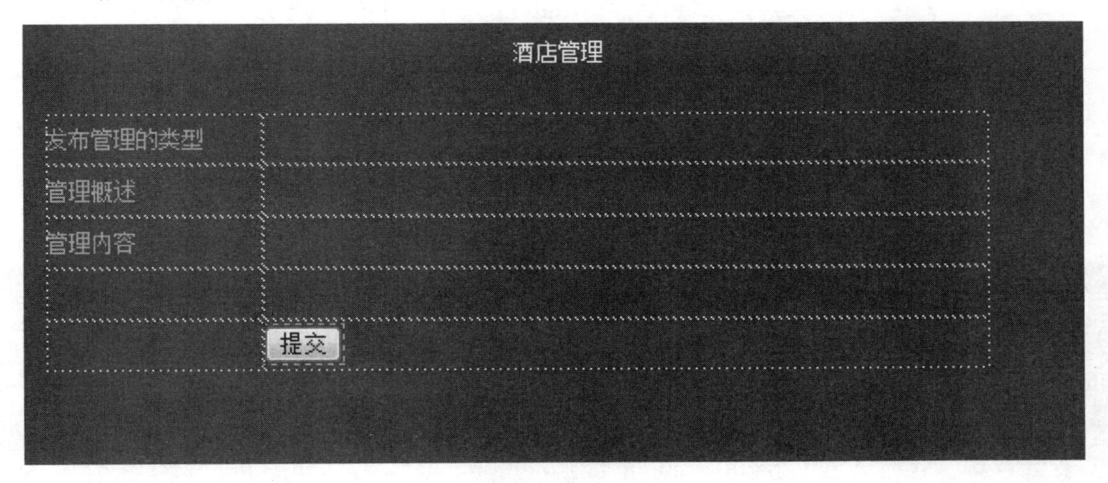

图 7-169　在表格中输入文字

（5）按钮的添加方法如图 7-170 所示。

（6）单击菜单栏中的“插入”｜“表单”｜“列表/菜单”选项，在发布管理类型右边的表格中添加一个“列表/菜单”，效果如图 7-171 所示。

（7）单击菜单栏中的“插入”｜“表单”｜“文本域”选项，如图 7-172 所示，在管理概述右边的表格中添加一个“列表或菜单”。将其设置为 5 行，字符宽度为 40，效果如图 7-173

所示。

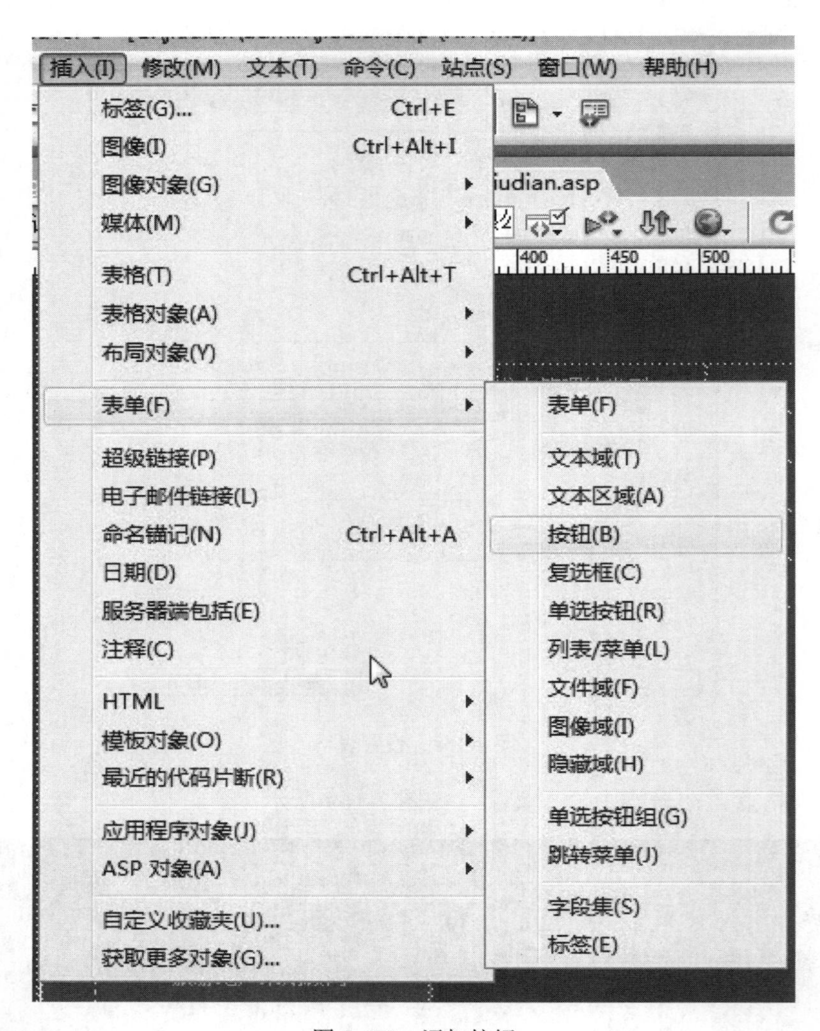

图 7-170　添加按钮

发布管理的类型

管理概述

管理内容

提交

图 7-171　插入列表/菜单的效果

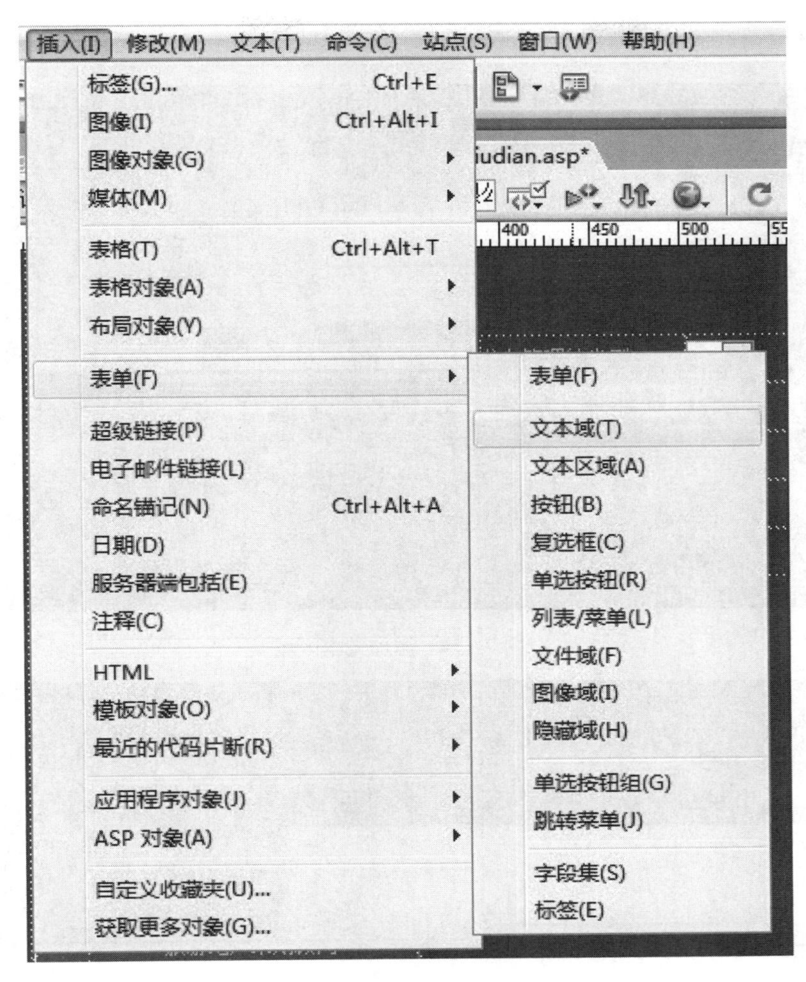

图 7-172　“文本域”选项

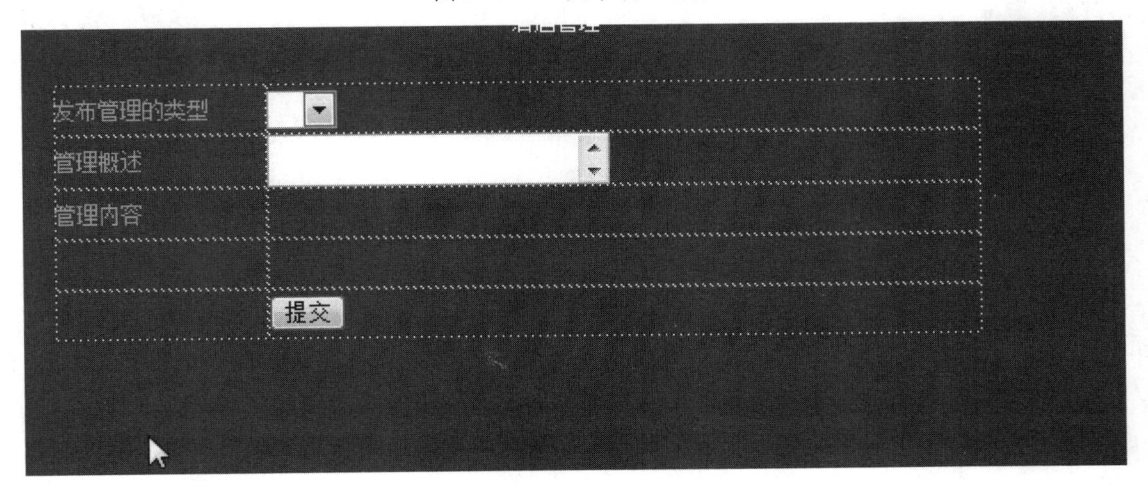

图 7-173　添加文本域后的效果

（8）单击菜单栏中的“插入”｜“表单”｜“文本区域”选项，在管理内容右边的表格中添加一个“文本区域”，如图 7-174 所示。将其字符宽度设置为 60，行数设置为 15，设置完成后的效果如图 7-175 所示。

酒店管理

发布管理的类型

管理概述

管理内容

提交

图 7-174　添加文本区域

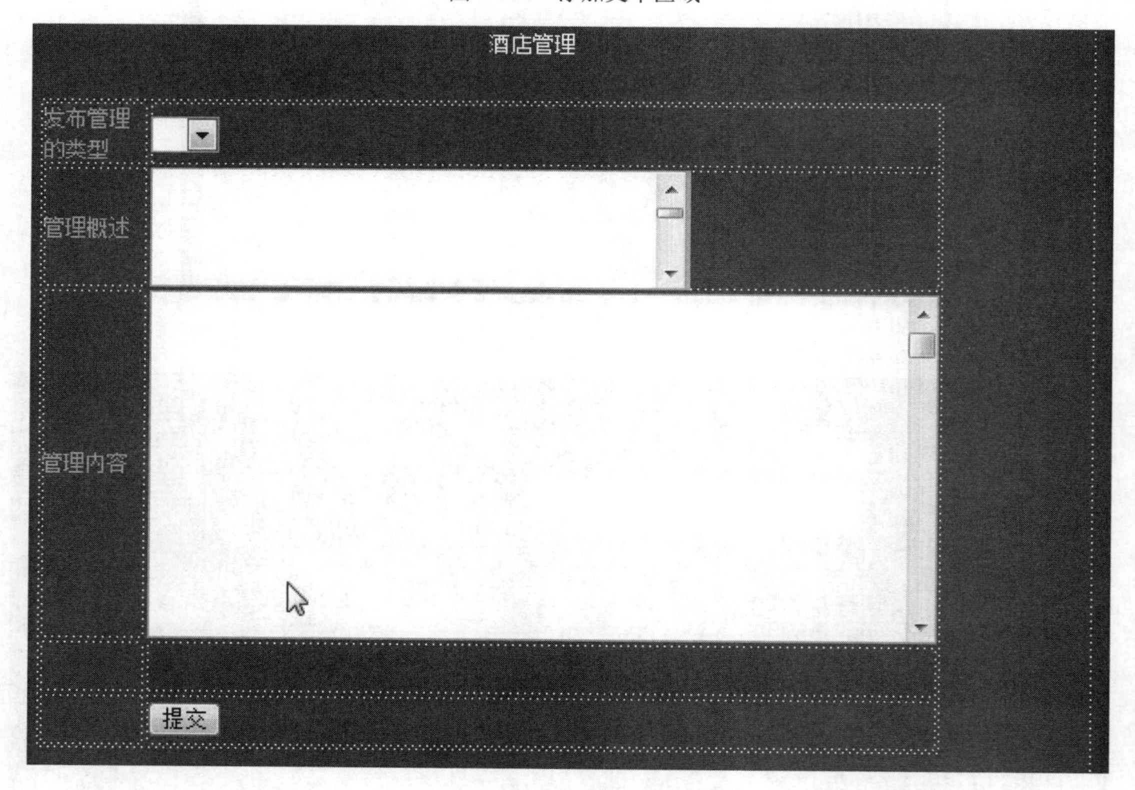

图 7-175　添加文本区域后的效果

（9）选中上面插入的“列表/菜单”，在属性里面单击“列表值”，弹出“列表值”对话框，如图 7-176 所示。

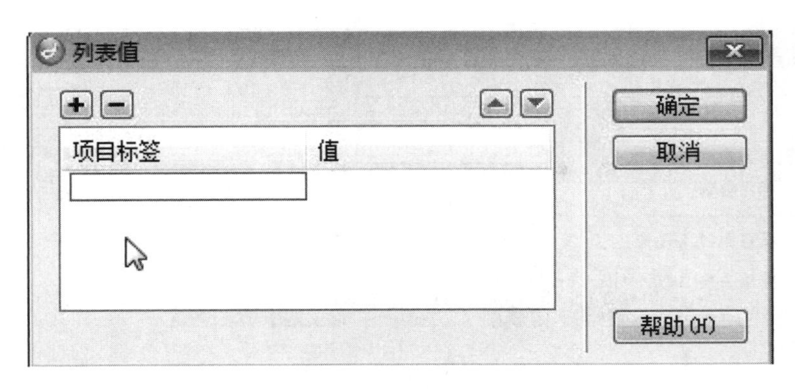

图 7-176 “列表值”对话框

在对话框中输入“酒店策划”、“酒店管理”、“酒店设计”、“酒店投资”、“产权酒店策划”、“酒店设计指导”、“可行性研究”、“酒店工程”、“酒店融资”、“酒店地产”、“酒店品牌”、“酒店诊所”、“连锁酒店”，单击“确定”按钮，如图 7-177 所示。

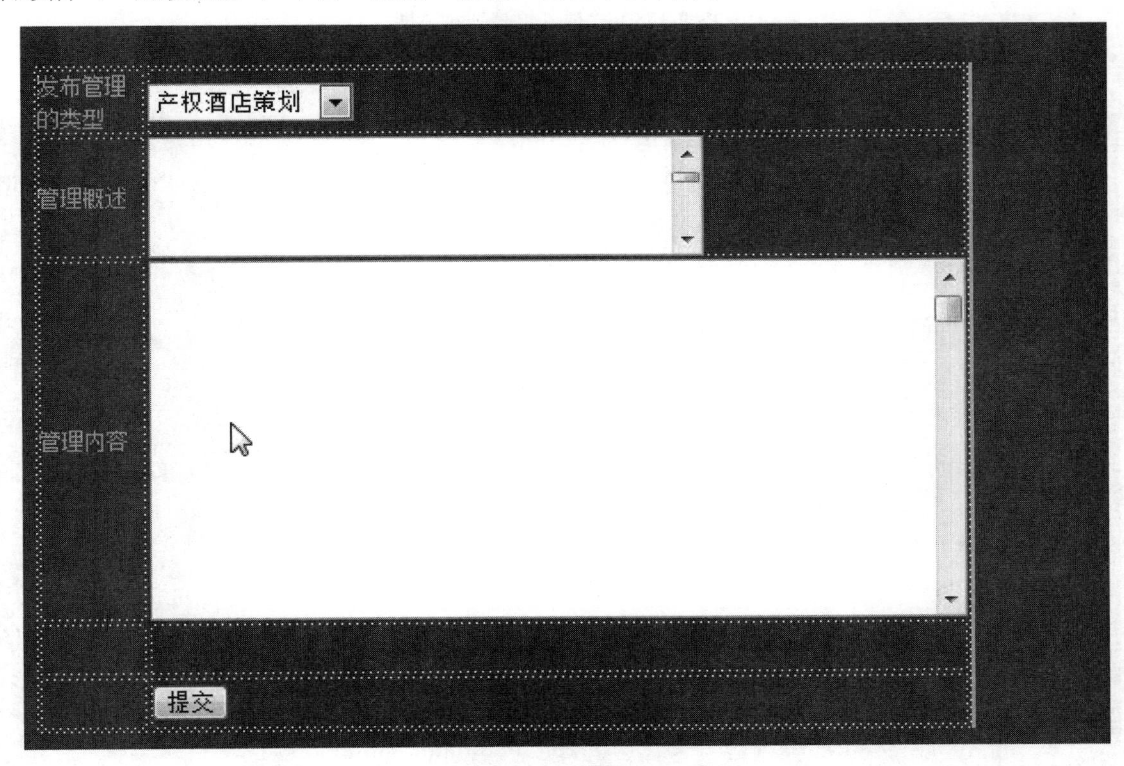

图 7-177 完成后的效果

（10）插入记录。

单击“应用程序”｜“绑定”｜“加号”｜“插入记录”选项，在打开的“插入记录”对话框中进行设置。连接 “conn”数据库，插入到表格选择“changping”，插入后，转到“ok.asp”页面，获取值自“form1”，表单元素的设置如图 7-178 所示。

插入记录

连接: conn 定义...

插入到表格: chanping

插入后，转到: ok.asp 浏览...

获取值自: form1 (在提交时)

表单元素: select插入到列中"chanping" (数字)
textfield插入到列中"kailian" (文本)
textarea插入到列中"fanwei" (文本)

列: fanwei

提交为: 文本

确定

取消

帮助(H)

图 7-178 “插入记录”对话框

插入记录后的网页效果如图 7-179 所示

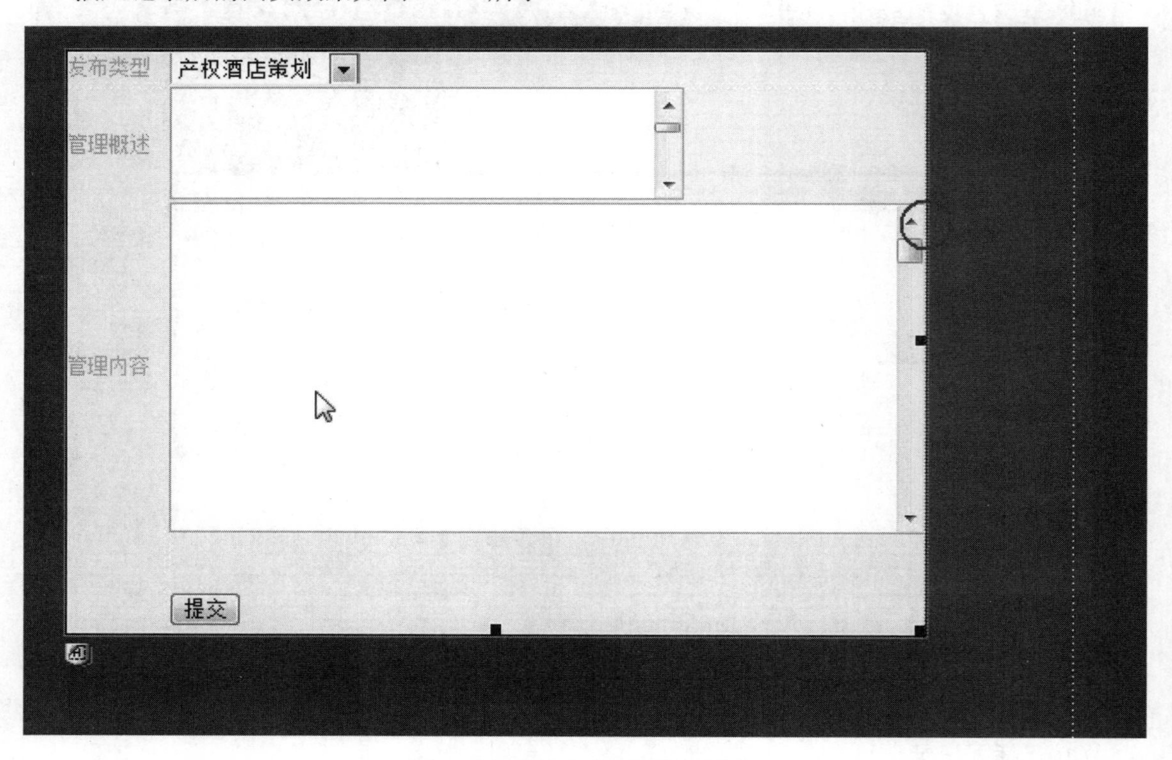

图 7-179 插入记录后的网页效果

在网页中的预览效果如图 7-180 所示。

图 7-180　在网页中的预览效果

7.11.12　联系我们后台设计

（1）在 Dreamweaver 中打开“us.asp”网页，如图 7-181 所示。

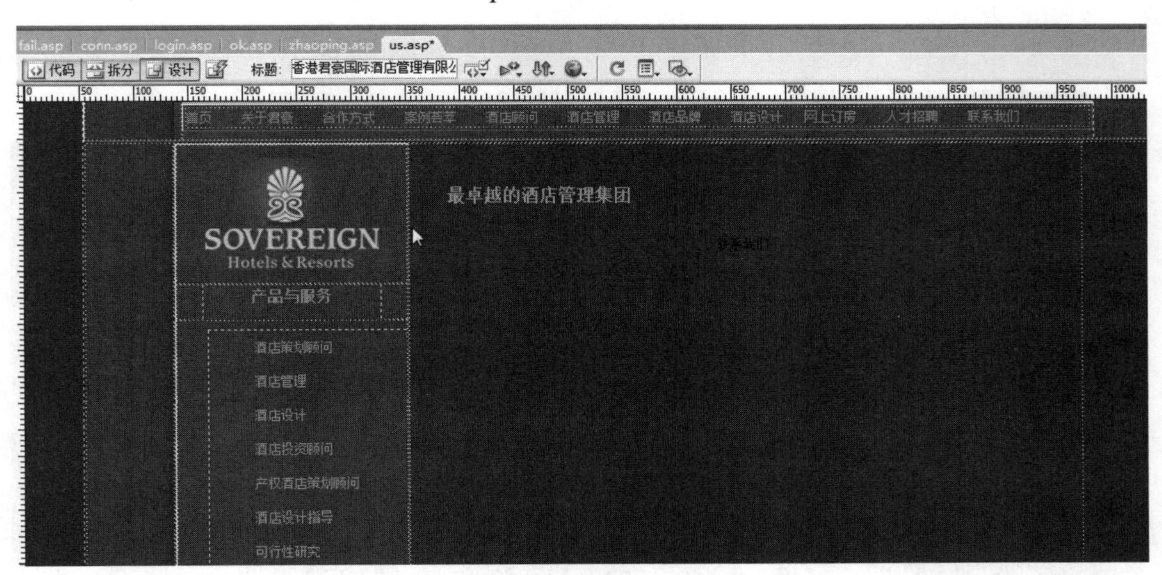

图 7-181　打开“us.asp”网页

（2）选择菜单中的“插入”按钮，在下拉菜单中选择“表单”，在“表单”的下拉菜单中选择“表单”。在表单里面单击，选择菜单栏中的“插入”按钮，在下拉菜单中选择“表格”，其参数设置如图 7-182 所示。

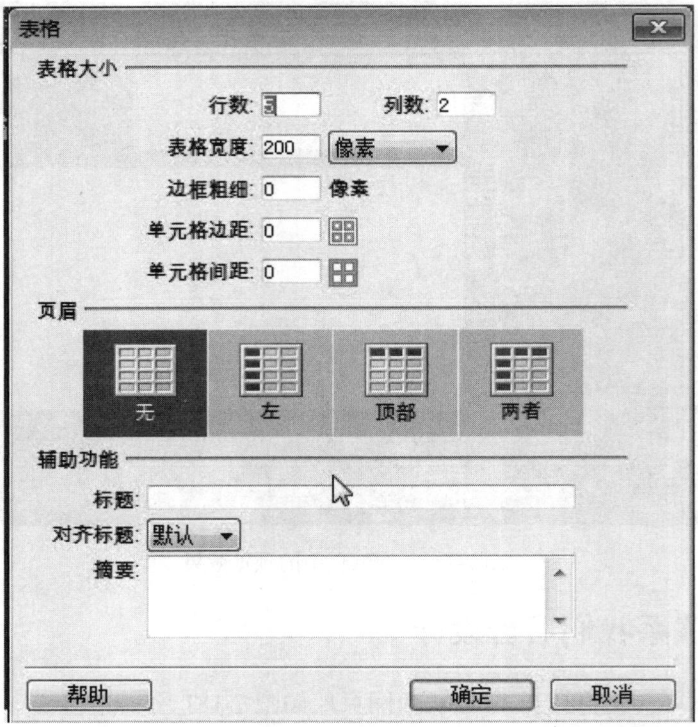

图 7-182　表格设置

将表格居中对齐，如图 7-183 所示。

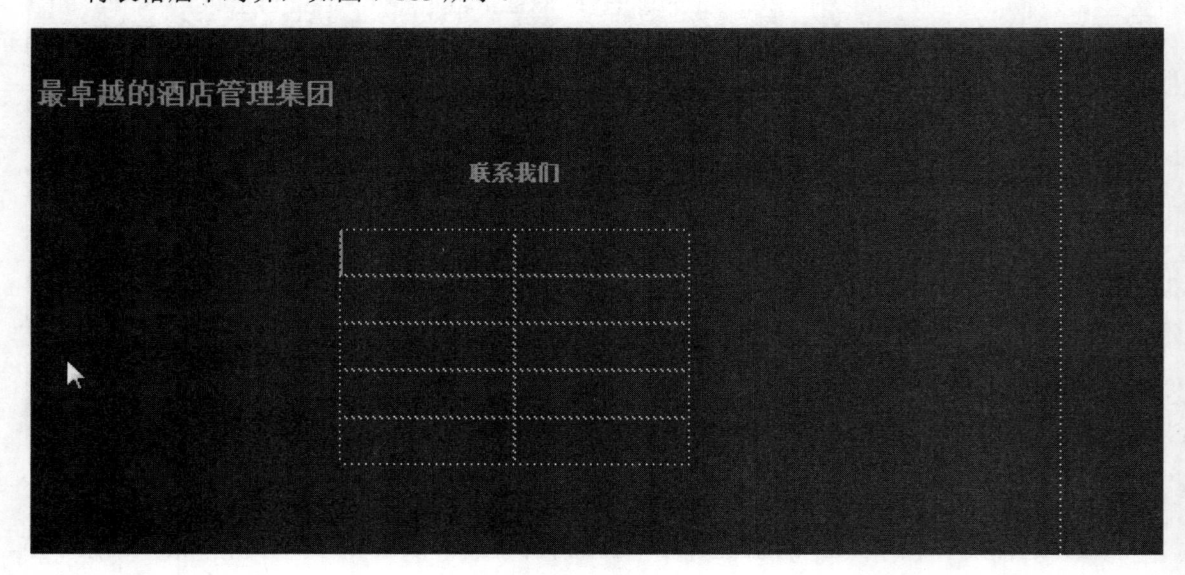

图 7-183　表格区域

（3）在表格中输入“公司名称”“电话”“邮件”“地址”，在最后的表格中插入一个按钮，按钮的名称为“增加”，如图 7-184 所示。

图 7-184　输入内容并插入按钮

（4）在“公司名称”“电话”“邮件”“地址”的后面分别插入“文本区域”。公司名称的字符宽度为“30”，电话的字符宽度为“15”，邮件的字符宽度为“25”，地址的字符宽度为“40”，完成后的效果如图 7-185 所示。

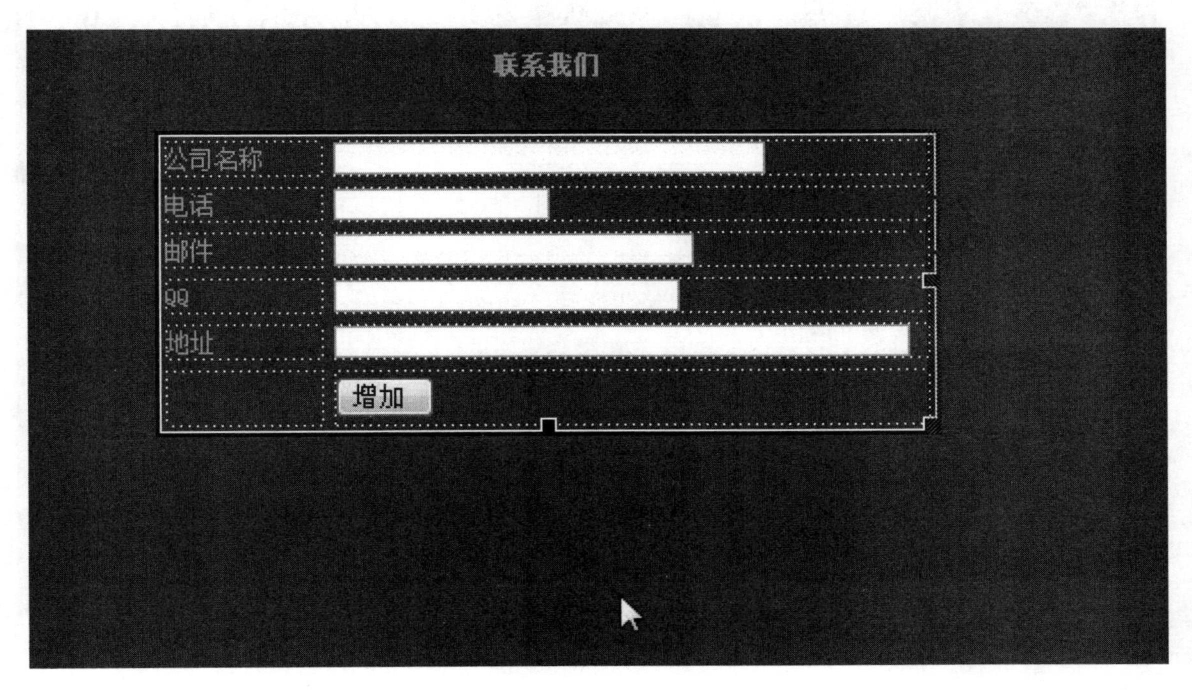

图 7-185　完成的表格区域

（5）插入记录。

选择“应用程序”|“绑定”|“加号”|“插入记录”选项，打开“插入记录”对话框，设置连接“conn”数据库，插入到表格“us”，插入后，转到“ok.asp”页面，获取值自

选择“form1”，表单元素的设置如图 7-186 所示。

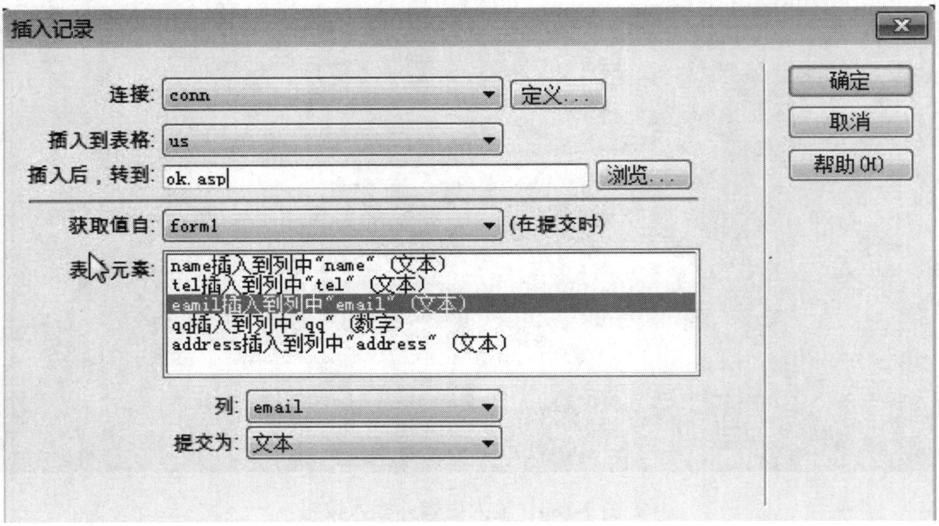

图 7-186 “插入记录”对话框

插入记录后的表格效果如图 7-187 所示。

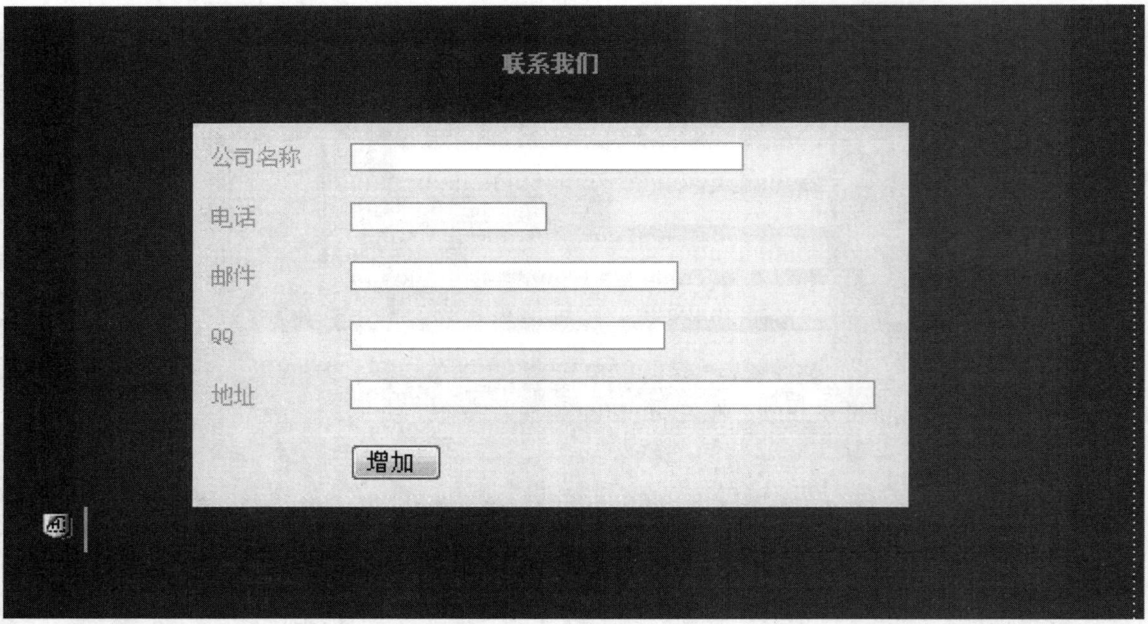

图 7-187 插入记录后的表格

在网页中的预览效果如图 7-188 所示。

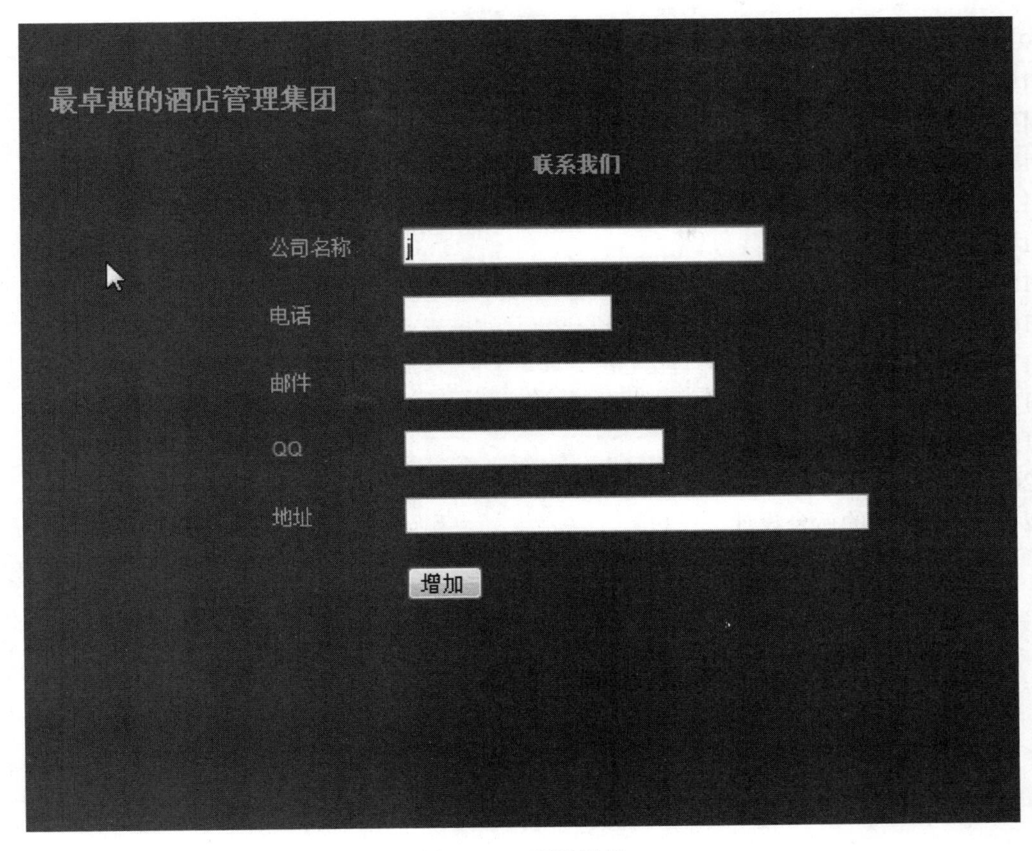

图 7-188 预览效果

本章小结

本章是动态网站开发的全站建设过程的实录，主要介绍了网站建设的全过程，从网站的前台设计、网站的后台设计管理的各个方面都进行了介绍。具体设计内容见正文。

上机实习 7

完成本章的所有页面制作。

1. “首页”前台的制作
2. “联系我们”前台制作
3. “酒店管理”前台制作
4. “酒店案例管理”前台制作
5. “合作方式”页面的制作
6. “卡尔思新闻”页面的制作
7. “卡尔思酒店动态”消息的制作
8. “关于卡尔思”前台的制作

9．“人才招聘”前台页面的制作
10．网站导航条、左侧区域和网页底部和头部区域的设计
11．网站后台管理首页设计
12．联系方式删除页面的设计
13．关于酒店删除的页面设计
14．招聘管理设计
15．案例删除设计
16．关于酒店发布的设计
17．酒店管理删除设计
18．酒店案例管理后台设计
19．新闻发布设计
20．酒店产品管理设计
21．联系我们的后台设计

网站发布

在实际开发中，当整个网站需要对外提供服务时，除了在本地测试网站功能外，还需在网上申请空间来上传网站，也需要申请一个域名（也就是网址）来提供用户访问。本项目主要介绍：如何申请空间和域名；如何上传网站。

学习目标

【知识能力目标】

1. 了解空间的概念和必要性。
2. 掌握申请空间的方法。
3. 了解域名的概念。
4. 掌握申请域名的方法。
5. 掌握上传网站的方法。

【素养目标】

通过使用网络工具进行查询域名和空间，培养辨别网络信息真实性的能力。了解国内域名、教育域名、政府域名的使用方法，一定不能通过违法空间和域名做违法犯罪的事。

在前面章节中我们学习了网站工程项目的前台、后台等项目的设计及实现技巧。到此为止，网站建设工作告一段落，可以在本地服务器进行网站的整体测试、各个链接测试、后台管理测试、用户系统注册登录测试等。如果测试正确，则需要进行网站发布，供网友及客户访问。下面将介绍空间域名的知识及网站发布的具体技巧。

8.1 申请空间和域名

8.1.1 域名知识

1. 什么是域名

从技术上讲，域名只是 Internet 中用于解决地址对应问题的一种方法。

从社会科学的角度看，域名已成为 Internet 文化的组成部分。

从商界看，域名已被誉为“企业的网上商标”。没有一家企业不重视自己产品的标识——商标，域名的重要性和其价值已被全世界的企业所认识。在一个月内，世界上注册了 179 331 个通用顶级域名（据精品网络有关资料），平均每天注册 5 977 个域名，每分钟 25 个，这个记录正在以每月 7%的速度增长。中国国内域名注册的数量也在猛增，平均每月增长 10%。

2．为什么要注册域名

Internet 被越来越多的人所认识，电子商务、网上销售、网络广告已成为商界关注的热点，“上网”已成为不少人的口头禅。但是，要想在网上建立服务器发布信息，则必须首先注册自己的域名，只有有了自己的域名，才能被别人访问。所以，域名注册是在互联网上建立任何服务的基础。同时，由于域名有唯一性，尽早注册是十分必要的。

由于域名和商标在各自的范畴内具有唯一性，并且随着 Internet 的发展，从企业树立形象的角度看，域名和商标有着潜移默化的联系。所以，它与商标有一定的共同特点。许多企业在选择域名时，往往希望使用和自己企业商标一致的域名。但是，域名和商标相比具有更强的唯一性。举个案例，同样持有 Panda 注册商标的某电子集团公司和某日化厂之间出现过域名注册中的冲突，按照《中国互联网络域名注册暂行管理办法》规定，两家公司都有权以 Panda 为域名注册，但是 panda.xxx.cn 只有一个。那么，在域名申请符合《中国互联网络域名注册暂行管理办法》规定的情况下，域名注册公司按先来先注册的原则处理申请。某日化厂先申请了 panda.xxx.cn，而某电子集团公司在某日化厂已注册成功并且网站已经开通后，才提交 panda.xxx.cn 域名的申请，其结果是某电子集团公司无法以 panda.xxx.cn 作为自己的域名。

从上面这个案例不难看出，某电子集团公司虽然仍旧可以卖 Panda 牌电器，但是，恐怕永远也无法让用户看到属于它的 www.panda.xxx.cn 网站。这无疑是一个遗憾。

（1）域名的结构。

① 顶级域名：域名由两个或两个以上的词构成，中间由点号分隔开，最右边的那个词称为顶级域名。

下面是几个常见的顶级域名及其用法：

. com 用于商业机构，是最常见的顶级域名，任何人都可以注册.com 形式的域名。

. net 最初是用于网络组织，例如因特网服务商和维修商。现在任何人都可以注册以.net 结尾的域名。

. org 是为各种组织包括非营利组织而定的。现在，任何人都可以注册以.org 结尾的域名。

国家代码由两个字母组成的顶级域名如.cn，.uk，.de 和.jp 称为国家代码顶级域名。其中.cn 是中国专用的顶级域名，其注册归 CNNIC 管理，以.cn 结尾的二级域名我们简称为国内域名。注册国家代码顶级域名下的二级域名的规则和政策与不同的国家的政策有关。用户在注册时应咨询域名注册机构，问清相关的注册条件及与注册相关的条款。某些域名注册商除了提供以.com, .net 和.org 结尾的域名的注册服务之外，还提供国家代码顶级域名的注册。ICANN 并没有特别授权注册商提供国家代码顶级域名的注册服务。

② 二级域名：顶级域名的下一级，就是我们所说的二级域名。domainpeople.com，域名注册人在以.com 结尾的顶级域名中，提供一个二级域名。域名形式也可能是 something.domainpeople.com。在这种情况下，something 称为主名或分域名。

ICANN 是一个近年成立的、代替 NSI 公司的非营利机构，其主要职能包括管理因特网域名及地址系统。有关 ICANN 的信息可在其官网中查询。

③ 域名地址服务器（即 DNS）：域名服务器用于把域名翻译成电脑能识别的 IP 地址。例

如，如果有人要访问 sohu 的网站 DNS 就把域名译为 IP 地址 61.135.132.3，便于电脑查找域名所有人的网站服务器。

（2）Internet 上域名命名的一般规则。由于 Internet 上的各级域名分别由不同机构管理，所以，各个机构管理域名的方式和域名命名的规则也有所不同。但域名的命名也有一些共同的规则，主要有以下几点。

① 域名中只能包含以下字符：

a. 26 个英文字母 。

b. “0，1，2，3，4，5，6，7，8，9”十个数字。

c. “-”（英文中的连词号）。

② 域名中字符的组合规则：

a. 在域名中，不区分英文字母的大小写 。

b. 对于一个域名的长度是有一定限制的 CN 下域名命名的规则为：遵照域名命名的全部共同规则；只能注册三级域名，三级域名用字母（A-Z，a-z，大小写等价）、数字（0-9）和连接符（-）组成，各级域名之间用实点（.）连接，三级域名长度不得超过 20 个字符。

③ 不得使用或限制使用以下名称（下表列出了一些注册此类域名时需要提供的材料）：

a. 注册含有“CHINA”，“CHINESE”，“CN”，“NATIONAL”等域名需经国家有关部门（指部级以上单位）正式批准。

b. 公众知晓的其他国家或者地区名称、外国地名、国际组织名称不得使用。

c. 县级以上（含县级）行政区划名称的全称或者缩写需要相关县级以上（含县级）人民政府正式批准。

d. 行业名称或者商品的通用名称。

e. 他人已在中国注册过的企业名称或者商标名称。

f. 对国家、社会或者公共利益有损害的名称。

g. 经国家有关部门（指部级以上单位）正式批准和相关县级以上（含县级）人民政府正式批准是指相关机构要出具书面文件表示同意××××单位注册××× 域名。如，要申请 beijing.com.cn 域名，则要提供北京市人民政府的批文。

（3）注册什么样的域名。既然域名被视为企业的网上商标，那么，注册一个好的域名就是至关重要的了。一个好的域名往往与单位的以下信息一致：

① 单位名称的中、英文缩写。

② 企业的产品注册商标 。

③ 与企业广告语一致的中英文内容，但注意不能超过 20 个字符 。

④ 比较有趣的名字如：hello, howareyou, yes, 168, 163 等。

（4）域名与 IP 地址的关系。任何一台被接在因特网上的计算机都拥有一套用唯一数字组成的 IP 地址来识别计算机的位置。上网计算机采用 32 位的二进制 IP 地址进行标识、寻址和通信。IP 地址既不形象直观，又无规律可循，难以记忆。人类发明了相对简明易记的英文域名系统后，用户输入访问对象的英文域名，经过域名服务器的解析，便可找到相应的 IP 地址，从而实现通信。

能实现域名和 IP 地址之间双向转换的软件称为域名系统。安装域名系统的计算机叫“域名服务器”，它提供域名服务（Domain Name Service）遵循 DNS 协议，所以又称为“DNS 服务器”。

DNS 是许多分层式和分布式的数据库组成的系统，这些数据库中有许多不同类型的数据，包括主机名、域名等。DNS 数据库中的这些名字形成了一种树状层次结构。简单来说，DNS 是使用阶层式的方式来运作的。例如，Domain Name 为 domain.com.cn，这个 Domain Name 当然不是凭空而来的，是从 .com.cn 所分配下来的，.com.cn 又是从 .cn 授予（delegation）的。那么，.cn 是从哪里来的呢？答案是从“.”，也就是所谓的根域（root domain）来的。根域已经是 Domain Name 的最上层，而“.”这层是由 InterNIC（Internet Network Information Center，因特网信息中心）所管理，全世界的 Domain Name 就是这样，一层一层地授予下来。

从本质来说，域名就是一个网络地址，它主要用来识别在因特网上计算机的位置。从技术的角度来看，域名是无关紧要的，只要有一个 IP 地址你就能访问自己的网站。虽然 IP 地址的数量是巨大的，但是好域名的数量确实有限的。例如域名 ugfedtertere.com 指向一个 IP，可见这样的价值是非常有限的，因为此域名不容易识别和记忆。一个好的域名不仅是重要的而且有相当大的商业价值。在因特网上，域名就是网上商标。一个好的域名跟一个商标一样有强大的商业价值。人们可以通过广告、搜索引擎或者 E-mail 轻易地记住和使用域名进入站点。

8.1.2 申请顶级域名

1．顶级域名的分类

一般来说，大型的或有国际业务的公司或机构不使用国家代码。这种不带国家代码的域名也叫国际域名。这种情况下，域名的第 2 层就是代表一个机构或公司的特征部分，如 focuschina.com 中的 focuschina。对于具有国家代码的域名，代表一个机构或公司的特征部分则是第 3 层，如 ABC.COM.JP 中的 ABC。

2．企业为什么要申请国家顶级域名

（1）国家顶级域名是由通用国际顶级域名发展而来，是由于国际顶级域名资源紧张、便于管理等原因而设立的，而域名资源紧张的原因就是大家都觉得国际顶级域名方便、实用，这也就是最重要的理由。

（2）国家顶级域名隶属于一个国家。国际著名的企业均申请的是国际顶级域名，如微软公司的域名是 microsoft.com 而不是 Microsoft.com.cn。注册一个国际通用顶级域名便可以在全世界范围内保护，而国家顶级域名只能在国家内部得到保护。如果微软注册一个国家顶级域名，想要在世界范围内保护的话，就必须在世界 180 多个国家分别注册该国家的顶级域名才能得到保护，无论从人力物力都得不偿失。

3．Internet 域名注册的机构管理

Internet 域名注册由 Internet 信息管理中心 InterNIC 和它设在世界各地的分支机构负责批准域名的申请。如要申请 .com 以外的顶级域名，必须向 InterNIC 提交一份申明符合申请资格标准的报告，如果无法提供可以证明有资格申请这些域名的资料，那只能申请 .com 域名。

4．如何注册顶级域名

（1）准备注册顶级域名时取的名字，一般以公司的名称缩写或产品的商标等命名。检查这个名字是否可以注册，看是否有人已经把这个名字注册了，否则就要另外取一个名字。

（2）填写注册资料。为了注册域名，必须仔细填写每一项资料，尤其是申请单位和注册人资料。申请单位（个人）将是域名的合法拥有者，如果该项资料不全，当引起域名争议时会出现很多麻烦，申请人的资料将用来通知申请结果。

（3）资料处理（可以通过域名注册代理公司完成）、申请人付款、申请验证获得的顶级域名。

5. 如何申请国内域名

以上所谈论的都是国际域名（顶级域名）。在中国大陆，还可向 CNNIC（中科院网络信息中心）申请国内域名（二级域名），其域名形式即在域名的最后用“.cn”来表示中国，而前面几段的形式和意义都与国际域名相似。

其具体表现为：

```
.com.cn
.edu.cn
.net.cn
.org.cn
```

InterNIC 接收个人或单位的域名申请，而 CNNIC 目前还没有允许个人申请域名。

6. 怎样选择最佳的域名

按照习惯，一般使用名称或商标作为域名，也可以选择产品或行业类型作为域名。域名的字母组成要便于记忆，能够给人留下较深的印象。如果有多个很有价值的商标，最好进行注册保护。

7. 合法的域名的条件

一个合法的域名必须满足以下条件：

（1）域名最多可达到 26 个字符（包括.com 这四个字符）；

（2）允许表示的符号包括字母、阿拉伯数字、“－”、“.”（“.”符号有固定的设置格式，作为域名分级的标号）；

（3）不可以以“－”作为域名的开始与结束符号。

8. 申请域名后如何使用

域名申请后，还不能立即使用，必须建立一个自己的网站。注册域名只是为了得到一个在 Internet 上的网络地址，为了能把首页内容放在 Internet 上供人浏览，必须在某个与 Internet 相连的计算机上建立一个自己的网站以存放首页。这台计算机可以是自己的，也可以是租用别人的。如果要自己建立这样一个站点，必须向当地主管通信的部门提出申请，再租用一条专线，并且每月根据使用情况，缴付一定的费用。还有一个方法，就是租用别人的服务器。

8.1.3 申请免费域名

除个别网站的免费空间提供域名服务外，许多免费空间提供的首页地址较长，不易记忆。此时可以申请一个一个便于记忆的、免费的永久转向域名，为用户提供便利。该域名在网络上指向首页实际放置的地址。网络用户只需输入该永久转向域名，网络服务器将自动链接到首页空间。

8.1.4 申请空间

首页制作好了，需要把它放到 WWW 上，希望让全世界的人都能看到。网上有许多免费首页可以申请。

选择空间的关键要看：访问速度、空间大小、稳定程度和服务内容（提供 CGI 权限、计数器、留言本、E-mail 等）。

申请空间的步骤如下：

（1）取一个喜欢而又不与他人重复的账号，最好是容易记住的那种。例如，取名 fire，则在网易的网址为 www.n**se.net/~fire。一般应该提前想好 5～10 个名称，因为常用的英文单词只有 5000 个左右，有时登录几小时也找不到合适的名称。

（2）设定密码并填一些关于首页的资料（姓名，身份证，E-mail，省份，爱好，单位等）。

（3）登录成功，服务器会发一封确认信，隔一定时间，就会收到账号开通的消息。当然，也有些站点可以立刻使用。

8.1.5 案例网站的域名及空间

案例网站“酒店管理网站”可以申请国际域名，即“www.com”之类的域名。申请空间时，会有一个免费的二级域名，但是网址较长，因此可以申请一个国际域名，在国际域名下面增加二级域名，为了让网站能够在网上发布，空间商会给申请者一个 FTP 账号，包含账号名及密码，供用户上传存放在本地硬盘中的网站文件，否则不能进行网站发布。

8.2 网站上传

FTP 是英文 File Transfer Protocol（文件传输协议）的缩写。顾名思义，FTP 是专门用来传输文件的协议。

1. CuteFTP 简介

CuteFTP 是一个基本文件传输协议的软件，能够使用文件传输协议进行文件的下载、上传和编辑远程 FTP Server 上的文件。它提供了一个良好的图形界面，使用远程文件就像使用本机一样。

FTP 协议（File Transfer Protocol）是一个今天仍在使用的协议，它是一个标准的 Internet 协议，能够在两台计算机之间或 Internet 网上交换文件。我们经常使用 FTP 协议建立网页传送到 Web 服务器上，也经常用于将服务器上的文件下载到本地计算机。

2. CuteFTP 概述

CuteFTP 是一个基于 Windows 的文件传输协议（FTP）的客户端程序，通过它，用户不需要知道协议本身的具体细节就可以充分利用 FTP 的强大功能。CuteFTP 通过用户易于使用的 Windows 界面，避免使用麻烦的命令行工具，简化了 FTP 的操作程序，即便是入门的个人电脑用户，也可以轻松地利用 CuteFTP 在全球范围内的远程 FTP 服务器间上传、下载及编辑文件。

3. 安装

（1）将安装 CD 放入光盘驱动器；

（2）双击桌面上的“我的电脑”→双击光盘驱动器图标→双击“Setup.exe”图标；
（3）跟随向导进行操作。

4．启动 CuteFTP

双击 CuteFTP 图标，启动 CuteFTP，也可以单击“开始按钮/程序/GlobalSCAPE/ CuteFTP”，然后选择 CuteFTP 图标。首先显示的是“站点管理器”窗口，其中包含了连接到喜爱的站点的信息。

5．连接到已有的站点

（1）从“FTP 站点管理器屏幕”左窗口的列表中选择文件夹；
（2）从“站点管理器屏幕”列表中选择站点；
（3）单击“连接”按钮。

6．添加站点

（1）选择存放新站点的文件夹；
（2）单击“添加站点”按钮，在“站点标签”字段中输入站点名称；
（3）在“主机地址”字段中输入 FTP 服务器地址（主机地址遵循 ftp.xxxx.com 或 123.456.78.100 的格式，不得包含 ftp://或 http://）；
（4）在“用户名称”字段中输入用户的 ID；
（5）在“密码”字段中输入密码；
（6）要连接到新站点，请在右窗口中加亮显示该站点，然后单击“连接”按钮。

7．编辑站点

（1）从“FTP 站点管理器屏幕”左窗口的列表中选择一个文件夹；
（2）从列表中选择站点；
（3）更改站点资料后，单击“退出”按钮。

8．移除站点

（1）从“FTP 站点管理器屏幕”左窗口的列表中选择一个文件夹；
（2）从列表中选择站点；
（3）在“站点管理器”菜单栏中，单击“右键 / 删除”。

9．传输文件

连接到 FTP 站点后，就可以上传和下载文件。主窗口左侧包含计算机中的文件名称，右侧包含所连接的服务器上的文件。

（1）上传文件：
① 在左窗口中使用鼠标单击文件不放，拖动文件到右窗口。
② 在左窗口中用鼠标右键单击文件，从快捷菜单中选择“上传”选项。
③ 在左窗口中用鼠标左键单击文件，然后从“传输”菜单中选择“上传”选项。
④ 在左窗口中用鼠标左键单击文件，然后同时按下“Ctrl”键和“Page Up”键。
（2）下载文件：
①在左窗口中使用鼠标单击文件不放，拖动文件到左窗口。

② 在右窗口中用鼠标右键单击文件，从快捷菜单中选择“下载”选项。

③ 在右窗口中用鼠标左键单击文件，然后从“传输”菜单中选择“下载”选项。

④ 在右窗口中用鼠标左键单击文件，然后同时按下“Ctrl”键和“Page Down”键。

（3）恢复传输（续传）。传输中断时，用户可以重新连接并在传输中断处继续传输，此时只需重试传输文件即可。当 CuteFTP 发现要替换现有文件时，会询问您是要“续传、覆盖还是跳过”。如果要替换现有文件，请选择“覆盖”，如要完成被中断的传输任务，请选择“续传”，如要取消操作，选择“跳过”。

（4）防火墙和代理服务器配置。防火墙或代理服务器是广泛应用于许多局域网（LAN）或广域网（WAN）的保护机制，用于防止网络在未经授权下的访问。首先使用默认代理，如果尝试连接的每个站点都给出“无法连接”或“无法登录，仍在尝试”的消息，则可能需要对防火墙设置进行配置。

如果 LAN 或 WAN 支持 FTP 代理协议，需要用到下列信息：

① 防火墙主机的 IP 地址；

② FTP 代理服务器的端口号；

③ 用户名称与密码。

在相应的字段中输入上述信息，选择“USER user@site”单选按钮和“启用防火墙访问”复选框，然后尝试连接到站点。

10. 连接实例

（1）启动“CuteFTP”；

（2）选择“文件”→“快速连接”选项，如图 8-1 所示。

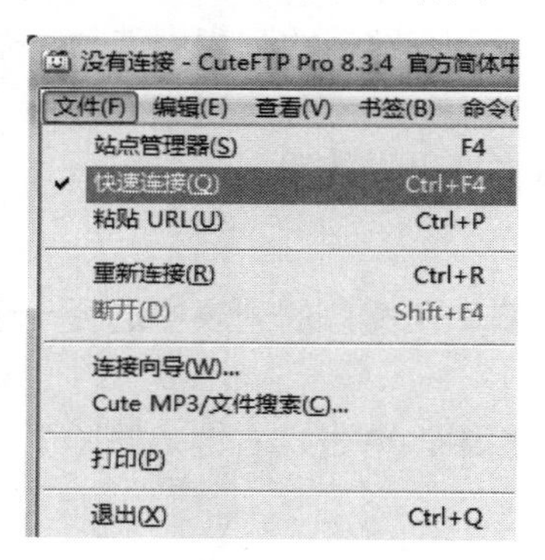

图 8-1　快速连接

（3）弹出如图 8-2 所示快速连接窗口，在窗口中输入“主机地”的 IP 地址、用户名和密码后，单击“”按钮即可。

图 8-2　快速连接窗口

（4）连接成功后，将在右边窗口中显示远程文件，在左边窗口中显示本地文件，如图 8-3 所示。从左边窗口中选择需要上传的文件，单击“上传”，如图 8-4 所示。如果需要下载，则需要从右边窗口中选择文件，单击“下载”即可。

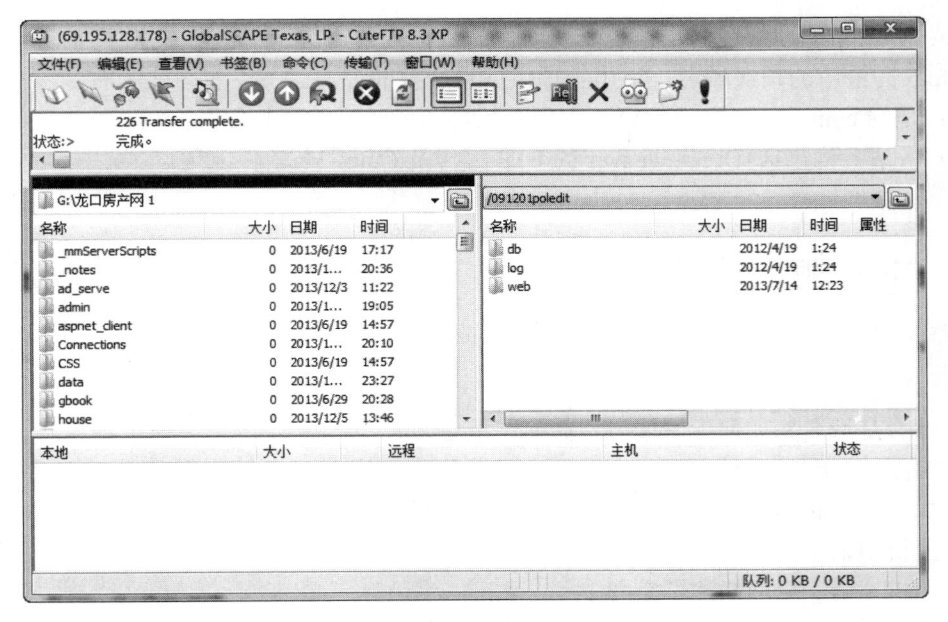

图 8-3　连接成功窗口

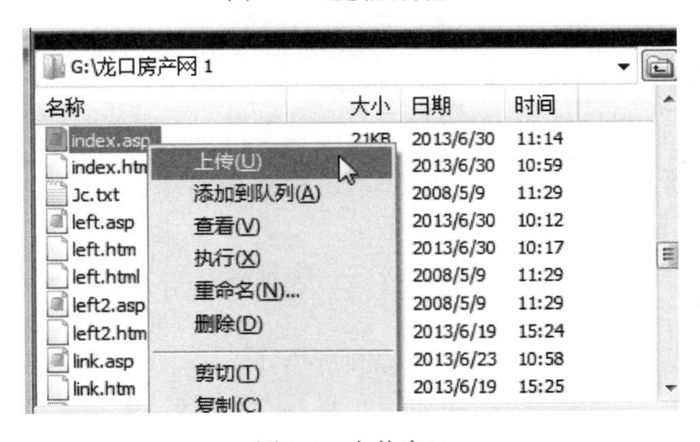

图 8-4　上传窗口

本章小结

（1）域名只是 Internet 中用于解决地址对应问题的一种方法。域名有二级域名和国际域名。国际域名包括以下几种。

.com：用于商业性的机构或公司。

.edu：用于 4 年制的大学或学院。

.net：用于从事 Internet 相关的网络服务的机构或公司。

.org：用于非营利性的组织、团体。

.gov：用于政府部门。

.mil：用于军事部门。

.xx：由两个字母组成的国家代码，如中国为.cn，日本为.jp，英国为.uk 等。

.biz：为最新的顶级域名，也用于商业性的机构或公司。
.Info：为最新的顶级域名，适用于提供信息服务的公司。
.cc：是继.com 和.net 之后的第 3 大顶级域名，最适用于商业公司。
（2）网站上传包括 Dreamweaver 的 FTP 上传及 CuteFTP 软件上传。

习　题

1．什么是域名？如何申请域名？如何申请空间？
2．国际域名有哪些种类？
3．如何用 CuteFTP 软件的网站上传功能来实现网站的上传？
4．上机申请一个免费的域名
5．上机申请一个网站测试空间。
6．举一反三，将自己设计的网站“家电超市”或者“信息咨询”网站进行网站发布。

网站管理、维护及安全

通过对第 8 章的学习，完成了网站发布功能的设置，还需要进行网站管理、维护、安全保护等操作，网站工程项目才基本完成。

本包括两个任务：一是网站的备案、网站的宣传和推广、网站的日常更新和维护；二是网站的安全保护。

学习目标

【知识能力目标】

1. 了解网站的备案知识。
2. 掌握网站备案的方法。
3. 掌握网站的推广和宣传方法。
4. 掌握网站的更新和日常维护方法。
5. 掌握网站和空间安全保护的方法。

【素养目标】

用好网络安全知识，为网络强国建设贡献力量。

9.1 网站备案

1. 为什么要进行网站备案

ICP 证是网站经营的许可证，根据国家有关部门的规定，运营网站必须办理 ICP 证，否则就属于非法经营。根据规定，所有网站均需备案，包括个人网站。网站备案分为经营性互联网信息服务和非经营性互联网信息服务两大类。所有没有备案的网站均需要关闭，网站运行者需要按照要求进行备案才能开启，原则是网站先备案后启用。

2. 网站备案的流程

备案时登录电子备案系统进行自助备案。备案完成后要将备案证书文件 bazs.cert 放到网站的 cert/目录下。该文件必须可以通过下列地址 http://网站域名/cert/bazs.cert 访问，其中网站域名指的是网站的 Internet 域名。然后将备案号/经营许可证号显示在网站首页底部的中间位置，并必须把备案号/经营许可证号连接到电子备案系统。

9.2 网站宣传

互联网是信息的海洋。网站不但要有新颖的设计、创意独特的界面，而且需要让网络上的人知道它的存在。缺乏足够的宣传，即使网站内容丰富，结构合理，可能一天也只有几个人次的访问。

如何提高网站的知名度，让辛辛苦苦建立起来的网站扬名天下呢？这就需要扩大宣传。

目前提高网站知名度的方法有以下几种。

1. 利用搜索引擎宣传

研究表明，搜索引擎是目前最重要和效果最明显的网站推广方式，也是最为成熟的一种网络营销方法。CNNIC 的调查报告显示，搜索引擎是用户得知新网站的最主要途径，80%以上的网站访问量来源于搜索引擎。

1）搜索引擎的注册方法

搜索引擎的注册方法有两种：手工注册和用软件注册。

（1）手工注册。手工注册就是到搜索引擎站点进行手工登记。手工注册时，要充分理解递交表单的含义和规则，一字一句地输入自己的关键词、网页描述、附加信息内容和联系信息等。用户也可以选择多个目录登记，提高被查找到的几率。手工注册方法的缺点是耗时，而且如果没有专业人士辅导，没有技巧，搜索排名不容易靠前。

（2）软件注册。目前搜索引擎已经有好几千个了，如果一个一个地向它们申请将自己的网页加入进去，不但费时而且非常繁琐；这时可以使用专门的首页注册软件，它只需几分钟的时间就能自动在搜索引擎的相关目录和主题下注册。

2）关键词策略

众所周知，大多数人在网上寻找信息是从搜索引擎开始的。用户通过输入关键词来寻找想要的信息。目前，大多数人搜索时平均使用 2～5 个关键词。为了使人们在通过搜索引擎查找信息时能顺利地搜索到所需要的网站，提高访问量，在向搜索引擎注册时选择关键词就显得非常重要。如果使用了不适当或错误的关键词，通过搜索引擎就不能及时地找到你的网站。

（1）选择关键词。选择关键词主要从以下几个方面考虑。

① 从来访者的角度考虑。如果你是访问者，要搜索目标网站时会选择什么样的关键词呢？

② 将关键词扩展成一系列短语。选择好一系列短语之后，可以改变短语中的词序以创建不同的词语组合进行扩展，形成两字、三字、四字甚至更多字的组合。例如，如果关键词是宽带，可以组合成为数字宽带、数字无线宽带、无线数字宽带、宽带通信、数字宽带通信、数字无线宽带通信、宽带无线数字通信等。如果关键词是汽车，可能组合为汽车销售介绍、汽车介绍、汽车新闻、汽车动态、汽车新品、汽车新品介绍、汽车价格、西部汽车等。

③ 使用公司或网站名称。使用公司或网站的名称或简称进行词语组合。

④ 使用地理位置。如果公司或网站所处的地理位置标识性、指示性比较强，如有桥梁、机场、重要建筑物、风景名胜区、河流、山川等，都可以作为关键词使用。

除了上述几点外，注意不要使用意义太泛的词或短语，要用修饰词将普通词汇和短语的意义变得更为精确。另外，也不要用单一词汇作为关键词。总之，在注册搜索引擎时花时间研究关键词对于提高网站的访问量是很有帮助的。

（2）网页文件关键词的设置。在 HTML 语言中有个 META 标记，它是给搜索引擎机器人检索网站内容时用的。当网站搜索引擎自动记录后，用户为网站提供的关键词和网站描述很重要，因为网站将以这些关键词和网站描述被索引，当访问者在搜索引擎进行查找时能够找到用户的网站。

下面是在网页文件的 META 标记中提供网页关键词和网站描述的案例。

```
<html>
<head>
<META name="keywords"  content="网站推广、企业网站推广、网站推广、网站推广方案、网站优化、网站国际推广、海外推广">
</head>
</html>
用关键词的复数形式，如用"books"来代替"book"，当有人查询book或者books时，站点会呈现在访问者面前。
<html>
<head>
<META name="description"  content="专业的搜索引擎网站推广解决方案，包括Google网站推广、雅虎网站推广、搜狐网站推广、新浪网站推广、百度网站推广、3721网络实名等搜索引擎登录排名、网站推广方案、网站推广服务">
</head>
</html>
```

在上述网站描述中，一般情况下，content 的内容（包括安全可靠的内容在内）不要超过 250 个字。

3）主流搜索引擎介绍

（1）Google 搜索引擎。Google 是目前最优秀的支持多语种的搜索引擎之一，能够搜索约 30 亿张网页，提供网站、图像和新闻组等多种资源的查询，其中包括简体中文、繁体中文和英语等 35 个国家和地区的语言资源。

（2）百度（baidu）中文搜索引擎。百度是全球最大的中文搜索引擎，有网页快照、网页浏览/预览全部网页、相关搜索词、错别字纠正提示、新闻搜索、Flash 搜索、信息快递搜索、百度搜霸和搜索援助中心等。

（3）北大天网中英文搜索引擎。北大天网中英文搜索引擎由北京大学开发，有简体中文、繁体中文和英文 3 个版本，提供全文、新闻组检索和 FTP 检索（北京大学、中科院等 FTP 站点）。它目前大约收集了 100 万个 Web 页面（国内）和 14 万篇新闻组文章，支持简体中文、繁体中文和英文关键词搜索，不支持数字关键词和 URL 检索。

（4）新浪搜索引擎。新浪搜索引擎是互联网上规模最大的中文搜索引擎之一，设大类目录 18 个，子目录 1 万多个，收录网站 30 余万。它提供网站、中文网页、英文网页、新闻、汉英辞典、软件、沪深股市行情和游戏等资源的查询。

（5）雅虎中国搜索引擎。雅虎中国于 1999 年 9 月正式开通，是雅虎在全球的第 20 个网站。

（6）搜狐搜索引擎。搜狐于 1998 年推出中国首家大型分类查询搜索引擎，到现在已经发展成为在中国影响力最大的分类搜索引擎之一。它每日页面浏览量超过 800 万，可以查找网站、网页、新闻、网址、软件和黄页等信息。

（7）网易搜索引擎。网易新一代开放式目录管理系统有近万名义务目录管理员，为广大网友创建了一个拥有一万个类目、超过 25 万条活跃站点信息、日增加新站点 500～1 000 个，是一个日访问量 500 搜索万次的专业目录查询体系。

2．免费广告宣传

除了注册搜索引擎外，另外的方法就是注册广告宣传链接。交换广告链接一般都有 10:1 的高交换比例，一次显示多达 12 个链接，可以获取 10 个信用点，即 10 次被显示的机会。每当别人的站点链接在你的首页显示一次，你的首页将在其他 10 个站点上链接显示，如果你的首页日浏览量达 100 人次，那么即可以在其他 1 000 个站点上链接显示，这样别人单击你的首页链接的机会会大大增加。

广告链接的形式是文本而不是图片，因此数据量小、传递速度快。这种广告链接一般都具有计数器一样的统计功能，还可以作为计数器用，应该说是一举两得！

太极链为 1:10 的交换比例，有统计功能和排行榜；

极坐标为 1:10 的交换比例，有统计功能和排行榜。

3．加入各种广告交换

在其他网站上建立链接相当于做广告。网站在搜索引擎上的排名与网站的流行程度有很大关系。衡量网站流行程度的指标是有多少其他网站链接到该网站，链接越多，说明流行程度越高。所以在其他网站上建立链接或进行广告交换的好处是显而易见的，可以到相关网站去登记，成为它们的会员，把它的广告加到你的首页，而你的首页图标也会出现在其他会员的首页上。

4．与其他网站做友情链接

互惠互利的协作方式也能达到宣传网站的目的。许多网站都有宣传的积极性，大多数站点愿意与别人的首页做友情链接，在它们的首页上有专门提供友情链接的地方，只要主动在自己的首页上先给对方的网站做一个友情链接，然后再发一封电子邮件到对方站点的管理员，请示将自己的网站也加到对方站点的相关链接里。不过要注意的是，在选择相互链接的站点时，要考虑网站的知名度以及该网站的性质和主题与自己站点的性质和主题是否一致。

5．利用电子邮件组

加入一个电子邮件组，可以在站点上开辟一个小栏目专门介绍该邮件组所讨论的内容，然后向该邮件组的地址发一封电子邮件，告诉用户在自己的网站中有专门栏目介绍这样的内容，欢迎邮件组成员访问指导。邮件组的成员收到信后，一般都会乐意到该网站去访问，以这种方法达到推广站点的目的。

6．使用邮件广告网

如果打算利用站点营利，那么使用邮件广告网，发送 E-mail 广告可以迅速提高站点的知名度。该站点免费提供 10 万个 E-mail 地址，并提供免费群体邮件发送程序。如果付费，还可以获得代发 1 900 万个 E-mail 邮件广告的服务，而且价格并不高。

7．利用新闻组

选择与网站信息相关的新闻组，在上面开展与信息有关的问题讨论，借机推广网站。但要注意的是，不要随意发送广告邮件，这是不受欢迎的行为。

8．利用邮件签名

设置一个好的邮件签名档，其内容除了包括公司名称、地址、电话、传真、网址、电子邮件地址外，还要精心设计好站点的宣传口号和 Web 地址。这样可以在日常通信的过程中，无形中提高网站的知名度。

9．利用留言板、聊天室和 BBS 论坛

如果网站有类似公告栏或留言板的功能，可以在其上放置网站的地址，一旦其他网友在浏览留言或公告栏时，就有可能见到网站的留言顺便去访问。上网的主要目的就是交流，想交到更多的朋友，当然要去聊天室了。在聊天室里可以适时地向这些网友发出邀请，请他们访问网站，并请他们给网站的建设提出一些宝贵的建议。在聊天之际，也可以宣传站点的特色，以引起网友们的兴致和注意。

另外，在网络上的一些公共的 BBS 论坛上，也可以主动发文或者利用签名档宣传自己的网站。

10．通过传统新闻媒体进行宣传

如果认为网站很有必要扩大宣传，可以选择电视、广播、报纸、杂志等传统广告媒体进行一系列报道，或者写一些有关网站特色的文章寄到比较有影响的报纸、杂志寻求帮助。也可以向介绍计算机知识的媒体投稿，在文章的末尾注明自己的联系地址，例如首页地址、电子邮件地址等，如果读者从文章中有所收获的话，一般乐意访问站点，网站的访问量会大大提升。

9.3　网站的日常维护与更新

一个好的网站，要根据实际情况的发展与变化，随之调整网站的内容，给人以常新的感觉。这样，网站才会更加吸引访问者。对企业网站而言，特别是在企业推出了新产品或者有了新的服务项目后，或有了大的动作及变更的时候，都应该把企业的现有状况及时在网站上反映出来，以便让客户和合作伙伴了解企业的详细状况。另外，企业也可以得到反馈信息，以便做出合理的处理。

网站维护是指对网站运行状况进行监控，发现运行问题及时解决，并将网站运行的相关情况进行统计。网站维护不仅包括网页内容的更新，还包括数据库管理、主机维护、统计分析、网站的定期推广服务等。页面更新是指在不改变网站结构和页面形式的情况下，为网站的固定栏目增加或修改内容等。例如一个电子商务网站，它在运行中需要增加商品种类，也需要对商品的描述或报价进行修改，这时要对网站内容进行更新，对系统程序进行升级，或开发新功能，增设新栏目。

9.3.1　网站维护

对于采用虚拟主机的方式建立的中小型网站，其网站空间由 ISP 厂商提供，网站的硬件维护和安全防护通常由 ISP 厂商负责。网站拥有者只需进行网页测试、网站故障排除以及网页文件的维护与更新等。通常，网站维护的主要内容有以下几个方面。

1．网页文件的维护和更新

网站的信息内容应该适时地更新。在网站栏目的设置上，最好将一些可以定期更新的栏目放在首页上，使首页的更新频率更高些。此外，当网站规模变得比较大时，会有较多的图片和网页文件等内容，如果它们有一个丢失或链接失败会引起网页错误。所以，应有专人负责维护

网站的新闻栏目，同时，应经常检查相关链接，以保证网站内容的即时性和正确性。

2．网站服务与反馈

通常网站建好后，除了进行日常维护与管理外，还必须与访问者沟通。仅仅有了精美的网站设计、先进的技术应用以及丰富的内容，访问量不一定会上升。网站服务与反馈工作主要体现在以下方面。

（1）对留言簿进行维护。制作好留言簿应经常维护，收集意见。通常访问者对站点有什么意见，会在第一时间看看站点哪里有留言簿，然后留言，希望网站管理者提供所要的内容，或提供相应的服务。所以必须对访问者提出的问题进行分析总结，一方面要以尽可能快的速度进行答复，另一方面也要记录下来进行切实的改进。

（2）及时回复电子邮件。几乎所有的网站都有与管理者的联系页面，它们通常有管理者的电子邮件地址。对访问者的邮件及时答复，对提高网站的声誉和增加访问量有很大帮助。通常的做法是在邮件服务器上设置一个自动回复功能，这样能够使访问者对网站的服务有一种安全感和责任感，然后再对用户的问题进行细致的解答。

（3）维护投票设置的程序。在企业网站上经常会有一些调查的程序，用来了解访问者的喜好或意见。注意一方面要对调查的数据进行分析，另一方面也可以经常变换调查的内容。调查内容的要有针对性，不要搞一些空泛的问题。也可以针对某个热点问题进行投票，以吸引注意。

（4）对 BBS 进行维护。BBS 是一个自由论述的空间，可以对技术问题或相关事物发表意见。对于 BBS 维护而言，其实时监控尤为重要。对在论坛上发布色情、反动等违反国家法律、法规的言论要马上删除，否则会影响网站的形象，严重的会引发相关诉讼，带来严重后果。BBS 中也会出现一些不正当的广告，要及时删除，否则会影响 BBS 的性质，导致浏览量下降。

总之，网站的服务与反馈是网站维护的重要内容，特别是对企业网站而言更加重要。

3．网站备份

网站维护的一个重要工作内容是对网站文件进行备份。定期对网站的重要文件、数据库文件等进行备份，以防止系统崩溃、病毒破坏以及黑客入侵等原因造成数据和资料的彻底毁坏。

9.3.2 网站更新

网站更新主要有上传文件更新、下载文件更新和使用模板更新几种方式。

1．上传文件更新

在本地计算机中把要更新的文件制作完成后，通过 FTP 软件上传到网站中替换原来的文件。

2．下载文件更新

当网站更新的文件较少，但更新的文件要做较大修改时（如网站的数据库文件），可以使用 FTP 软件把该文件下载下来，在本地计算机中更改完成后，再上传到网站完成更新。

3．使用模板更新

中小型网站建设中，通常使用 Dreamweaver 制作模板。什么是模板呢？在了解模板之前，必须了解网站的风格。成功的网站在网页设计上必须体现其风格，以至于访问者能够在茫茫网海中对其留下较深的印象。要做到这一点，不是只靠一两个设计非常优秀的页面就可以体现的，而是需要网站中所有的页面都必须体现同一风格。创建网站时，如果要创建 200 个具体网页，为了体现网站的风格，可以通过文件复制来实现。但是当必须修改网站风格时，如果逐一更改全部网页，那将是繁琐和低效率的。这种情况下，需要使用模板。Dreamweaver 在网站维护中提供了模板与重复部件完美地解决了这些问题。利用模板，可以控制网站的风格，这是所有页面存在的共性。对于个性化的内容，Dreamweaver 提供了重复部件来固定某些需要重复利用或者需要经常变动的内容，从而帮助网页设计师用最短的时间来完成繁重的网站维护工作。模板与重复部件的区别在于：模板本质是一个网页，也就是一个独立的文件，而重复部件则只是网页中的某一段 HTML 代码。模板文件最显著的特征就是存在可编辑区域和锁定区域之分。锁定区域主要用来锁定体现网站风格部分，因为在整个网站中这些区域是相对固定、独立的，它可以包括网页背景、导航菜单、网站标志等内容；而可编辑区域则是用来定义网页具体内容部分。它们是区别网页之间最明显的标志，因为网页的内容必定是各不相同的，在整个网站中可编辑区域的内容是相对灵活的，我们可以随时修改具体内容。当修改利用模板创建的网页时，只能修改模板所定义的可编辑区域，而无法修改模板所定义的锁定区域，从而使 Dreamweaver 实现网页设计师期盼已久的功能：在网站维护中，将网站风格和内容分开控制。对于模板和可编辑区域，Dreamweaver 用相应的源代码来定义，并区别其他 HTML 代码。源代码的具体格式与 HTML 有相同之处。

建立模板，必须在深刻了解站点框架以后才能动手，不要等创建了网页再来创建模板，这样会增加不必要的工作量。

创建模板之前应解决以下几个问题。

（1）从全局考虑，了解下列问题：站点框架是否已经定义好？整个站点会出现多少种不同的版式？每个模板需要定义多少可编辑区域？了解了上述问题后，就可以开始创建模板了。

（2）注意与程序的整合。在电子商务站点大力发展的今天，几乎没有一个商业站点不含数据库程序。这样在创建模板时必须考虑额外的部分，因为谁也不想在更新模板时将程序全部“冲掉”！一般来讲，程序与页面都是分开制作的，必须把所有的代码存放在相应的代码文件中，才能保证代码的安全性。

在用模板文件更新时，只需要把更改后的模板文件和其他重复部件上传至网站即可完成网站更新。

9.4　网站的安全

随着互联网的发展，网站安全问题已经越来越受到广泛的关注。目前，网站安全主要表现在：计算机病毒花样繁多，层出不穷，系统、程序、软件的安全漏洞越来越多，黑客通过不正当手段侵入他人电脑，非法获得信息资料，给正常使用互联网的用户带来不可估计的损失。网站运行在互联网平台上，自然会受到网络安全的影响。从互联网的诞生的第一天起，安全问题就成为阻碍互联网发展的棘手问题。从一定意义上说，攻击与防护始终是网络生存的一对矛盾体。

9.4.1 网站被攻击的类型

尽管人们一直在努力防护，网站发生被攻击的现象仍然频频出现。网站发生被攻击的类型有病毒、木马程序、堵塞攻击、安全漏洞等几类。

1. 病毒

最常见的网站被攻击来源是病毒。计算机病毒是一种能够自我复制、自我传播、具有破坏作用的程序，受到感染的计算机程序在运行时，会将病毒一起加载到内存中运行。多数病毒一旦发作，会恶意破坏计算机系统，造成计算机瘫痪，数据丢失，甚至能破坏计算机硬件。人们所熟知的 CIH 病毒就能通过破坏 BIOS 而毁坏计算机主板。为了防止病毒的破坏，应对网站中的文件系统定期进行病毒查杀。

2. 木马程序

木马程序又称作特洛伊木马，名字来源于古希腊神话中的特洛伊战争。希腊人为了攻克特洛伊城堡，制造了一个巨大的木马，并将士兵隐藏在木马内，然后将木马放置到特洛伊城外。特洛伊人将木马运入城内后，木马内的希腊士兵跳了出来，里应外合攻占了城堡。

由此可知，木马程序实际上是一种添加了伪装的黑客程序。表面上看，它可能是一个游戏或者工具小程序，实际上在运行时程序进行了后台操作，执行着特定的命令，如破坏硬盘数据、盗取用户密码等，并通过邮件发送给黑客。“冰河”就是一个著名的木马程序。防范木马程序，除了要弄清程序目的外，还要注意不要随便打开来源不明的电子邮件、不要随便运行未知程序。一旦怀疑中了木马程序，可用最新版的杀毒软件进行查杀。

3. 堵塞攻击

病毒和木马程序的发作一般是有其自身特点的，防范它们相对来说也较简单，如升级防病毒软件、安装系统补丁等。相对病毒和木马程序来说，堵塞攻击具有很强的突然性和不可预知性，手段也更加多样，是黑客们常用的主动攻击手段。

一般的 Web 服务器为了提高访问效率，会限制同一时间连接到服务器的客户端数目，如果黑客使用程序频繁建立非法连接，将这些服务的相应端口全部占用，或者耗尽服务器的 CPU 资源，则使正常用户的请示无法被响应，服务被拒绝。

避免堵塞攻击的手段一般是在路由器上增加防火墙，对信息进行过滤。然而，有的时候黑客采用欺骗手段，仍然可对网站进行攻击。

4. 安全漏洞

威胁网站安全的因素并不是全部来自外部。Web 服务器和网站自身的软件安全漏洞往往才是致命的。这些软件漏洞一般是由于软件设计者的疏忽，或者程序调试过程中留下的隐患，漏洞一旦被黑客发现并利用，会产生灾难性的后果，导致用户数据泄露，或者服务器崩溃。

由于系统的复杂性，许多网站都不同程度地存在着安全漏洞，与此同时，不少病毒也利用系统的安全漏洞对网站进行攻击。一旦发现存在漏洞，而且漏洞的分布较广，软件发行商会在网站上发放相应的补丁程序进行补救。网站的管理者应及时更新软件或打上补丁，降低被攻击的概率。

9.4.2　网站页面安全

网站页面安全主要包括网页源代码的保护和页面文件不被非法访问和篡改(如 ASP 文件)。众所周知，Web 本质上是一种不安全的媒介。当用户访问 Web 应用或者打开 Web 页面时，所有客户端的代码（HTML，JavaScript 源文件以及 CSS 样式）一般都要下载到客户端缓冲区。用户只需单击 “查看源文件”就可以查看、分析和复制这些代码。另外，如果网站的 ASP 文件被非法访问或篡改，就会使网站毫无安全性可言。

1．用 JavaScript 技术保护代码

JavaScript 是一种脚本描述语言，它可以被嵌入 HTML 文件之中。通过 JavaScript 可以做到响应浏览者的需求事件（如 form 的输入）而不需要网络来回传输资料。

采用 JavaScript 技术来保护网页源代码主要有以下三个步骤。

（1）建立框架。把要保护的页面设置成为框架，即将页面采用框架结构的方式。若页面并未使用框架结构，且不需使用框架结构，可采用“零框架”技术（即将页面分为左右两帧，左帧的宽度为 1，右帧为原页面）。采用此方法后，浏览者在用工具栏中的“查看→源代码”项无法直接得到页面代码，仅能得到框架主文件的代码。

另外，可利用左帧文件加载一些网页的高级应用，如背景音乐、网页计数器、cookie 应用等。

本步骤的代码如下：

```
<html>
<head>
<title>欢迎光临房产信息网</TITLE>
</HEAD>
<FRAMESET COLS="1,*" frameborder=0 framespacing=0>
<FRAME SRC="left.htm" NAME="count" noresize scrolling=no>
<FRAME SRC="index.html" NAME="index" noresize>
</frameset>
</html>
```

将该文件存为主文件 index.htm，建立一空文件 left.htm（左框架文件），原页面文件现另存为 index.html（与主文件名仅在扩展名上略有不同）。

（2）屏蔽鼠标右键。在所需保护的页面文件（上例中为 index.html 文件）中加入以下代码（当右键被单击时将出现图 9-1 所示提示框）。

图 9-1　右键屏蔽

```
<script Language="JavaScript">
function click () {
if (event.button==2||event.button==3) {alert ("对不起，不能用右键！") }}
document.onmousedown=click
</script>
```

（3）设置循环读取。为了防止一些了解网页编写语言的人通过框架主文件中的连接，手工找出被保护页面后获得源代码，还应在被保护页面中加入以下代码。

```
<script language="javascript">
if (top==self) top.location="index.html"
</script>
```

这段代码将提供跳回功能，当浏览器试图单独读取该文件时，文件将自动返回该文件，使浏览器循环读取该文件，无法看到该页源文件，但在框架文件中打开时能正常读取，从而起到保护该页面的作用。

在完成以上三个步骤，该首页源代码将不能被浏览者在网上获得。

2. 用 ASP 技术保护代码

ASP 是微软开发的服务器端脚本环境，它具有在服务器端直接执行，不会被传到客户浏览器的特点，因而可以避免所写的源程序被他人剽窃，提高了程序的安全性。在动态 HTML（DHTML）中，JavaScript 是 DHTML 的关键组成部分。用 ASP 来保护 JavaScript 代码，可以达到较高的安全性。

下面通过案例来说明这种源代码保护方法。

这个案例涉及三个文件：index.asp，js.asp 以及 global.asa。global.asa 定义了一个 auth 会话变量，该变量用于验证请求 JavaScript 源文件的页面起源是否合法。这里选择使用会话变量的原因在于它使用起来比较方便。

```
    global.asa
    Sub Session_OnStart
    Session ("auth") = False
    End Sub
    index.asp
    < % Session ("auth") = True
    Response.Expires = 0
    Response.Expiresabsolute = Now ( )- 1
    Response.AddHeader "pragma","no-cache"
    Response.AddHeader "cache-control","private"
    Response.CacheControl = "no-cache"
    % >
    < html >
    < head >
    < title >测试页面< /title >
    < script language="Javascript" type="text/javascript" SRC="js.asp" ><
/script >
    < /head >
    < body >
    < script language="Javascript" >test ( );< /script >
    < br >
    < a href="index.asp" >reload< /a >
    < /body >
    < /html >
```

下面来分析 index.asp。首先，程序把 auth 会话变量设置成了“true”，它表示请求.js 文件的页面应该被信任。接下来的几个 Response 调用防止浏览器缓存 index.asp 页面。

在 HTML 文件中调用 JavaScript 源文件的语法如下：

```
    < script language="Javascript" src="yourscript.js" >< /script >
```

但在本例中，我们调用的却是一个 ASP 页面而不是 JavaScript 源文件：

```
    < script language="Javascript" type="text/javascript" SRC="js.asp" ><
/script >
```

如果要遮掩应用正在请求 ASP 页面这一事实，你可以把 js.asp 改名为 index.asp（或者

default.asp），然后把这个文件放到单独的目录之中，比如“/js/”，此时上面这行代码就改为：

```
    < script language="Javascript" type="text/javascript" SRC="/js/" ><
/script >
```

这几乎能够迷惑任何企图获取JavaScript源文件的人了。不过，不要忘记在服务器配置中正确地设置默认页面文件的名字。

```
js.asp
< %
IF Session ("auth") = True THEN
Response.ContentType = "application/x-javascript"
Response.Expires = 0
Response.Expiresabsolute = Now ( )- 1
Response.AddHeader "pragma","no-cache"
Response.AddHeader "cache-control","private"
Response.CacheControl = "no-cache"
Session ("auth") = False
% >
function test ( ){
document.write ('这是javascript函数的输出.') ;
}
< %ELSE% >
< !--这些代码受版权保护。所有权利保留-- >
< %END IF% >
```

下面分析js.asp如何进行验证以及发送JavaScript代码。程序首先检查会话变量auth，看看请求的起源是否合法。如是，则关闭浏览器缓存，重新设置会话变量，然后向浏览器发送JavaScript代码。如果对js.asp的请求不是来自可靠的起源，会话变量auth是false，程序只发送一个带有版权声明的空白页面。如果用户企图下载JavaScript源文件或者在另一个网站上使用JavaScript源文件，得到的只是一个空白页面。这样，也就实现了对谁可以访问DHTML源文件的控制。

如果要在Web页面中保护页面实际内容的HTML代码，用户可以在js.asp文件中创建一个函数，如下所示。

```
function html ( ){
document.write ('< html >< body >页面内容< \/body >< \/html > ' );
}
```

然后，首页面只需要简单地调用html()即可构造出Web页面。这种页面只有在用户启用了浏览器的JavaScript支持之后才会显示。如果用户查看这种页面的源代码，看到的只有一个函数调用，而不会看到函数调用所返回的源代码。

3．ASP文件安全设置

ASP文件及设置的安全与否直接关系到网站的安全。本节重点讨论ASP在安全方面要注意的问题。

（1）维护Global.asa的安全。为了充分保护ASP应用程序，一定要在应用程序的Global.asa文件上为适当的用户或用户组设置文件权限。如果Global.asa包含向浏览器返回信息的命令而没有保护Global.asa文件，则信息将被返回给浏览器。

（2）不要把密码、物理路径直接写在ASP文件中。很难保证ASP程序是否会被人拿到，即使安装了最新的补丁。为了安全起见，应该把密码和用户名保存在数据库中，使用虚拟路径。

（3）在程序中记录用户的详细信息。这些信息包括用户的浏览器、用户停留的时间、用户IP等。其中记录IP是最有用的。

可用下面的语句了解客户端和服务端的信息：

```
<Table><%for each name in request.servervariables%>
<tr><td><%=name%>:</td>
<td><%=request.servervariables (name) %></td>
</tr>
<%next%></table>
```

如果记录了用户的IP，就能够通过追捕来查用户的具体地点。

（4）Cookie 安全性。ASP使用SessionID cookie 跟踪应用程序访问或会话期间特定的Web浏览器的信息。这就是说，带有相应的cookie的HTTP请求被认为是来自同一Web浏览器。Web服务器可以使用SessionID cookies配置带有用户特定会话信息的ASP应用程序。为了防止计算机黑客猜中SessionID cookie并获得对合法用户的会话变量的访问，Web服务器为每个SessionID指派一个随机生成号码。每当用户的Web浏览器返回一个SessionID cookie时，服务器取出SessionID和被赋予的数字，接着检查是否与存储在服务器上的生成号码一致。若两个号码一致，将允许用户访问会话变量。这一技术的有效性在于被赋予的数字的长度（64位），此长度使计算机黑客猜中SessionID，从而窃取用户的活动会话的可能性几乎为零。

如果ASP应用程序包含私人信息、信用卡或银行账户号码，拥有窃取的cookie的计算机黑客可以在应用程序中开始一个活动会话并获取这些信息。为了防止截获用户SessionID cookie的计算机黑客，可以使用此cookie假冒该用户，通过对Web服务器和用户的浏览器间的通信链路加密来防止SessionID cookie被截获。

（5）使用身份验证机制保护被限制的ASP内容。可以要求每个试图访问被限制的ASP内容的用户必须要有有效的用户名和密码。每当用户试图访问被限制的内容时，Web服务器将进行身份验证，即确认用户身份。

Web服务器支持以下几种身份验证方式：

① 基本身份验证 提示用户输入用户名和密码。

② Windows NT 请求/响应式身份验证，从用户的Web浏览器通过加密方式获取用户身份信息。然而，Web服务器仅当禁止匿名访问或Windows NT文件系统的权限限制匿名访问时才验证用户。

（6）使用SSL维护应用程序的安全。SSL（Secure Sockets Layer）协议是由Netscape首先发表的网络资料安全传输协议，其首要目的是在两个通信间提供秘密而可靠的连接。该协议由两层组成，底层是建立在可靠的传输协议（如TCP）上的，是SSL的记录层，用来封装高层的协议。SSL握手协议准许服务器端与客户端在开始传输数据前，能够通过特定的加密算法相互鉴别。SSL的先进之处在于它是一个独立的应用协议，其他更高层协议能够建立在SSL协议上。

SSL3.0 协议作为Web服务器安全特性，提供了一种安全的虚拟透明方式来建立与用户的加密通信连接。SSL保证了Web内容的验证，并能可靠地确认访问被限制的Web站点的用户的身份。

通过SSL可以要求试图访问被限制的 ASP 应用程序的用户与服务器建立加密连接，以防用户与应用程序间交换的重要信息被截取。如好多基于Web的ASP论坛都提供注册用户互相发送信息的服务，这种信息是明文传送的，在网吧很容易被人监听到。如果加了一层SSL认证，会防止发送信息被监听的可能。

（7）客户资格认证。控制对 ASP 应用程序访问的安全方法是要求用户使用客户资格登录。客户资格是包含用户身份信息的数字身份证，它的作用与传统的诸如护照或驾驶执照等身份证明相同。用户通常从委托的第 3 方组织获得客户资格。第 3 方组织在发放资格证之前确认用户的身份信息（通常这类组织要求姓名、地址、电话号码及所在组织名称，此类信息的详细程度视给予的身份等级而异）。

每当用户试图登录到需要资格验证的应用程序时，用户的 Web 浏览器会自动向服务器发送用户资格。如果 Web 服务器的 Secure Sockets Layer（SSL）资格映像特性配置正确，服务就可以在许可用户对 ASP 应用程序访问之前对其身份进行确认。可以从资格证明中访问用户名字段和公司名字段，Active Server Pages 在 Request 对象的 ClientCertificate 集合中保存资格信息。必须将 Web 服务器配置为接受或需要客户资格，然后才能通过 ASP 处理客户资格。否则，ClientCertificate 集合将为空。

（8）ASP 的加密。由于 ASP 脚本是采用明文方式来编写的，所以开发出来的 ASP 应用程序一旦发布到运行环境中去后，很难确保这些“源代码”不会被流传。这样就产生了如何有效地保护开发出来的 ASP 脚本源代码的需求。

下面介绍几种 ASP 源代码保护方法。

① 官方加密程序：从微软网站下载 screnc.exe 文件对 ASP 文件进行加密。

② “脚本最小化”：即 ASP 文件中只编写尽可能少的源代码，实现商业逻辑的脚本部分被封装到一个 COM/DCOM 组件，并在 ASP 脚本中创建该组件，进而调用相应的方法（methed）即可。应用开发者开发 ASP 脚本应用之前就可按此思路来开发，或者直接用 ASP 脚本快速开发出原型系统后，针对需要保护、加密的重要脚本用 COM 组件来重新开发、实现并替换。

③ “脚本加密”：即 ASP 脚本仍直接按源代码方式进行开发，但在发布到运行环境之前将脚本进行加密处理，只要把加密后的密文脚本发布出去，即在 ASP.DLL 读取脚本环节加入密文还原的处理。

（9）防止 SQL 注入式漏洞。SQL 语言是操作数据库的标准语言，在 ASP 文件编写中应有相应代码防止此类漏洞。

9.4.3　网站数据库的安全

对于采用“虚拟主机”的方式建立的中小型网站，其后台数据库绝大多数采用 Access 数据库。如果有人通过各种方法获得或者猜到数据库的存储路径和文件名，则该数据库可以被下载到本地。

为了防止被非法下载和访问，可采取以下措施。

（1）改变数据库名称。为数据库文件起个复杂的非常规的名字，并放在几层目录下。所谓“非常规”，就是说如果有个数据库要保存的是有关电子商店的信息，不把它命名为“eshop.mdb”，而是起个比较怪的名称，如 d34ksfslf.mdb，再放在如/kdslf/i44/studi/ 的几层目录下，这样黑客要想通过猜的方式得到 Access 数据库文件就比较困难了。

（2）不把数据库名写在程序中。许多人都把 DSN 写在程序中，比如 DBPath= Server.MapPath（"cmddb.mdb"）conn.Open "driver={Microsoft Access Driver（*.mdb）};dbq=" & DBPath 假如万一给人拿到了源程序，Access 数据库的名字就一览无余。因此建议在 ODBC 里设置数据源，

再在程序中这样写：conn.open "shujiyuan"。

（3）改变数据库文件的扩展名。如把 abc134.mdb 改为 abc134.asp，这样在 ASP 文件及数据库操作中仍然可以正常使用。但在非法访问者看来，该文件已不是数据库文件了。

（4）加密 Access 数据库文件。选择“工具→安全→加密/解密数据库”，选取数据库（如 employer.mdb），然后单击“确定”按钮，会出现“数据库加密后另存为”的窗口，另存为 employer1.mdb。接着，employer.mdb 会被编码，然后存为 employer1.mdb。要注意的是，以上的方法并不是对数据库设置密码，而只是对数据库文件的内容进行加密，目的是为了防止他人使用别的工具来查看数据库文件的内容。接下来为数据库设置密码，首先打开经过编码的 employer1.mdb，在打开时，选择“独占”方式。然后选取菜单的“工具→安全→设置数据库密码”选项，输入密码即可。为 employer1.mdb 设置密码之后，如果再使用 Access 数据库文件时，则 Access 会先要求输入密码，验证正确后才能够启动数据库，可以在 ASP 程序中的 connection 对象的 open 方法中增加 PWD 的参数来访问有密码保护的数据库文件。

例如：

param="driver={Microsoft AccessDriver（*.mdb）};Pwd=yfdsfs"param=param&";

dbq="&server.mappath（"employer1.mdb"）conn.open param

这样即使别人得到了 employer1.mdb 文件，没有密码是无法看到 employer1.mdb 的内容。

综合使用上述方法，数据库被非法下载的可能性就会降低。

9.4.4 防范 SQL 注入攻击

1. SQL 注入攻击的原理

许多动态网站在编写程序时，没有对用户输入数据的合法性进行判断，使应用程序存在安全隐患。用户通过向数据库提交一段精心构造的 SQL 查询代码，（一般是在浏览器地址栏进行，通过正常的 www 端口访问）根据程序返回的结果，收集网站与数据库的信息，进而非法获得网站数据库中的敏感信息或向其中添加自定义数据，这就是 SQL Injection，即 SQL 注入攻击。SQL 注入攻击使用简单，危害大。被攻击成功的网站往往被攻击者掌握最高权限，可任意增删数据。

为了说明 SQL 注入攻击的原理，可在本地网站 http://localhost/进行测试。

http://localhost/show.asp?ID=123 是一个正常的网页地址，将这个网址提交到服务器后，服务器将进行类似 Select * from 表名 where 字段="&ID"的查询（ID 即客户端提交的参数，本例是即 123），再将查询结果返回给客户端，如果在这个地址后面加上单引号，服务器会返回下面的错误提示：

Microsoft JET Database Engine 错误 '80040e14'

字符串的语法错误 在查询表达式 'ID=123'' 中。

/show.asp，行 8

从这个错误提示我们能看出下面几点：

（1）网站使用的是 Access 数据库，通过 JET 引擎连接数据库，而不是通过 ODBC。

（2）程序没有判断客户端提交的数据是否符合程序要求。

（3）该 SQL 语句所查询的表中有一名为 ID 的字段。

如果数据库使用的是 Access，那么情况就有所不同，第一个网址的页面与原页面完全不同；

第二个网址，则视乎数据库设置是否允许读该系统表，一般来说是不允许的，所以与原网址也是完全不同。大多数情况下，用第一个网址就可以得知系统所用的数据库类型，第二个网址只作为开启 IIS 错误提示时的验证。

2．防范 SQL 注入攻击

对于存在 SQL 注入攻击漏洞的网站，攻击者可以通过专用工具或手工构造特殊代码不断猜测尝试，获得数据库名、表名、表中的字段名称，甚至是具有系统管理权限的用户账号和密码、上传病毒、木马或恶意文件，给网站带来巨大危害。下面讲述如何防止 SQL 注入。

（1）设置 ASP 错误提示。

SQL 注入入侵是根据 IIS 给出的 ASP 错误提示信息来入侵的，如果把 IIS 设置成不管出什么样的 ASP 错误，只给出一种错误提示信息，即 HTTP 500 错误，那么攻击者就没办法直接得到网站的数据库信息，也就很难确定下一步的攻击目标了。具体设置参见图 9-2。主要把 500:100 这个错误的默认提示页面 C:\WINDOWS\Help\iisHelp\common\500-100.asp 改成自定义的 c:\windows\help\iishelp\common\500.htm 即可，这时，无论 ASP 运行中出什么错，服务器都只提示 HTTP 500 错误。

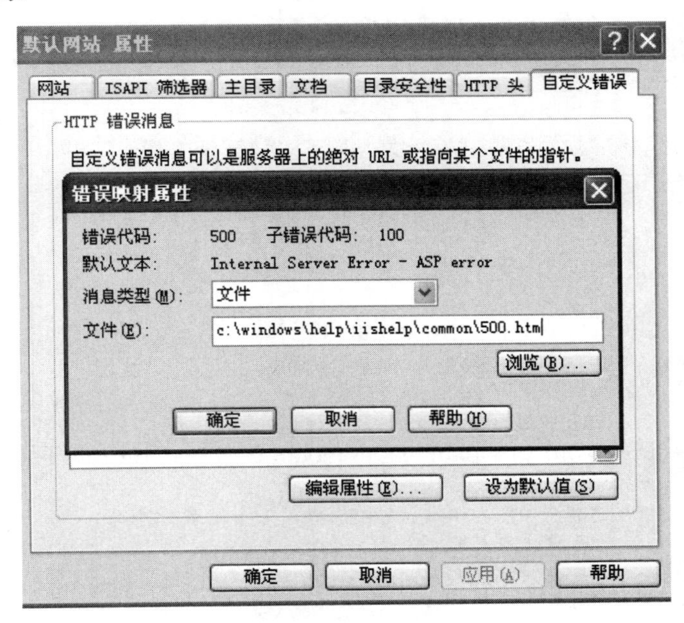

图 9-2 IIS 出错信息设置

但是这样设置一个不好的地方是程序员编写的代码出错时，服务器不给出详细的错误提示信息，会给程序调试带来很大的不便。不过，服务器毕竟不是测试代码的地方，应坚持安全稳定第一，这样设置也是无可厚非的，事实上许多服务器的出错信息都是如此设置的。

（2）过滤敏感字符。

在程序中对客户端提交的数据进行检查，如果输入中存在着特殊字符（如'、<、>、=等），或者输入的字符中含有 SQL 语言中的命令动词（如 insert、select、update 等），就认为是 SQL 注入式攻击，系统立即停止执行并给出警告信息或者转向出错页面。

下面是防止注入式攻击的 ASP 代码，使用时加入到相应的 asp 文件中即可。该代码并没有实际记录攻击者的相关信息，如有必要，完全可以把攻击者的数据记录到特定的文件中，以备查看。

```
<%
'''' --------定义部分------------------
Dim Fy_Post,Fy_Get,Fy_In,Fy_Inf,Fy_Xh,Fy_db,Fy_dbstr
'''' 自定义需要过滤的字符串,用 "防" 分隔
Fy_In = "''''防;防and防exec防insert防select防delete防update防count防*防%防chr防mid防master防truncate防char防declare防<防>防=防|防-防_"
Fy_Inf = split(Fy_In,"防")
If Request.Form<>"" Then
For Each Fy_Post In Request.Form

For Fy_Xh=0 To Ubound(Fy_Inf)
If Instr(LCase(Request.Form(Fy_Post)),Fy_Inf(Fy_Xh))<>0 Then
Response.Write "<Script Language=JavaScript>alert("请不要在参数中包含非法字符尝试注入攻击本站！");</Script>"
Response.Write "非法操作！本站已经给您做了如下记录!<br>"
Response.Write "操作ＩＰ："&Request.ServerVariables("REMOTE_ADDR")&"<br>"
Response.Write "操作时间："&Now&"<br>"
Response.Write "操作页面："&Request.ServerVariables("URL")&"<br>"
Response.Write "提交方式：ＰＯＳＴ<br>"
Response.Write "提交参数："&Fy_Post&"<br>"
Response.Write "提交数据："&Request.Form(Fy_Post)
Response.End
End If
Next
Next
End If
If Request.QueryString<>"" Then
For Each Fy_Get In Request.QueryString
For Fy_Xh=0 To Ubound(Fy_Inf)
If Instr(LCase(Request.QueryString(Fy_Get)),Fy_Inf(Fy_Xh))<>0 Then
Response.Write "<Script Language=JavaScript>alert("请不要在参数中包含非法字符尝试注入攻击本站！");</Script>"
Response.Write "非法操作！本站已经给您做了如下记录!<br>"
Response.Write "操作ＩＰ："&Request.ServerVariables("REMOTE_ADDR")&"<br>"
Response.Write "操作时间："&Now&"<br>"
Response.Write "操作页面："&Request.ServerVariables("URL")&"<br>"
Response.Write "提交方式：ＧＥＴ<br>"
Response.Write "提交参数："&Fy_Get&"<br>"
Response.Write "提交数据："&Request.QueryString(Fy_Get)
Response.End
End If
Next
Next
End If
%>
```

（3）对相关账户的信息加密。

常见的是利用 MD5 进行加密处理，用 MD5 加密的数据不能被反向解密，即使看见了加密后的密文也不能得到原始数据。使用时，把用 VBScript 实现 MD5 算法的文件 md5.asp 包含在

文件中，然后用 md5（user_password）的形式调用，即可得到加密后的密文。如：

```
Regist.asp

<!--#include file="md5.asp"-->
<%
……
userpassword=md5(user_password)
……
%>
```

网站制作完成后，可用 NBSI、HDSI、DFomain、《啊 D 注入工具》等网页注入工具对网站进行检测，如果不能被注入，则可以正式发布运行。

本章小结

本章介绍了网站管理、维护与安全的一般知识，重点讨论了网站建设完成后的管理与维护等后续工作。网站宣传是网站建设后期的必要工作，它是提高网站知名度和访问量的重要方法。本章介绍了常用的宣传方法。网站维护是确保网站正常运行的必要措施，同时，网站的维护与更新也是网站建设的重要方面。最后，本章介绍了动态网站维护过程中常见的安全方法，介绍了 SQL 注入攻击的原理与防范方法。

习　　题

1．如何进行网站备案？
2．如何对网站进行宣传？
3．维护网站包括哪些内容？如何对网站进行维护？
4．如何保证网站的安全？
5．如何防止网站源代码的泄露？
6．如何防范 SQL 注入攻击？

反侵权盗版声明

电子工业出版社依法对本作品享有专有出版权。任何未经权利人书面许可，复制、销售或通过信息网络传播本作品的行为；歪曲、篡改、剽窃本作品的行为，均违反《中华人民共和国著作权法》，其行为人应承担相应的民事责任和行政责任，构成犯罪的，将被依法追究刑事责任。

为了维护市场秩序，保护权利人的合法权益，我社将依法查处和打击侵权盗版的单位和个人。欢迎社会各界人士积极举报侵权盗版行为，本社将奖励举报有功人员，并保证举报人的信息不被泄露。

举报电话：（010）88254396；（010）88258888
传　　真：（010）88254397
E-mail：　dbqq@phei.com.cn
通信地址：北京市万寿路173信箱
　　　　　电子工业出版社总编办公室
邮　　编：100036

华信SPOC官方公众号

欢迎广大院校师生 **免费**注册应用

www. hxspoc. cn

华信SPOC在线学习平台

专注教学

教学课件
师生实时同步

数百门精品课
数万种教学资源

多种在线工具
轻松翻转课堂

电脑端和手机端（微信）使用

测试、讨论、
投票、弹幕……
互动手段多样

一键引用，快捷开课
自主上传，个性建课

教学数据全记录
专业分析，便捷导出

登录 www. hxspoc. cn 检索 华信SPOC 使用教程 获取更多

华信SPOC宣传片

教学服务QQ群： 1042940196
教学服务电话：010-88254578/010-88254481
教学服务邮箱：hxspoc@phei.com.cn

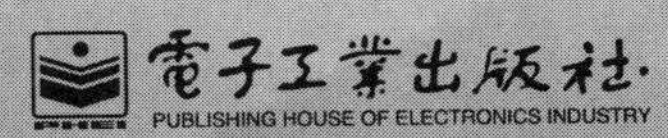

华信教育研究所